新现代化译丛

世界范围的生态现代化
——观点和关键争论

〔荷〕阿瑟·莫尔
〔美〕戴维·索南菲尔德 编

张 鲲 译

商务印书馆
2011年·北京

Edited by
Arthur P. J. Mol and David A. Sonnenfeld
ECOLOGICAL MODERNISATION
AROUND THE WORLD
Perspectives and Critical Debates
© Frank Cass Publishers 2000

本书根据弗兰克·卡斯出版公司2000年版译出
本书封底帖有 Taylor & Francis 公司防伪标签,无标签者不得销售

《新现代化译丛》编委会

主　编：郭传杰

编　委：（按姓氏笔画排列）

丁元竹　于维栋　马　诚　任玉岭　刘洪海
朱庆芳　许　平　杜占元　何传启　何鸣鸿
吴述尧　张　凤　李志刚　李泊溪　李晓西
李继星　杨宜勇　杨重光　邹力行　陈　丹
陈永申　陈争平　武夷山　胡伟略　胡志坚
郗小林　郭传杰　陶宗宝　董正华　谢文蕙
裘元伦　潘教峰

秘书处：中国科学院中国现代化研究中心科学传播部

目 录

致谢 ……………………………………………………………… 1

导 论

世界范围的生态现代化——导论
　　　　　阿瑟·P.J.莫尔,戴维·A.索南菲尔德 … 2

理 论 观 点

生态现代化理论争鸣——回顾
　　　　　阿瑟·P.J.莫尔,格特·斯帕加伦 … 20
生活风格、消费与环境——家庭消费的生态现代化
　　　　　格特·斯帕加伦,巴斯·范弗利特 … 70
荷兰的生态现代化、环境知识与国民性格——初步分析
　　　　　莫里·科恩 … 105

世界各地的案例研究
发达工业国家

检验生态现代化论题——城市再循环的理想预期与实际表现
　　　　　戴维·N.佩洛,艾伦·施耐伯格,亚当·S.温伯格 … 148
欧洲经济一体化与生态现代化——芬兰的农业环境政策与

实践 　　　　　　　　　　　佩卡·约基宁 … 192

过渡型经济体

作为文化政治的生态现代化——立陶宛公民环境行动主义
　的变革　　　　　莱奥纳达斯·林克维奇斯 … 236
遗留的废弃物,还是被荒废的遗产?——后社会主义时代
　匈牙利工业生态学的终结　　　茹饶·吉勒 … 281

发展中国家

生态现代化的矛盾——东南亚地区的纸浆与造纸业
　　　　　　　　　　戴维·A.索南菲尔德 … 328
生态现代化理论与工业化过程中的经济体——越南研究
　　　　　若斯·弗里金斯,冯瑞芳,阿瑟·P.J.莫尔 … 359
作者介绍……………………………………………… 408
索引………………………………………………… 410

致　　谢

　　如果没有各位作者的通力协作与友好辩论，没有世界各地同行评论家所付出的努力，本书是不可能付梓的。书中所选的大部分内容源于两次会议上提交的论文——1998年7月国际社会学协会环境与社会研究委员会(RC-24)在加拿大蒙特利尔召开的会议，以及1998年8月美国社会学协会环境与技术分会在美国旧金山举行的会议。国际社会学协会环境与社会研究委员会的前任主席赖利·邓拉普很早就认识到了举行生态现代化专题会议的必要性，并促成了该专题会议的召开。在罗格斯大学的汤姆·鲁德尔的支持与帮助下，美国社会学协会也专门为生态现代化议题设立了圆桌会议，会上探讨的气氛甚为热烈。

　　本书编者谨向《环境政治》杂志的各位主管编辑致以谢意（尤其是约克大学的尼尔·卡特），感谢他们自始至终支持这一研究课题。阿瑟·莫尔感谢瓦赫宁恩大学环境社会学系的格特·斯帕加伦等同事，他们不断为这一课题献计献策；还要感谢另外几位学者，特别是弗雷德·巴特尔和艾伦·施耐伯格。戴维·索南菲尔德之所以能完成这一研究课题，都是由于加利福尼亚大学伯克利分校的慷慨资助（"奇里亚奇—温特洛普"自然资源经济学博士后研究奖学金），以及瓦赫宁恩大学社会学系尤金·罗莎等同事的大力支持。

导　论

世界范围的生态现代化——导论

阿瑟·P.J.莫尔，戴维·A.索南菲尔德

引　言

许多当代环境社会科学家和评论家认为，20世纪80年代发生了巨大的转变——西方工业社会的生存基础在不断受到损害。布伦特兰报告（世界环境与发展委员会，1987年）常被视为将这种转变整理成文的标志，而其他历史事件（包括1992年的联合国环境与发展大会）也标志着人们的这种努力。除了这一共同认识，人们就以下几个问题提出了各种不同的诠释：（一）这种转变的性质是什么；（二）促使社会在与外部自然界互动时另辟蹊径的行动者与行为有哪些；（三）这类环境改善在何种程度上反映了环境意识形态和话语的变化；（四）环境意识形态和话语的变化在社会和地理意义上的分布情况如何。

众多社会科学家对这种转变的方方面面进行了分析，例如民族国家在保护环境方面的角色转变（参见 Jänicke,1993），以及社会运动在代表环境利益（相对于经济主体而言）时所起的作用（参见 Rawcliffe,1998）。但是，对目前经济实践、话语和体制的转变做出更广义解释的研究却并不多见。这些研究中持续时

间较长的,是一类为数越来越多、可以被纳入"生态现代化"名下的出版物。将近二十年来,世界各地不同学科的学者一直在研究并"检验"这个课题。[1]

编纂本书的目的,是为了促进生态现代化理论的重大发展。本书试图记述并评价生态现代化理论对当代环境改革的最新分析,同时也介绍其他学者对这一学说提出的新挑战。虽然生态现代化理论是本书的主要关注点,本书的编者和各位作者都没有将其视为唯一行之有效的方法。书中的多篇文章都表明了生态现代化理论在目前状态下的局限性,也指出了用其他观点来检验这一学说、以求进一步发展的必要性。另外,本书的各位作者对生态现代化理论学说的"支持"程度也不尽相同。但是,无论是持此观点还是心存异议,作者们都认为在新千年之际对社会—环境的交互作用进行分析时,生态现代化理论是一个很有价值的参照点。

为了提供一个能容纳书中各篇文章的概念框架,我们将首先简要介绍生态现代化理论产生的历史背景及其主要特点,然后再介绍本书的内容。

生态现代化理论的产生

生态现代化理论最早是20世纪80年代初在少数几个西欧国家产生的,特别是德国、荷兰和英国。社会科学家马丁·耶尼克、福尔克尔·冯·普里特维茨、乌多·西莫尼斯、克劳斯·齐默尔曼(德国)、格特·斯帕加伦、马尔滕·哈耶尔、阿瑟·P.J.莫尔(荷兰)、阿尔伯特·威尔、莫里 J.科恩、约瑟夫·墨菲(英国)对这一学科作出了极大的贡献(见本书各篇文章后的诸多参考文献。)近年来,人们也对许多地区开展了实证研究,其中有芬兰(例如 Jokinen and Koskinen,1998;Sarinen 待出版*)、加拿大(例如 Harris,1996)、丹麦(例如 Andersen,1994)、欧洲(例如 Neale,1997)、立陶宛(例如 Rinkevicius,2000,及本书)、匈牙利(例如 Gille,本书)、肯尼亚(例如 Frijns et al.,1997)和东南亚(例如 Sonnenfeld;Frijns et al.,本书)。不过,生态现代化理论的创始人应该说是德国社会学家约瑟夫·胡贝尔(参见 Huber,1982,1985,1991)。

尽管问世相对较晚,生态现代化理论在发展过程中也产生了诸多差异与争论。这些差异和争论不仅仅体现在国家背景和理论基础上[2],也与时间先后有关。我们并不打算在此对生态现代化理论进行更为详尽的评述和分析,但为了本节探讨的需要,我们认为应该将这一学说的发展成熟划分为至少三个阶段。

生态现代化理论最早期著述(特别是约瑟夫·胡贝尔的文章[参见 Huber,1982,1985])的特点有:极为强调技术创新在环境改革中所起的作用,尤其是工业生产领域的技术创新;对(官僚)国家持批评态度[3];肯定市场行动者与市场动态在环境改革中所起的作用;理论取向为系统论取向,且偏向进化论,认为人类能动性与社会斗争的作用是有限的;倾向于从民族国家的层次进行分析。

第二阶段为20世纪80年代到20世纪90年代中期。这一

---

* 此处的"待出版"为2000年本书出版时的情况,下文均同。——译者

阶段对技术创新的强调有所减少,并不像早期理论那样将其视为生态现代化理论的核心动力;更平衡地看待国家和"市场"这两者在生态转型中分别起的作用(参见 Weale,1992;Jänicke,1991,1993);更强调生态现代化的体制动态与文化动态(参见 Hajer,1995;Spaargaren and Mol,1991,1992;Cohen,1997)。在这一阶段,生态现代化理论的著述仍着重于对经济合作与发展组织成员国的工业生产进行国别研究和比较研究。

自20世纪90年代中期起,生态现代化理论的前沿在研究的理论视野和地域范围上都有所扩展,涵盖了以下内容:消费的生态转型;欧洲以外国家的生态现代化(新兴工业国家、欠发达国家、中东欧地区的过渡型经济体,也包括美国、加拿大这样的经合组织国家);全球性进程。本书中收入的文章恰恰属于生态现代化理论的第三阶段。[4]

尽管上述研究存在时间、国别和理论取向上的差异,我们仍然可以将它们纳入生态现代化理论的范畴。应该说,这类研究有三个共同的总体观点:(一)超越末日论的取向,将环境问题视为迫使我们在社会、技术和经济方面进行变革的挑战,而不是视其为工业化所带来的无法改变的后果;(二)强调标志现代性的核心社会体制的转型——包括科学技术、生产与消费、政治与治理,以及各种规模的"市场"(地区市场、国家市场、全球市场);(三)在学术领域中的定位与反生产力—反工业化、后现代主义—激进社会建构论以及许多新马克思主义研究的定位截然不同。

接下来,我们将简要介绍生态现代化理论的几个核心主题。

生态现代化理论的核心主题

从最早期的著述开始,生态现代化理论的目标就始终是对现代工业化社会如何应对环境危机的问题进行分析。生态现代化理论传统下所有研究的核心都是社会实践、体制规划、社会话语与政策话语中为保护社会生存基础而作出的环境改革(现有和未来计划的环境改革)。

有些作者强调,这类社会体制、实践和话语的变革,与环境破坏和物质流趋势实际发生的变化是对应的(例如,Jänicke et al.,1992)。近来的这些学者认为,自20世纪90年代中期起,生态保护先行国家[5](如德国、日本、荷兰、瑞典和丹麦)中出现了物质流与经济流分离或脱节的进程。几个研究案例表明(研究对象为国家、工业部门或具体问题),在不计金钱或物质(产品数量)意义上的经济增长的情况下,环境改革甚至使生产时使用的自然资源与排放的污染物减少了。[6]这些改善究竟有没有发生,它们在多大程度上是结构使然(或只是偶然出现),围绕这些问题产生了相当大的争论。

目前大部分生态现代化理论研究所关注的核心问题并不是物质改善本身,而是社会与体制上的变化。这些变化可以被归为五大类:

(一)科学与技术的作用在发生改变:看待科学技术时不仅从"导致环境问题产生"的角度出发,也考虑了它们在环境问题的治理与预防中所起的实际作用和潜在作用。

(二)市场动态与经济能动者(如生产者、顾客、消费者、信用机构、保险公司等)作为生态结构调整与改革载体的重要性日益提高(在研究环境的几乎所有其他社会理论中,生态结构调整与改革的载体往往都是更为传统的范畴,如国家机构和新社会运动)。

(三)民族国家的作用发生了变化:出现了更加去中心化、更灵活、更强调共识的治理方式,而自上而下、国家指令—控制式的环境规制(常被称为"政治现代化")则在减少(参见Jänicke,1993;Jänicke and Weidner,1995)。非国家的行动者有更多机会行使行政、规范、管理、合营[7]、调解这些传统上由民族国家行使的功能(被某些学者称为"亚政治协议")(参见Beck,1994;Hogenboom et al.,1999)。新兴的各个超国家机构也削弱了民族国家在环境改革中所起的传统作用。

(四)社会运动的地位、作用与意识形态发生了改变:涉及环境改革问题时,社会运动越来越多地参与到公众与私人的决策体制之中;而在20世纪70年代和80年代,社会运动往往被局限在这类进程与体制的外围,甚至完全不能参与。[8]

(五)话语实践发生变化,新的意识形态不断产生:完全忽视环境,或是将经济利益与环境利益从根本上对立起来,这些做法不再被视为正当合理的做法(参见Spaargaren and Mol,1992;Hajer,1995)。探讨生存基础问题时的"代际团结"已经成为一条不容置辩的核心原则。

在西方工业国家的生态现代化理论研究中,上述社会变化是探讨的核心主题,其他地区的研究也越来越关注它们。生态现代化理论研究中还存在着另外两种学术立场。有些学者(参见Weale,1992;Mol,1995;Spaargaren,1997)以上述前提作为分析工具,来研究当代环境改革进程中的社会动态。另一批学者(例如 Christoff,1996;Boons,1997;Dryzek,1997)则更进一步,他们有的称这些前提不仅有分析价值,还具有规范的作用,可以用来界定环境改革的途径是否可取、可行;有的则对这些前提提出了质疑。

本书内容

收入本书的文章,反映了前文中简要介绍的核心主题,而且是我们所划分的生态现代化研究第三阶段的典型著述。这些文章可以分为两个大类。第一类几篇文章的主要目的是为了推介生态现代化的理论基础。它们或对这一学说曾引起的争论进行评价,或对生态现代化理论的范畴予以扩展,以研究探讨消费实践与消费者行为中与环境有关的方面,或审视国家的"知识取向"与生态现代化之间的关系。第二类文章以实证性的案例研究为基础,探讨运用生态现代化理论框架来研究环境改革过程的实用性,研究对象为西北欧以外的三组国家。其中两篇文章探讨的是经济合作与发展组织在西方的成员国(美国、芬兰);另外两篇关注的是东欧和中欧的过渡型经济体(立陶宛、匈牙利);最后两篇集中探讨东南亚的新兴工业国家(一篇是印度尼西亚和马来西亚,另一篇是越南)。

在本书收录的第一篇文章中,阿瑟·莫尔和格特·斯帕加伦回顾了生态现代化理论在早期和晚近时期引起的理论争鸣。20 世纪 80 年代期间,这一学说的支持者(包括上述两位作者)厘清了自己与反生产力(反工业化或"小即是美")和反资本主义观点的界限。到了近期的20世纪90年代,生态现代化理论家则明确指出,研究环境问题的生态现代化学说与社会建构论、后现代主义和激进生态主义(深层生态学)有着明显的区别。有趣的是,该时期的著述也探讨了生态现代化理论和新马克思主义在社会不平等、生态结构调整这两方面的某些共同根源和观点。

在第二篇文章中,格特·斯帕加伦和巴斯·范弗利特敦促环境社会科学家来探讨消费实践与消费者行为对环境的影响。他们认为针对消费者行为的传统社会心理学研究不适于这种研究,因而转向了其他的理论:吉登斯的结构化理论、布尔迪厄的区分理论、沃德等人的消费社会学,以及考恩、奥特内斯、肖夫等人关于家庭消费的研究。他们利用上述理论,勾勒出了从生态现代化角度看待家庭消费绿色化的研究视角。斯帕加伦和范弗利特认为,生态现代化的进程不仅在影响物质生产,也在各个家庭日常习惯的层面上对消费产生着越来越大的影响。他们号召对社会科学的分析及政策加以改进,以研究、鼓励绿色消费行为,并呼吁为此建立一个概念模型。

第三篇文章是莫里·科恩关于生态现代化理论的又一篇著述。科恩探讨了环境价值及环境取向在生态现代化中的重要性,丰富了生态现代化的文化范畴——此前这一范畴始终存在理论说明不够充分的问题。他综合多种多样的生态意识与知识许诺*,构建了一个生态知识的理想化—典型化模型。接下来科恩以荷兰的案例研究为基础,指出可以利用"环境知识取向"

---

* epistemological commitment,指认为某种知识可成立,并自觉有义务去证明它可成立。——译者

的国别研究,来预测不同国家进行生态现代化时取得成功的可能性。

戴维·佩洛、艾伦·施耐伯格和亚当·温伯格在第四篇文章中以案例研究的方式,对生态现代化理论的正当性提出了质疑。案例研究的对象是美国芝加哥一项城市废弃物再循环计划的社会关系,及其对环境造成的影响。他们提出了许多疑问,其中之一针对的是生态现代化理论的一项核心假说——生产过程的设计与执行越来越多地利用了生态标准。他们指出,芝加哥市的再循环产业建立在越来越注重利润的基础上,这对该产业的雇员与自然环境都造成了损害。他们认为,这种情况证实了施耐伯格著名的"苦役踏车式生产"理论。根据施耐伯格的理论,经济精英对社会和环境的全面支配作用将越来越明显,除非群众发起的社会运动能阻止这一趋势。三位作者呼吁,应从苦役踏车式生产和生态现代化这两个角度继续进行研究,包括对生态决策中"零和时刻"(各利益方之间的"实际冲突与固有冲突"已无可回避的时候)的研究。

在世界其他国家,佩卡·约基宁探讨了欧洲经济一体化对芬兰的农业环境政策与实践造成的影响,对体制协议、话语和实践中出现的变化尤为关注。尽管有学者称全球化进程能促进生态现代化的实现,约基宁在研究芬兰情况时得出的结果却并不尽然:话语确实发生了变化,但体制协议的转变却很微小。芬兰在参加欧盟以前曾投入相当大的财力,以支持本国农民的先进农业环境实践。但是按照欧盟成员国条款的规定,这种财政支持却被视为不公平的补贴,不得不停止。

在过渡型经济体这种不同的背景下,莱奥·林克维奇斯发现生态现代化理论可以用来分析立陶宛共和国的文化与体制实践中出现的变化。林克维奇斯从历史角度出发,审视了立陶宛各个时期的环境保护主义:苏联统治时期、民族解放时期,以及目前朝自由的、以市场为导向的社会过渡的时期。他发现,立陶宛的环境行动主义也经历了与西欧一致的转变:从先前的对抗,到更好地融入社会和体制之中。与此同时,立陶宛的环境行动主义仍然保留了林克维奇斯所说的"混合的价值取向"——这种取向既有注重"生态—管理"的层面,也有"浪漫主义—理想主义"的层面。

茹饶·吉勒通过研究欧洲的另一个过渡型社会匈牙利自第二次世界大战以来废弃物管理实践的发展变化,分析了现代工业生态学概念与生态现代化概念的适用性。她提出了一个争议性的论点:在匈牙利社会主义时代的早期(20世纪50年代),该国的国家社会主义领导人就确立了最早的几个"工业生态"计划——当时这种想法还远未在西方流行。确立废弃物再利用计划,是为了应对西方对匈牙利实行的工业产品出口封锁。但到了匈牙利社会主义时代的后期,废弃物再利用计划却越来越偏离最初的宗旨,导致未加利用的废弃物和以废弃物为原料的产品大批堆积。如今,处于后社会主义时代过渡期的匈牙利面临着截然不同的形势:西欧的许多国家和公司都竭力要把匈牙利变成该地区的"废弃物处理中心"。吉勒认为匈牙利早期的废弃物利用计划中有先进的方面,她在文中指出了这些先进因素,并号召公民与劳动者更多地参与进来,以制定现代的废弃物管理政策与实际措施。

本书的最后两篇论文审视了生态现代化理论在东南亚新兴

工业国家中的适用性。戴维·索南菲尔德探讨了东南亚的纸浆与造纸业，他认为这个领域的生态现代化既取得了成就，也带来了矛盾。国有的纸浆与造纸企业既要面对本地与跨国组织的强烈社会抵制，又面临着对企业有利的全球市场条件，于是就在修建新生产设施时采用了更为清洁的处理技术。索南菲尔德认为在这种情况下，采取更清洁的技术应该说只达到了部分的"生态现代化"，因为东南亚地区纸浆产量的增长基于两个前提：进一步毁坏天然林；种植生长迅速的外来树种以取代小块林场的育林方式。他指出，技术公司与技术出口国应对中小型企业给予更多的关注，帮助它们开发符合生态现代化原则的生产方式。在发展中国家，这些中小型企业是重要的就业机会来源。

最后，若斯·弗里金斯、冯瑞芳和阿瑟·莫尔探讨了生态现代化理论在越南（亚洲最新的"小虎"经济体之一）应用的可能性。越南也处于从"指令与控制"型经济向更为市场化的经济形态过渡的阶段。三位作者认为：越南的工业发展迅速，环境威胁日益严重，目前尚处于建设环境规制机构及政策框架的早期阶段；该国鼓励技术创新向有利环境的方向发展的计划仍很不完备；缺乏强有力的、足以推行生态改革的全国性环境运动。他们的结论是，在研究当今越南的环境改革进程时，生态现代化理论只能起到非常有限的解释作用。不过，弗里金斯、冯瑞芳和莫尔认为生态现代化理论中存在着一套起规范作用的原则；借助这套原则，越南有望提高环境政策、管理体系与管理实践的效力。但是，这种背景下的生态现代化将有别于最初以欧洲为中心的情况。

结　　论

　　总体看来,我们认为本书收录的各篇文章至少在五个方面推进了生态现代化理论:地理意义上的范围、涉及区域与适用性;相对于其他环境社会科学与政治观点而言的理论立场;对生产动态以及消费动态的探讨;对国家文化与公民文化问题的关注;在研究过渡型国家、新兴工业国家以及发达工业国家时的适用性。

　　生态现代化理论能否适用于世界各地不同的经济、文化、政治体制与地理背景,目前对这个问题作出全面定论还为时过早。本书各篇论文得出的研究结果也不尽相同。不过,这些文章有一个共同的发现:生态现代化的研究方法与工具可以用于社会科学的分析与政策制定过程,即便是在建立生态现代化体制所需的条件尚不完全具备的情况下。与此同时,生态现代化的某些进程是全球性的(即便其他进程并非如此),因此这一理论至少在一定程度上对世界各国都有适用性。

　　生态现代化理论是一门极具活力、不断发展的学说。尽管在西北欧的政治与政策争论环境中位居后列,这门理论的思想"储备"却随着其范围与影响的扩展而变得越来越非正统化。在新的背景下,经过与世界其他地区似同实异的思想传统的交锋,旧有的理论分界线(如与西欧背景下的某几种新马克思主义理论与绿色政治的分界)再次经受了检验,其结果令人深思。生态现代化理论将人们对全球以及地区不平等现象的关注纳入讨论范畴,正表明了上述变化;学者们"延伸"生态现代化理论适用范围的努力同样如此——他们试图用生态现代化理论来探讨或解释欧亚地区各过渡型社会迥然不同的政治环境下的动态。

作为一门渐趋成熟的新兴学说,生态现代化理论自然会扩展其研究范围,来探讨当代社会中无法用其他环境社会科学理论充分解释的领域。研究这些领域的时候,生态现代化理论在欧洲经典社会理论中的根源确实是有长处的——如探讨消费实践与消费者行为的问题、在"现实主义者"与社会建构论者之间确定自己的立场、理解文化体制与文化实践的发展,甚至研究"国家文化取向"概念这类极具理论挑战性的问题。在从事这些研究的过程中,生态现代化理论最终也许不仅能对环境社会科学与政策作出贡献,还能增强跨学科研究与主流社会科学之间的联系。

由于尚未定型,生态现代化理论中的许多问题还有待详细阐释和探讨,这也是可想而知的。最为突出的关键问题包括:成功的(反思型的)生态现代化所必不可少的政治与体制文化究竟是什么;环境运动、其他社会运动与非政府组织在生态现代化过程中(尤其是在那些历来缺乏社会运动、大众参与机制薄弱的国家中)的不同角色和重要性;创立并维持生态现代化体制、技术与做法的能力既存在全球性的差异,也存在国内的差异;(观点各异、范畴不同的)全球化与生态现代化的辩证关系。

现在要对生态现代化理论作出结论还为时过早,这在很大程度上是因为环境改革进程本身的性质也在不断发生变化。我们还要在这一学说的发展、验证与分析方面付出很多努力。需要进行的研究不仅是广义上的(如生态现代化的理论前提),也有更为具体的内容——生态现代化理论能否适用于不同的社会体系、不同的政治格局与传统,以及世界各国不同的地理区域。我们希望本书既成为这些努力的开端,也能为将来的努力作出一份贡献。

注　释

1. 马丁·耶尼克称自己创造了生态现代化的概念,并在20世纪70年代后期柏林社区委员会(当时他是委员会的成员)的政治讨论中率先提出了这一理论。
2. 各种理论传统有系统论(例如 Huber,1985,1991)、体制分析(参见 Mol,1995)和话语分析(Hajer,1995;Weale,1992)。
3. 马丁·耶尼克在早期著作中也持这种看法(参见 Jänicke,1986)。
4. 亦可见其他著述,如斯帕加伦、莫尔和巴特尔主编的论文集(Spaargaren,Mol and Buttel,2000),以及《地理》杂志的特刊(待出版)。
5. 这些国家之所以被称为"先行国",并不是说各国(或人均)的环境污染或环境退化情况最轻微,而是说它们采取的政策转变了目前资源消耗与污染物排放愈演愈烈的趋势。
6. 可见耶尼克等人的研究(例如 Jänicke *et al.*,1992)、欧洲环境署的出版物(参见 EEA,1998)、关于非物质化、四倍数(十倍数或更高)革命的著述(参见 Reijnders,1998),关于所谓的绿色库兹涅茨曲线或环境库兹涅茨曲线的著述(见以下杂志的特刊:*Ecological Economics*,1998;*Environment and Development Economics*,1996;*Ecological Applications*,1996)。
7. 如半国营企业的私有化。
8. 德国的政治党派绿党(*Die Grünen*)是代表这种意识形态与立场转变的典型,尽管有人认为不应将其作为一种社会运动来分析。经过绿党的一系列运动,自1998年起它最终在德国执政党联盟中得到了一席之地。在这个过程中,德国国内在看待绿党的问题上始终存在重大的争议与斗争。

参考文献

Andersen, M. S. (1994), *Governance by Green Taxes: Making Pollution Prevention Pay*, Manchester: Manchester University Press.

Andersen, M. S. and J. D. Liefferink (eds.) (1997), *European Environmental Policy: The Pioneers*, Manchester: Manchester University Press.

Beck, U. (1994), 'The Reinvention of Politics: Towards a Theory of Reflexive Modernization', in U. Beck, A. Giddens and S. Lash, *Reflexive Modernization: Politics, Traditions and Aesthetics in the Modern Social Order*, Cambridge: Polity Press, pp. 1-55.

Boons, F. (1997), 'Organisatieverandering en ecologische modernisering: het voorbeeld van groene produktontwikkeling', paper to the Dutch NSV conference, 29 May 1997.

Christoff, P. (1996), 'Ecological Modernisation, Ecological Modernities', *Environmental Politics*, Vol. 5, No. 3, pp. 476-500.

Cohen, M. (1997), 'Risk Society and Ecological Modernisation: Alternative Visions for Post-Industrial Nations', *Futures*, Vol. 29, No. 2, pp. 105-119.

Dryzek, J. (1997), *The Politics of the Earth: Environmental Discourses*, Oxford: Oxford University Press.

European Environmental Agency (1998), *Europe's Environment: The Second Assessment*, New York/ Amsterdam: Elsevier.

Frijns, J., Kirai, P., Malombe, J. and B. van Vliet (1997), *Pollution Control of Small Scale Metal Industries in Nairobi*, Wageningen, Netherlands: Department of Environmental Sociology, Wageningen University.

Hajer, M. A. (1995), *The Politics of Environmental Discourse: Ecological Modernisation and the Policy Process*, Oxford: Clarendon.

Harris, S. (1996), 'The Search for a Landfill Site in an Age of Risk: The Role of Trust, Risk and the Environment', dissertation, McMaster

University, Hamilton, Ontario.
Hogenboom, J., Mol, A. P. J. and G. Spaargaren (1999), 'Dealing with Environmental Risks in Reflexive Modernity', in M. J. Cohen (eds.), *Risk in Modern Age: Social Theory, Science and Environmental Decision-Making*, London: Macmillan, pp. 83-106.
Huber, J. (1982), *Die verlorene Unschud der Ökologie, Neue Technologien und superindustriellen Entwicklung*, Frankfurt am Main: Fisher Verlag.
Huber, J. (1985), *Die Regenbogengesellschaft. Ökologie und Sozialpolitik*, Frankfurt am Main: Fisher Verlag.
Huber, J. (1991), *Unternehumen Umwelt. Weichenstellungen für eine ökologische Marktwirtschaft*, Frankfurt am Main: Fisher Verlag.
Jänicke, M. (1986), *Staatsversagen, Die Ohnmacht der Politik in der Industriegesellschaft*, München/Zürich: Piper.
Jänicke, M. (1991), 'The Political System's Capacity for Environmental Policy', Berlin: Department of Environmental Politics, Free University Berlin.
Jänicke, M. (1993), *Über ökologische und politische Modernisierungen'*, *Zeitschrift für Umweltpolitik und Umweltrecht 2*, pp. 159-175.
Jänicke, M. and H. Weidner (1995), 'Successful Environmental Policy: An Introduction', in M. Jänicke and H. Weidner (eds.), *Successful Environmental Policy: A Critical Evaluation of 24 Cases*, Berlin: Sigma, pp. 10-26.
Jänicke, M., Mönch, Binder, M., et al. (1992), *Umweltentlastung durch industriellen Strukturwandel? Eine explorative Studies über 32 Industrieländer*, Berlin: Sigma.
Jokinen, P. and K. Koskinen (1998), 'Unity in Environmental Discourse? The Role of Decision-Makers, Experts and Citizens in Developing Finnish Environmental Policy', *Policy and Politics*, Vol. 26, No. 1, pp. 55-70.
Mol, A. P. J. (1995), *The Refinement of Production: Ecological Modernisation Theory and the Chemical Industry*. Utrecht: Jan van

Arkel/International Books.

Neale, A. (1997), 'Organising Environmental Self-Regulation: Liberal Governmentality and the Pursuit of Ecological Modernisation in Europe', *Environmental Politics*, Vol. 6, No. 4, pp. 1-24.

Rawcliffe, P. (1998), *Environmental Pressure Groups in Transition*, Manchester: Manchester University Press.

Reijinders, L. (1998), 'The Factor X Debate: Setting Targets for Eco-Efficiency', *Journal of Industrial Ecology*, Vol. 2, No. 1, pp. 13-22.

Rinkevicius, L. (2000), 'The Ideology of Ecological Modernisation in "Double-Risk" Societies: A Case Study of Lithuanian Environmental Policy', in Spaargaren, Mol and Buttel [2000].

Sarinen, R. (forthcoming), 'Governing Capacity of Environmental Policy of Finland: An Assessment of Making the EIA-Law and CO_2-Tax', dissertation, Helsinki: University of Technology.

Spaargaren, G. (1997), 'The Ecological Modernisation of Production and Consumption: Essays in Environmental Sociology', dissertation, Wageningen: Department of Environmental Sociology, Wageningen University.

Spaargaren, G. and A. P. J. Mol (1991), 'Ecologie, technologie en sociale verandering, Naar een ecologisch meer rationale vorm van produktie en consumptie', in A. P. J. Mol, G. Spaargaren and A. Klapwijk (eds.), *Technologie en Milieubeheer. Tussen sanering en ecologische modernisering*, The Hague: SDU, pp. 185-207.

Spaargaren, G. and A. P. J. Mol (1992), 'Sociology, Environment and Modernity: Ecological Modernisation as a Theory of Social Change', *Society and Natural Resources*, vol. 5, No. 4, pp. 323-344.

Spaargaren, G., and Mol, A. P. J. and F. H. Buttel (eds.) (2000), *Environment and Global Modernity*, London: Sage.

World Commission on Environment and Development (WCED) (1987), *Our Common Future*, Oxford: Oxford University Press.

Weale, A. (1992), *The New Politics of Pollution*, Manchester: Manchester University Press.

理论观点

生态现代化理论争鸣——回顾

阿瑟·P.J.莫尔, 格特·斯帕加伦

多年来,生态现代化理论一直面临着来自不同理论观点的各种挑战。本文回顾了生态现代化思想曾涉及的多种多样的争论。自从生态现代化理论于20世纪80年代早期问世到逐渐走向成熟,这期间始终伴随着各种争论,本文首先从历史角度介绍了这些早期的争论。初步的争论对象是早期的新马克思主义者,以及持反工业化—反生产力观点的理论家,这些争论有助于生态现代化理论的形成,但它们在今天的意义已不尽相同。接下来,我们把关注点集中在更为晚近的讨论上,这些讨论只在某种程度上反映出了相似的论题。我们将分别介绍生态现代化理论家就社会理论的物质基础问题与建构论者和后现代主义者进行的讨论;回顾并阐释生态现代化理论家与生态中心论者的争论——究竟是进行激进的环境改革,还是改良主义的环境改革;促进新马克思主义对环境问题与环境改革中的社会不平等问题的理解。

一、引　言

本文作者在早先的几篇著述中(Mol, 1996; Spaargaren,

戴维·索南菲尔德和另一位匿名评阅人的评论,以及1998年国际社会学学会世界会议"环境与社会"研究委员会中的讨论,让本文获益匪浅。

1997)注意到(其他许多作者也注意到了这个现象),过去十年来广义上的环境社会科学——特别是环境社会学——已全面成长为成熟的分支学科。在得益于环境社会科学同时又对其作出贡献的各种社会理论之中,就有生态现代化理论。在非常短暂的时间内,创立于20世纪80年代早期的生态现代化理论已发展成一套扎实的思想体系,它建立在普遍社会理论的基础上,并以越来越多的案例研究作为支撑。

生态现代化理论是一门新的理论,而且正逐渐成为环境社会学中较引人注目的理论之一,[1] 因此它在学科内外引起众多疑问和争论也是很自然的。如果说生态现代化理论的支持者与反对者能就什么问题达成共识,那就是:借助生态现代化理论这一工具,人们能将当代环境社会科学中最为紧迫的理论争鸣组织起来。这与20世纪70年代、80年代新马克思主义环境理论所起的作用很相似。

在这篇文章中,我们将介绍生态现代化理论近期参与的争论,以此来促进新千年之后环境社会学——以及其他社会科学——的进一步成熟。之所以要探讨现代环境社会学争论中较为引人注目的论题,目的在于:(一)对环境社会学争论中的各种立场作出更为明确的回应;(二)进一步阐明生态现代化理论家在这些争论中所持的立场;(三)增进人们对各种严峻问题的认识。

在回顾生态现代化理论曾经参与的争论时,我们将首先在本文的第二节从历史角度介绍各种早期争论——它们与生态现代化理论问世(20世纪80年代早期)到成熟的时期相对应。这些初步的争论有助于生态现代化理论的形成,但它们在今天的意义已不尽相同。在接下来的三节中,我们将把关注点集中在较为晚近的讨论上,这些讨论只在某种程度上反映出了相似的论题。我们将分别介绍生态现代化理论家就社会理论的物质基础问题与建构论者和后现代主义者进行的讨论(第三节);回顾并阐释生态现代化理论家与生态中心论者的争论——究竟是采取激进的环境改革,还是改良主义的环境改革(第四节);促进新马克思主义对环境问题与环境改革中的社会不平等问题的理解(第五节)。

二、生态现代化的早期争论

如果要去理解生态现代化理论参与很多(或是作为主要对象)的最早期争论,就必须注意到这些辩论中普遍存在着两个相互关联的情况。首先,20世纪80年代早期初步争论产生的背景是20世纪70年代末、80年代初最新的环境争鸣,以及当时环境社会学中的主要潮流或支配性潮流。其次,对生态现代化理论的批评主要集中在生态现代化理论发展第一阶段的特定内容与纲领上(Mol and Sonnefeld,本书)。从某种意义上说,这个纲领应该被视为一种(过度)反应,它针对的是环境社会学中的支配性学说,以及20世纪70年代末、80年代初的环境争论。

并不奇怪,涉及生态现代化理论的主要争议性论题是由20世纪70年代居于支配地位的两个学派提出的:反生产力(或反工业化)论者与新马克思主义者。在本节中,我们一方面要指出这些学者当年提出的某些问题尽管在今天仍时常出现,但这些问题不应再被视为针对生态现代化理论的合理批评。但是在另一方面,我们也注意到初步争论中提出的其他一些问题在20世纪90年代又出现了。虽然新问题的形式不同,使用的概念也有异,问题的重现表明环境社会学的争论既在向前发展,也有着连续性。

反工业化与技术的困境

要想理解生态现代化理论,就必须探讨促使其产生的争论。主导这类争论的理论可以被称为"反现代化"、"反工业化"或"反生产力"(Spaargaren and Mol,1992;Mol,1995)。20世纪70年代,这类观点在西方环境运动与社会科学家中很盛行。生态现代化理论对反现代化观点的核心思想提出了挑战。

20世纪80年代,在生态现代化理论发展的第一阶段,上述两种观点的争论最为集中(参见 Huber,1991;Mol and Spaargaren,1993)。生态现代化理论对环境运动的传统思想——要想走上长期可持续发展的道路,就必须从根本上重新制定现代社会的核心体制(工业化生产体系、资本主义经济体制、中央集权的国家)——提出了质疑。由于现代化事业遭到的批评更为广泛,奥托·乌尔里希、鲁道夫·巴罗、巴里·康芒纳、汉斯·阿赫特瑞斯等反生产力论者在此基础上进一步指出,环境与生态的恶化也能证明现代化事业是一条死胡同。

生态现代化理论的支持者们也承认,有必要在现代化事业的内部进行重大的变革,以纠正某些导致严重环境破坏的结构性设计缺陷。但他们认为,进行这种变革并不意味着一定要废除现代社会中与现代生产和消费体制有关的所有机制。在这个意义上,我们可以认为生态现代化理论与遭到反现代化论者强烈批评的、更为广义的现代化理论是一致的,尽管生态现代化论者的著述(特别是晚近的著述)中确实也包含着某些质疑帕森斯功能主义及相关理论的严厉批评(参见 Von Prittwitz,1993b;Spaargaren,1997)。[2]

围绕技术问题的主要争论,与反工业化—反现代化论和生态现代化理论之间的论战有着密切的关系,不过新马克思主义者也参与到了关于技术的争论之中。自生态现代化理论问世以来,针对这一理论的评论中最常被援引的也许就是其技术乐观主义,以及所谓的"技术专家治国论"特性。汉尼根在分析近来生态现代化理论对环境社会学所作贡献的时候指出,生态现代化理论"受到了安之若素的技术乐观主义情绪的束缚"。他的结论与荷兰环境社会学家埃格伯特·特列根(Tellegen,1991)与德国社会学家彼得·韦林(Wehling,1992)的观点很相似。雷德克利福特(Redclift,1999)也以一种颇为相似的方式,用生态现代化与更深刻、更重大、更深远的文化转变作了对比。

马尔滕·哈耶尔(Hajer,1995)设想了生态现代化的两种不同形式——技术—社团型的生态现代化与反思型生态现代化,从而在一定程度上将关于技术专家治国观点的争论纳入到了生态现代化研究之中。第一种形式的生态变革完全是技术与行政性质的事务,而第二种形式则涉及社会学习、文化政治与新的体制结构。克里斯托弗(Christoff,1996)也提出了类似的观点,他将生态现代化区分为弱势(即经济—技术型生态现代化)与强势(体制—民众型生态现代化)两种类型。

实际上,哈耶尔、克里斯托弗两位作者以及德雷泽克(Dryzek,1997)、尼尔(Neale,1997)等人的观点,与生态现代化理论早期约瑟夫·胡贝尔(Huber,1985)对倾向技术专家治国与倾向全民政治的两种生态现代化发展途径的区分非常相似,尽管胡贝尔本人并没有非常坚定地维护倾向全民政治的生态现代化模式(参见 Spaargaren and Mol,1992)。胡贝尔提出的熊彼特*式"技术引起变化"的社会变化模型,为彼得·韦林(Wehling,1992)等人大力宣扬的技术乐观主义论点提供了发展的空间。

近来,生态现代化理论的支持者们在以下方面付出了很多努力:(一)对上述熊彼特式社会变化模型以及胡贝尔最初提出的技术乐观主义进行调整;(二)揭示技术专家治国论批评观点对生态现代化后期著述的选择性解读方式。技术革新在体制改革的进程中的确占有一席之地(尽管这种地位并不是技术专家治国论批评者希望我们认为的核心地位),而且这当然并不意味着技术变革形成了体制改革的动力,或者说决定了体制改革。另外,技术与技术变革的概念范畴也有了极大的扩展,从最初在20世纪70年代备受批评的附加式技术,扩展为"社会—技术体系的重大变革"(参见 Mol et al.,1991;Jänicke et al.,1992;Neale,1997;Jokinen and Koskinen,1998),这样一来批评者所说的技术专家治国特性也就不够准确了。

我们认为,围绕着前述两个相互联系的话题的争论,其性质发生了很大的变化。一方面,这些争论日益成为环境论战的边缘话题;而出于这个原因,它们又常常改用不同的概念,以截然

---

* Schumpeter(1883—1950),奥地利裔美籍经济学家,以解释资本主义基本特征的"创新理论"知名。这一理论的最大特色,就是强调生产技术的革新和生产方法的变革在资本主义经济发展过程中起着至高无上的作用。——译者

不同的形式重新出现在论战中。作为一种全面理论和供选择的解决办法，反工业化的观点在当代的环境争论中已基本失去了吸引力。尤其是在布伦特兰报告掀起第三次全球环境关注浪潮之后，反工业化观点已无力撼动生态现代化理论的核心概念。与此同时，20世纪80年代针对技术的一些极为激烈的批评使得生态现代化理论发生了重大的变化与改进。这样一来，20世纪90年代的类似批评已不能再成立。

然而，关于上述话题的讨论仍在继续，对反思型生态现代化概念含义的分析就说明了这一点。继围绕当代社会性质的争论之后，近年来生态现代化理论又被人们与反思型现代化观点对立起来，尤其是它与风险社会理论的对比（Mol and Spaargaren, 1993; Von Prittwitz, 1993b; Mol, 1996; Cohen, 1997; Buttel, 2000）。

在生态现代化理论发展的第一阶段（特别是胡贝尔和耶尼克提出的观点），该理论与风险社会理论之间的对立最初很受强调（参见 Mol and Spaargaren, 1993）。风险社会理论从根本上对科学与技术持批评态度，其早期著述在很大程度上与反工业化—反现代化观点是一致的。由于风险社会理论原本与反思型现代化的观点有密切联系（可见乌尔里希·贝克的文章［Beck, 1986, 以及此后的著述］），[3] 学者们最初认为生态现代化理论与反思型现代化相矛盾，认为生态现代化理论所支持的是后现代化或反思型现代化之前的高度现代化或简单现代化阶段（参见 Wehling, 1992），这种看法也就不足为怪了。

近来，反思型现代化（作为总理论）与生态现代化和风险社会理论（作为总理论的重要组成部分）之间的相似性受到了强调

(参见 Mol,1996;Hogenboom et al.,1999;Cohen,1997;Hajer,1995)。这些相似之处包括：民族国家的旧政治体制在环境改革中发生改变；新的次国家与超国家政治格局出现；市场与经济行动者促进环境保护的新作用；继科学的作用发生变化后，围绕着环境危机与管理策略的不确定性与不安全感日益严重。

不过，正如近来生态现代化与风险社会理论以外的研究者所指出的(参见 Hannigan,1995;Blowers,1997;Buttel,2000)，这两门学说之间仍然有着明显的区别。

资本主义的可持续性

约瑟夫·胡贝尔首先在生态现代化理论的议程中提出了颇具争议的绿色资本主义概念。绿色资本主义是否可行、它的现实状况如何、它是否符合人们的愿望，这些问题也引起了同样广泛的争论。艾伦·施耐伯格(Schnaiberg,1980)、戴维·戈德布拉特(Goldblatt,1996)、詹姆斯·奥康纳(O'Connor,1996)等立场各异的学者都借助不同的概念，抨击了建立有益于生态的资本主义的可能性。詹姆斯·奥康纳提出的资本主义的第二矛盾、施奈贝格的"苦役踏车式生产"理论，以及戈德布拉特对吉登斯的批评(称吉登斯在探讨环境危机时只局限于现代性的工业领域)，都被用来揭示资本主义在环境恶化中所起的重要作用。忽视资本主义的作用、不抨击资本主义世界秩序的基本原则，这种态度将导致流于表面的、非实质性的环境改革，无法从根本上解决环境危机。另外，这些改革措施反而会强化资本主义的生产方式，因为它们让资本主义制度下的生态批评变得不那么重要了(Dryzek,1995)。这些改革措施也使得符合权利阶层利益的既定社会——经济实践可以更好地维持下去(Blühdorn,2000)。

生态现代化理论的观点与上述看法不同,尽管它对资本主义所持的立场曾随着理论的不同发展阶段而发生变化(见 Mol and Sonnenfeld,本书)。起初,生态现代化理论赞扬资本主义对"极限的扩展"[4] 作出了贡献,但近来该理论对资本主义所持的态度却变得更为微妙。这种态度并不认为资本主义对于有益环境的生产与消费方式而言是必不可少的(新自由主义学者希望我们这样认为),也不认为资本主义与环境的恶化毫无干系。根据这种态度,(一)资本主义在不断变化,其主要诱因之一与人们对环境的关注有关;(二)在不同的"生产关系"之下,有益环境的生产与消费是有可能实现的,而每一种生产方式都需要适合自己的环境改革计划;(三)以各种标准(经济、环境与社会标准)来衡量,对现有经济秩序进行重大的、根本性的替换是行不通的。[5]

因此,根据主流生态现代化理论家的诠释,资本主义既不是严格的(或激进的)环境改革所必不可少的前提,也不是这种改革的重大障碍。他们关注的重点是对"自由市场资本主义"进行引导和改变,以减少其对保护社会生存基础的阻碍,并从根本上(结构上)对保护社会生存基础发挥越来越大的作用。虽然这种争论在人们看来可能是相当抽象而过时的(有些评论者确实持此看法),尤其是在"历史的终结"*观点问世之后,但它在涉及两类辩论时仍然具有现实意义:(一)它与人们对生态现代化理

---

* 指美国学者弗朗西斯·福山在 The End of History and the Last Man 一书中提出的观点。福山认为人类历史的前进与意识形态之间的斗争正走向终结。随着冷战的结束与资本主义阵营的胜利,历史亦将终结于民主自由与资本主义。——译者

论的先入之见有关,即认为这一理论对环境改革中利益冲突的分析存在不足;(二)在某种意义上,当代环境政治与政策中较为具体、较为务实的辩论是由关于资本主义的早期争论(这些争论在一定程度上仍在继续)引发的。我们将在下面分别探讨这两类相关的问题。

受到在新马克思主义理论中居于支配地位的社会变化冲突模型的启发,有些作者强调了生态现代化理论的问题:对权力的理论说明不够充分(Leroy,1996)、对社会背景和伦理问题的关注不足(Blowers,1997)、忽视对解放的关注(Blühdorn,2000)、人类能动性的缺失(Smidt,1996)。根据上述几位作者及其他学者的观点,生态现代化理论在分析环境改革时使用的主要是熊彼特式的演变发展模型。这些模型几乎是自动地得出了生产与消费绿色化的结论,但它们对不同利益(集团)之间的激烈冲突,以及关于规范、伦理或道德的反思与争论却没有给予足够的关注(参见 Sarkar,1990;Leroy and Van Tatenhove,2000;Blowers,1997:854)。

通过对上述争论的回顾,我们希望得出两个结论。第一,在适用于生态现代化理论早期研究的情况下,这些观点都是准确的(见 Mol and Sonnenfeld,本书)。新马克思主义对环境冲突的分析确实有很多可取之处。生态现代化理论可以借鉴(而且在一定程度上已经借鉴了)新马克思主义理论,以改进自己对社会变化的分析。第二,如果这些观点所关注与回应的对象是生态现代化理论中较为晚近的总体认识,那么它们就不那么准确了。这一总体认识指的是 20 世纪 80 年代末与 90 年代,工业国家中关于环境改革的根本性冲突在减少。然而,生态现代化论者认为环境利益越来越"为社会所接受"的观点并不是预先给定的,而是由各种不同利益之间的斗争与冲突、变化的意识形态以及其他社会领域中发生的历史变革不断制造(或再造)出来的,正如生态现代化论者在理论阐释(参见 Spaargaren and Mol,1991,1992)与详尽的案例研究(参见 Hajer,1995;Mol,1995;Rinkevicius,2000)中所指出的那样。在某些针对生态现代化理论的评述看来,该理论较为晚近的著述只不过是对未来的进化论与系统论式推测,我们认为这种看法并不是很准确。

在某种程度上,围绕资本主义的根本性争论(我们探讨的第二点)也在那些较为"务实"的争论中得到了体现,例如有关市场和国家在环境政策中的参与程度的讨论(具体问题多种多样,如私有化、明确的政策手段的适用性、国家崩溃与市场崩溃、取消管制、国家政府的现代化,等等),以及关于环境问题与环境改革的分布后果的讨论。我们的结论是,关于第一组问题的争议似乎在减少,因为学者们对以下几个方面的讨论日益达成了共识:基于市场的政策手段与指令—控制式策略、非国家行动者在环境政策中所起的作用越来越大、新的治理方式似乎取代了旧有的等级制度式国家模型(参见 Weale,1992;Sarinen,待出版;Mol,Lauber and Liefferink,待出版;Hogenboom et al.,1999;Mol,Spaargaren and Frouws,1998;Leroy and Van Tatenhove,2000)。另外,上述争议问题与新马克思主义对资本主义的批判之间的联系也在减弱,关于私有化和取消管制的争论就是例证。我们认为,近年来新马克思主义论者对不平等分布(指环境问题与环境政策的社会后果的不平等分布)进行了强有力的探讨,从而证明了他们所采用的理论模型的适用性(参见 Schnaiberg et al.,

1986；Schnaiberg and Gould，1994；Gould *et al*.，1996，亦可见Pellow *et al*.，本书）。所谓的社会变化冲突模型正是在这些研究中体现出了价值。我们将在第五部分进一步探讨这些问题。

小结

目前为止我们对生态现代化理论初期相关争论所作的分析，并不是为了贬低或"扼杀"人们针对这一理论的批评。我们的目的是要说明两个问题。第一，我们试图表明，由于以下几个相互关联的原因，围绕生态现代化理论的某些早期争论在今天已经不再适用或不够准确：（一）生态现代化理论借助这些评论对自身进行了改造与完善，莫尔和索南菲尔德（Mol and Sonnenfeld，本书）也指出了这一点。（二）关于环境问题的环境话语与学术话语已发生改变，因此当代的相关争论与20世纪70年代末、80年代初的争论相比也有所不同。（三）在这一时期，与环境破坏和实际环境改革相关的社会状况发生了很大变化，而主要的行动者在环境破坏和改革中所起的作用也是如此。如果近期的评论者在探讨生态现代化理论时仍坚持罗列相同的批评观点，我们认为这样的批评已经"过时"。从这个意义上说，围绕生态现代化理论的争论确实在向前发展。

第二，我们希望强调一点（本文接下来的几个部分也将继续强调这一问题）：与20世纪80年代（早期）围绕生态现代化的争论相比，当代的争论无论有多么不同，或者是变得如何完善，我们都不应忽视当代争论与早期争论之间的连续性。尽管关于上述某些话题的讨论似乎已告终结，但另外一些问题依然存在（虽然有时会以其他形式出现），它们还有待环境社会学的继续研究。从某种意义上说，新的理论"联盟"也因此而建立起来了。例如，就我们将在下文探讨的大部分争议性话题（社会建构论与环境问题的物质主义层面、深层生态学、社会不平等）而言，生态现代化理论与新马克思主义观点所持的看法是相似的。

三、环境问题的物质性

当代争论之中我们想首先探讨的一个内容，是社会学物质主义层面的地位问题。生态现代化理论认为（按照我们的理解），不应把社会学中的这一层面简化为社会事实。在探讨这类争论之前（尤其是与后现代主义者和激进社会建构论者的争论），我们需要先简单回顾一下环境社会学经由人类生态学产生的历史。[6]

根据环境社会学中业已形成的普遍认识，我们不能将人类与自然（或环境）之间的关系视作理所当然，而必须以反思的方式来对待它。反思可以通过不同的方式实现，我们认为环境社会学在这方面至少可以区分出三种学说：人类生态学传统、生态现代化学说以及后现代主义的环境观。这三种环境社会学观点与围绕现代性特征的广义社会学争论有着直接的联系。我们在本文的这一部分将阐明，人类生态学传统可以被视为一种反应，它所针对的是"主流"社会学对社会实践与体制发展的物质主义层面的忽视。生态现代化理论（以及风险社会理论和几种较为温和的社会建构论）则是反思型现代化观点在环境方面的补充。最后一种学说（包括激进或相对主义的社会建构论）可以称为绿色后现代主义观点。

超越人类生态学

人类生态学是一门形式多样的理论,它的价值(以及它对20世纪70年代环境社会学的产生作出的贡献)在于改变了人们对自然与环境漠视或不加理会的态度。大多数经典社会学理论坚持认为社会与自然之间存在着界限(有时甚至是一道难以逾越的铁壁),而人类生态学对这种看法提出了批评,并提倡以反思的态度把社会与自然联系起来。探讨社会问题时不应该将它们与自然孤立,因为现代社会原本就是"物质主义"的。环境并不是存在于"外界"的、充斥着危险和机遇的被动领域,只待某一天以某种方式为人类服务。在解释或认识人类问题的时候,我们不能仅局限于探讨"内源"或"内部"的社会事实。历史从根本上说是与自然有关的,而人类生态学(具体而言是环境社会学内部的"人类例外范式"与"新生态范式"*之争[7])则有助于我们更好地认识历史的这种自然属性。

从经典的芝加哥社会学派,到彼得·狄肯斯影响深远的著作《社会与自然》(Society and Nature [Dickens, 1992]),再到今天以贾滕伯格和麦凯(Jagtenberg and McKie, 1997)为新近代表的所谓"深层生态学",人类生态学理论中始终存在着不尽

---

* 美国环境社会学者卡顿和邓拉普指出,生态问题的加剧是由于人们普遍遵循的"人类例外范式"(Human Exceptionalism Paradigm, HEP),即认为人类不同于其他动物,科学与文化的累计可以使进步无限延续下去,并最终解决所有社会问题。卡顿和邓拉普根据人类社会对环境的依存性这一前提,提出了与传统社会学范式相对的"新生态范式"(New Ecological Paradigm, NEP),这种范式更倾向于生态中心主义。——译者

如人意的部分。这些欠缺之处与一种趋势有关：研究者在试图重建社会与自然事务之间的相互关系的时候，总是希望强调一种观点，即我们所知的一切事实、事件、目标、结果、模式等都是由社会来调节的。例如，根本就不存在什么"亚社会"或"不具社会性"的"生物群落"。而历史的自然属性，也在自然的历史属性中得到了反映(Harmsen,1974)。

生态现代化理论有助于重新定义现代社会与社会环境以及自然环境之间的界限。学者们已充分认识到了进行重新定义的必要性，在这一方面生态现代化论者、"人类例外范式—新生态范式"学说的支持者以及其他人类生态学者基本达成了共识。生态现代化理论同样主张严肃对待"环境"这一概念，而不应像社会科学家那样，首先在社会体系与它们的"外在自然环境"之间筑起一道作为界限的城墙，然后再声称"社会事实只能用社会事实及社会因素来解释"，这种做法没有对"环境"的概念进行理论分析，或者说分析得不够充分。如果要解释被视为具有"社会性"的事物——例如发生在这道城墙之内的情况，就不能不把它们与自然联系起来，也不能不考虑它们与外部世界之间的种种关系。事实上，在生态现代化与反思型现代化理论的所有著述之中，这都是核心概念之一。

生态现代化理论内部达成的共识认为——这与施耐伯格(Schnaiberg,1980)、邦克(Bunker,1985)等新马克思主义学者的观点一致——我们在研究中不能止步于社会层面，而是应该将自然属性、物质流、能量流、在人类社会中循环的各种物质等因素也考虑进去。但是，在重新将环境问题作为首要分析对象的同时，我们也不应该矫枉过正。生态现代化理论与各种不同类型的人类生态学理论之间的重要区别在于,我们应改变以往漠视自然的态度,但绝不能用当今的某种生物学主义或生态主义取而代之。

经典社会学与战后社会学理论先前对自然的漠视,与现代社会某些主要体制集合中的重大设计缺陷有关(Giddens,1990)。大部分社会学者在分析生产与消费的工业模式的时候,都把注意力局限在资本、技术与劳动之类的因素上。环境因素被视为"外部"因素,这个说法意味着环境不仅是"无偿取用"的,而且在解释工业生产与消费动态的时候,环境因素始终居于次要地位。生态现代化论者在谈到"修复"现代工业生产与消费中的这一设计缺陷时,指出环境因素不仅应被纳入考虑范围,而且它们在生产与消费体制集合的再生产过程中是"牢不可分"的结构性成分。

我们需要解决的问题,要比给原先被视为"外部成本"的事物"标出价格"(从事新古典经济学研究的大部分学者都提倡这种解决方案)严重得多。为了阐明这个严峻的事实,生态现代化论者使用了一个含义更为宽泛的术语:"使生产与消费理性化。"这个概念指的是本身具有意义的各种生态理性(例如物质的闭合循环,以及能源利用的泛化*),也就意味着相对于生产—消费循环的再生产过程中涉及的其他理性(例如经济理性)而言,生态理性是独立的(Spaargaren,1997)。我们看到由此产生了

---

* 能源利用的泛化(extensification of energy-use)指的是减少不可再生资源的使用、尽可能使用可再生资源,并提高能源使用的效率。——译者

一整套新的概念领域,它们试图赋予生态理性社会、经济与政治方面的影响:环境会计与环境簿记、年度环境报告、绿色国民生产总值、环境效率、环境生产力、环境审计,等等。这些概念确立了生态现代化两个不同方面之间的联系——一是作为社会变化普遍理论的生态现代化,二是作为政治计划或政治话语的生态现代化。

生态现代化理论认识到,需要将生态理性与其他类型的理性进行比较、联系,有时还要把它们结合起来。这种认识把生态现代化理论与"更具原则性的生态中心论学说"区分了开来。根据生态中心论的观点,与其他理性相比,生态标准拥有绝对优先的地位(我们将在下文中详细介绍)。

对(绿色)宏大叙事的后现代主义批评

有些人可能会从上文的简要介绍中得出结论,称我们探讨的只不过是一种新的、正在形成的宏大叙事。社会体系的物质性,以及随之而来的社会体系再生产过程中的生态标准与生态理性概念,从根本上说难道不是一种跨历史、跨文化的概念吗?我们能否以充分的理由证明,社会体系所必须遵循的"可持续性"事实上是一种普遍原则?

如果这样来理解,后现代主义者对生态现代化理论批评最为激烈也就是意料之中的事了。在后现代主义者看来,生态现代化理论是旧有现代化理论的残余,也是对启蒙运动计划的扩展;而最受后现代主义学说质疑的,就是生态转变赖以建立的那些知识主张。事实上,后现代主义对生态现代化理论的批评的激烈程度,并不亚于以往那些较为传统的、从反工业化角度出发的批评。但是,这些后现代主义者关注的重点不再是以"摧毁"现代社会体制来取代简单的"修复"(关于生态现代化"技术困境"特征的争论就是这么认为的)。尽管如此,与反生产力论者的批评相比,后现代主义批评造成的后果在某些方面更为激进,因为这些批评对生态现代化理论的一个基本事实提出了质疑:究竟能不能(或应不应该)以切实可行的方式,来推行可持续性这一标准?

近年来,布卢多恩(Blühdorn,2000)在持上述后现代主义立场的学者中应该是较激进的一位。他(重新)提起了"生态问题的本质究竟是什么"的辩论,最后得出了环境问题已不复存在的结论:"普遍适用的规范性标准往往是可望而不可即的,这是我们不得不适应的现象。从这个意义上说,生态问题……也就此消失了。"当代国际社会的大部分成员都不再将环境变化视为一种构成普遍威胁的问题。根据这些后现代主义者的观点,由于环境问题的定义种类繁多、内容各异,针对现代化发展的种种生态批评都大打折扣,虽说当代所谓的后现代社会中的大部分成员并没有充分认识到这一情况。不过,在布卢多恩看来,后现代社会必将经历从现代向"后现代自然政治"的转变,因此对于后现代主义者而言,生态现代化理论的分析也完全失去了价值。

这些激进后现代主义者的主要目的似乎是想表明,所有的界限都是受时间、空间约束的"社会建构",而身处后现代时期的我们既然意识到了这个事实,就可以对这些社会建构加以"利用"。因此,为了把我们从各种宏大叙事(生态危机只不过是其中最新的一个说法而已)之中解放出来,我们也应该(而且必须)

批评社会与其环境之间的界限赖以建立和维系的途径——从20世纪70年代初的罗马俱乐部*,到20世纪90年代国际气候变化委员会的专家探讨[8]。关于现实的所谓"客观"、"真实"或广为接受的各种主体间认识,其实无法做出区分。后现代主义中的温和派(如 Gare,1995)所得出的结论则没有那么激进,他们反而倾向于用后现代主义的评论来支持一种新的宏大叙事,即认为自然科学与科学家在揭示环境危机、为环境呼吁的过程中确实发挥着作用。

为了检验后现代主义观点是否能适用于环境社会学(具体而言,是否能适用于生态现代化理论),我们必须区分后现代主义中的不同分支,以及后现代主义这一术语本身的不同含义。[9]然而,从后现代主义传统中区分出不同的理论分支或学术流派似乎并不可能,因为后现代主义思想的基本特点之一就是摒弃界限,这使得问题变得复杂了。有一些持反思型现代化观点的作者在后现代主义学界之中颇有影响,但这些作者却极力反对别人给他们贴上后现代主义的标签。因此,在探讨某些被称为"后现代主义"的作者的观点时,我们的用语必须非常准确。

可持续性的社会建构

根据后现代主义的观点,所有的宏大叙事都可以(而且应该)被解构,并被揭示出其在很大程度上的不合理之处。像可持

---

* 罗马俱乐部成立于1968年4月,总部设在意大利罗马,是关于未来学研究的国际性民间学术团体,也是一个研讨全球问题的全球智囊组织。1972年,罗马俱乐部就环境问题发表的长篇报告《增长的极限》引起了全球公众的关注。——译者

续发展这样在全世界范围引起关注并被视为社会一大挑战的问题并不多,因此它自然成为了后现代主义批评者得天独厚的目标。

在环境社会学中,后现代主义作者引发的争论在常被引述的"现实主义"与"建构主义"之争中得到了体现。有几位作者在这场争论中发表了著述,从而或含蓄或直接地提到了与后现代有关的问题与观点(参见 Yearley,1991;Hannigan,1995;Dunlap and Catton,1994)。他们所持的建构主义观点各有不同,有的是"强硬"(或者说激进)派,有的是"缓和"(或者说温和)派。建构主义中激进或相对主义的分支似乎有一个特定的目标,即对伴随着全球变化、核废料、土壤侵蚀这类环境传言的天真想法进行解构,或是打破这种认识。[10]

人们发现,从20世纪70年代到20世纪90年代末,环境话语在关注程度、定义和研究方法这几个方面都发生了变化。由此得出的结论是,环境问题并非"真实"的、"客观"的存在,而是因为某些社会行动者在以非常明确的方式(有时是随心所欲的),刻意编造特定的社会问题。在这些持相对主义观点的建构论者看来,作为宏大叙事、主流话语或"故事情节"的可持续性问题需要被解构,来表明这种故事完全可以被编造为其他形式,从而导致不同的结论与关注程度。

相对主义建构论者所触及的上述认识论问题,在生态现代化理论中同样不能避免。哈耶尔(Hajer,1995)最后所持的立场,与后现代主义者认可的观点相比似乎差别并不大。同样,彼得·韦林(Wehling,1992)在评价胡贝尔、耶尼克以及20世纪80年代其他生态现代化论者起初所持的立场时指出,这些学者并未充分认识到现代化理论(尤其是生态现代化理论)的局限性。韦林认为需要运用更具"反思性"的方法,特别是在探讨科学技术在推进可持续生产与消费中所起的作用的时候。

冯·普里特维茨(Von Prittwitz, 1993b)、莫尔(Mol, 1996a)、科恩(Cohen, 1997)等人探讨过生态现代化理论面临的挑战——有学者利用关于后现代性或反思型现代性(由贝克、吉登斯、拉希等人提出)的争论来检验这一理论。在反思型现代性的条件下,看待、设计生产与消费的生态现代化时不能再根据那些毋庸置疑的事实、价值和前景,虽说人们以往是否采取了这种做法仍值得怀疑。我们不能仅仅因为(自然)科学家的权威,就相信反思型现代性确实带来了生态风险,特别是这些科学家同时还声称自己拥有特殊地位,可以为大家指出通往可持续未来的最好、最有希望的路径。科学与技术确实已经被"祛魅",而对于非专业行动者与政策制定者认识环境问题的方式来说,这种祛魅的意义尤为深远。

科学与技术不再是毋庸置疑的,它们也失去了早期被赋予的特殊权威,这一事实不应与说明自然科学与社会科学之间存在的重要区别的认识论问题混为一谈。在探讨环境问题的时候,这两个主要问题(但从根本上说是它们互不相关的)常常会交织在一起,或者是被同时研究。这种情况确实存在,例如在描述气候变化叙事中的"社会"(如被"建构"的)特性(根据不同的利益集团、媒体与环境运动来阐释,这些团体与运动都在具体政策组合的形成中发挥了作用)的时候,人们采取的描述方式是为了证明一个更为宽泛的(后现代)说法,即:环境危机是由社会行动者与社会集团"编造出来的";只要引起围绕某个特定社会问题的极大争论，这些社会行动者与集团就能获得最大的利益。布卢多恩(Blühdorn,2000)称生态理性只不过是权力政治与大笔金钱而已，这似乎就是受到了这种观点的误导。

这样一来，人们往往会否认一个事实：环境问题的确是"真实"存在的。在认识与分析环境这类问题的时候，不仅要把它们视为社会建构，也要从自然科学与生物科学的角度出发。如果忽略了这个事实，我们就会倒退回环境社会学最初的起点，也就是回到"人类例外范式"与"新生态范式"的区分上来，而后现代建构主义环境社会学则会沦为"人类例外"观点的最新形式。

四、激进生态中心主义与环境改良主义

激进生态中心论者与生态主义者中的某些流派曾对生态现代化论者提出质疑，认为他们提出的环境改革建议过于温和。某些主张激进生态结构调整的学者则抨击了生态现代化的观点，称这些观点在批评社会发展、设计未来发展轨迹的时候，并没有把环境置于核心地位。在本节中我们希望通过详细阐释生态主义与环境保护主义的区分，来集中探讨这一类争论。因此，我们将把重点放在"激进"一词的含义与激进主义的各个不同层面上，从而正确认识激进主义者与改良主义者之间的尖锐对立。

根据安德鲁·多布森的观点，"关于生态主义，需要确立的首要立场就是它与环境保护主义不同"(Dobson,1990:13)。两者之间的重要区别在于，生态主义意味着采取激进的做法，而环境保护主义绝非如此。环境保护主义可以被视为一个大主题（例如自由主义或社会主义）之下的分支，但生态主义关注的则

32 是对现有的价值观或生产消费模式进行根本性的改变（这意味着真正的绿色价值观、真正的绿色运动以及真正的绿色政治），它体现了"对整个政治、社会与经济生活进行重构的愿望"（Dobson,1990:3）。

因此，按照（深层）生态主义的观点，（联邦）德国的绿党就不是"绿色"的，国际地球之友组织与绿色和平组织也同样如此。这些团体都披着环境保护主义的伪装，而环境保护主义则是一种被削弱的意识形态，它所追求的只不过是更为清洁的服务经济——靠更清洁的技术来维持、以更清洁的方式创造财富的经济形态。这些团体不再质疑培根式科学、西方技术以及"发源于启蒙运动的普罗米修斯主义"（同前：9）。

安德鲁·多布森所表达的并非崭新的观点，他也不是在争论中对环境运动现状作出明确表述的唯一学者。十年前，社会生态学者默里·布克钦就在一封致环境运动的"公开信"中表达了自己的忧虑，他认为"普遍的技术专家治国论心态与政治机会主义可能会以一种新的社会操纵来取代生态主义"（Bookchin,1980:79）。当时（美国则是在20世纪80年代初），许多环境运动与反核运动的创始人已成为"管理层内的激进分子，他们从体制内部进行活动，目的就是要反对体制"。

其他作者也探讨了这一现象，不过他们对绿色激进主义却做出了不同的评判。例如，罗伯特·古丁在《绿色政治理论》（*Green Political Theory*）一书中试图告诫绿色运动，让它们"免遭自身的损害"。他指出，绿色运动的政治风格不合常规且过于鲜明、在生活方式上过分强调原则性，而且"几乎无一例外地坚定支持深层生态学的原则"，这些都对广大选民接受绿色政治的理念构成了障碍(Goodin,1992:43)。古丁一方面承认"浅层"与"深层"生态学实际上是两种不同的观点,同时也呼吁那些以"绿色"自居的运动者多考虑考虑深层生态学信条之中较为浅层的方面。

不过,彼得·利斯特在《激进环境保护主义》(*Radical Environmentalism*)一书中指出,假如绿色运动真的采取了上述做法,那么它们就有丧失自身独特性的危险。这是因为"激进环境保护主义这一概念的意义,某种程度上源自它与其他形式的环境保护主义的差异。""温和环境保护主义"认为可以通过转变态度、改变法律、政府政策、公司行为与个人生活风格的途径来解决环境危机,而激进环境保护主义却坚称需要从根本上转变价值观与社会结构,并要求对观念与策略进行深刻而系统的改变(List,1993:2)。

在关于环境问题的著述中,类似的一分为二的观点很容易就能找出许多,它们试图将"激进生态世界观"、"根本的结构转变"与其他注重实用的环境保护主义态度对立起来。不过,无须长篇大论的全面分析就可以弄清它们的主旨。在关于环境问题的社会科学著述中,人们往往认为社会学者与人类学者面临的主要挑战来自(激进)生态主义,大部分作者都把这种思想视为当今环境话语的主流观点。在这一总体认识的基础上产生了两个问题:应如何看待并解释激进生态主义与温和环境保护主义之争中的各种立场?这些立场应该怎样评价?

有时,人们在上述争论中采取的立场会被视为或多或少与心理学相关的问题。如果你跻身激进生态主义者的阵营,这意味着你天生是个悲观主义者:你认为跨越鸿沟的桥梁是建不成的(或永远不会修建)。但乐观主义者却会直接开始建造,他们会利用手头的所有砖头、钢材,先干起来再说。悲观主义与乐观主义的差别,可以解释社会民主派为何会支持麻省理工学院的报告《增长的极限》("*Limits to Growth*")*,而自由派与共产主义者却一致反对该报告得出的基本结论。这两派人对于环境报告的认识,取决于他们对"启蒙进程"的总体态度(Bakker,1978)。

其他一些学者则根本不将"走向灾难"或"走向丰饶"这两种态度与西方的基本政治思想流派相联系。他们直接指出:"乐观主义者包括:经济学家、工程师、物理学家,以及欧洲人。"(Luten,1980:130)但我们认为,这个问题并不仅仅与心理学有关;我们应该超越这样一种立场,即把对当前事务的评价视为单纯的个人观点或心态问题。我们肯定能够从更倾向社会学的角度来探讨这些问题,分析各种变化的环境意识形态与不断变化的社会现实之间的动态关系与历史关系。这个做法的第一步就是对激进改革的观点进行更完善的分析,只有这样才能超越目前为止我们所探讨的、相当不成熟的二分法。

插曲:对环境改革"片断特征"的描述

从"转变态度、改变法律、政府政策、公司行为与个人生活风格",到可以被称为"重构整个政治、社会与经济生活"(List,

---

* 《增长的极限》由罗马俱乐部、波托马克学会和麻省理工学院研究小组联合出版。该报告由麻省理工学院研究小组具体担任研究工作,是罗马俱乐部提交给国际社会的第一篇报告。——译者

1993:2)的状态,如果说这种演变已经完成,那么应怎样界定其准确时刻?我们探讨这个问题的时候只是在玩文字游戏,还是说环境引发的社会转变进程的特点仍需要进一步解释?我们在分析时怎样才能将生态革命与彻底的决裂或趋势突变区分开来,而在何种情况下我们探讨的只不过是环境的渐进改变?显然,作出上述判断的一个关键因素是这些过程的时间范畴。今天的变化在人们看来似乎是一种缓慢、渐进而稳定的过程,但在几十年之后它却可能被视为工业社会的彻底结构调整。因此,我们需要的是能对社会变化的不同模式进行区分与归类的标准。

我们借以分析社会变化的一个重要概念,就是由吉登斯提出的片断概念。"把社会生活中的一个方面描述为片断,就是将其视为一系列行动或事件,它们拥有可确定的开始与结束时间,因而也具备特定的顺序"(Giddens,1984:244)。片断的规模可大可小,有的是社会整体类型之间的过渡,有的是影响社会主要体制的变化模式,有的是离婚之类事件对日常生活造成的干扰。为了确定某一特定片断的性质,就必须对它的起源、类型、动力与发展轨迹(Giddens,1984:245)进行实证分析。必须厘清引起片断的结构性原则或冲突是何种类型(例如人类与自然的关系);要根据片断的强度——即现有体制(何种体制?)被改变或干扰的程度——来归纳其特点;最后,要对片断所引发变化的发展速度与方向作出评价。

我们认为,在提出环境改革的(激进)建议时假如没有考虑上述的几个问题,那么就很难对这些建议可能给现代社会的未来发展带来的影响作出评价。在以下两节中的讨论中我们将不涉及过多细节，希望能阐明激进改革之争中的不同立场，并对生态现代化观点（相对于持反对立场的生态中心主义而言）所隐含的社会变化模式作出具体评价。

环境变化与社会变化

激进生态主义存在多种不同的流派，但我们将集中探讨其中代表两个基本主张的分支。第一，批评看待人类/社会与自然/环境之间的关系时的人类中心论观点。第二，批评工业社会及其技术忽视了增长/发展的（物质）极限。在大多数激进生态主义作者看来，这两点批评——分别针对现代社会的文化与结构——都是无法消解的，除非发生某种革命，对现代社会的基本体制进行彻底而深刻的改变。环境危机给社会带来的问题，不能用关于社会变化的传统社会学理论来探讨，靠目前现代社会的体制修补也无法得到充分解决。

环境危机的根源，是西方工业社会两个多世纪以来形成的文化与结构。在纠正环境问题的时候，假如不对西方社会的整体结构与文化提出根本性的质疑，任何努力都注定要失败。如果说得准确一些，激进生态主义对待其环境目标的态度是激进的，与此同时它对待现存社会结构与环境的态度也是如此。有些持激进生态主义观点的作者还指出，其他的激进主张也同等重要（民主、解放、社会公正/公平，等等），但他们没有注意到，将这些主张置于同等重要的地位可能会产生冲突；另外一些作者则把生态目标放在首要位置。激进生态主义者通常有一个基本的假设：针对社会文化与结构的激进改革不仅有助于实现上述的预想目标，而且是达成这些目标的一个先决条件。

与罗宾·埃克斯利(Eckersley,1992)、约翰·德雷泽克(Dryzek,1987,1997)和后期的安德烈·高兹等激进生态主义者相比,生态现代化理论在很大程度上和他们有着一个共同的出发点:环境主张包含在社会的结构与文化之中,因此应该根据生产与消费进程对环境造成的影响,对这些进程作彻底的改进。不过,生态现代化理论在两个层面上与激进生态主义存有分歧。第一,生态现代化观点并未赋予环境目标凌驾于其他社会目标之上的、无可争议的重要性(采取这种态度的当然不是生态现代化理论一家)。因此,在评价环境改革时不仅要看它们对生态系统保护作出的贡献,也要考虑其他社会价值(有时是相互冲突的社会价值)。环境利益目前处在相对边缘的地位(如相对于经济利益而言),虽然人们可以因此而优先考虑环境目标,但这种优先不可能占据基于某种"客观"原因的、无可争议的地位。第二,建议进行激进的环境改善,这并不意味着生态中心主义者所提倡的那些激进社会改变也会自动随之而来。生态现代化理论认为,环境争论在很大程度上是在现有体制秩序决定的界限之内发生转变的,与社会——自然相互作用有关的具体社会实践与体制也是如此。因此,环境改善与激进社会转变是否存在紧密的关联,这至少是个值得怀疑的问题。按照生态中心主义者的观点,激进环境目标与激进社会转变之间并不存在(更准确地说是不复存在)简单的一一对应关系。

生态现代化论者从理论层面对生态圈与理性领域之间这种日益分离的现象进行了归纳。科特格罗夫(Cotgrove,1992:110)与佩克(Paehlke,1989:190)就分别分析过两组对立关系的分离:左翼/激进政治观点与意识形态和保守政治观点与意识形态的对立,已不再与绿色阵营及其反对派的对立相对应。近年来,这一论点也得到了吉登斯(Giddens,1994)等学者的呼应。根据科特格罗夫与佩克的研究,20世纪70年代初,身在绿色阵营往往意味着宣扬激进的、左翼的政治观点与意识形态;而从20世纪80年代中期起,这已经不再是必然的关联。生态现代化理论将这一针对政治与文化/意识形态领域的分析结果扩展到了经济领域,以及实际生产与消费活动的领域。环境变得相对独立(独立于经济),这种变化的最终结果是资本主义的(或者说以市场为基础的)生产与消费体系并不一定会与重大的环境改善与改革发生根本性的冲突。生产与消费在经济意义上的增长(国内生产总值、购买力、就业率)并不一定意味着环境会遭到更严重的破坏(污染、能源使用、物种多样性的丧失)(参见 Mol,1995;Spaargaren,1997)。在基本一致的现代体制格局下(市场经济、工业体系、现代科学技术、福利国家体系等),我们可以进而寻求——并设计——激进的环境改革。虽然基本的体制格局不致改变到无法辨认的程度,权力关系、价格制定、科技研发中的优先程度、投资模式、实际规划等(这里仅仅举了几个例子)都会随着激进环境改革而发生重大的变化。最后,我们当然还需要回答一个经验主义的问题:这些激进环境改革的程度是否足以达到可持续性的标准(在很大程度上这是一个由社会建构的标准)?

将激进生态学付诸实践:"存在状态"与"行为规范"

20世纪70年代初,生态中心主义世界观与技术中心主义世界观的对立起到了鼓动性的效果。在诞生时期,新兴的现代环境保护主义意识形态就发现,环境考虑在它所面对的主流世界观与生产消费模式之中完全没有用武之地。为了确立自己作为一种对立意识形态的地位,环境保护主义/生态主义不得不把注意力集中在为数不多的一系列问题上,这些问题最有可能激起公众的兴趣,也被学者们视为环境意识形态中最为核心的组成部分。将这些根本原则付诸实践的问题不是被搁置了,就是通过其他方式得到解决——坚守个人的政治承诺或公共承诺,或是坚持绿色的生活风格。最后一种方式的目的主要是为了表达新的环境价值观,而不是最终改善社会在环境方面的表现。对20世纪70年代初局势的分析,以及环境保护主义者提供的解决办法,在我们看来都非常熟悉;但是,这种分析在二十多年之后的今天还适用吗?

如果我们接受安德鲁·多布森等学者的观点,那么环境运动早期成员面临的状况在今天仍基本适用。对于深层或激进的绿色政治理念而言,当代社会的政治实践提供的参照点很少,甚至完全没有;而这种政治理念在社会经济领域之中的切入点仍然难以分辨。总之,将"深绿色"原则发展为一种政治或商业"行为规范"的可能性依然很小。因此,根据多布森的观点,我们最好还是接受这样一个事实:激进生态主义只适于通过某种思想倾向、通过对现实状况的深刻(批判性)反思来表达(Dobson,1990:47-63)。简言之,最适合生态激进主义的态度是某种"存在状态",而这种"存在状态"不能,也不应被直接转换为"行为规范"。

在上述分析的基础上,生态现代化理论转而形成了两个主要观点。第一,激进生态主义低估了目前(尤其是工业社会的)

社会实践与体制发展中由环境引发的转变。对环境的考虑已悄然进入重要政治与经济组织的董事会；它们稳居议事日程之中，并对这些组织与机构的表现产生了影响。这些变化在理论分析时已不容忽视，不过我们仍然可以批评这些变化"程度太小，出现太晚"。但是，对环境的考虑日益被纳入体制之中，也不再随着经济萧条或危机的出现而销声匿迹，这一事实为激进环境保护主义者提供了切入点，他们可以借此进入"掌控资本主义世界经济"的传统（主流）体制及组织。这种看法在非政府环境组织（如国际地球之友、绿色和平组织与世界自然基金会）的日常工作中也日益得到了体现。

第二，"存在状态"与"行为规范"的分离，为一种激进却相当不负责任的态度打下了基础。这种态度将"政治正确"的考虑，与对环境造成破坏的生产和消费活动结合在了一起。生态现代化理论特别强调，针对当前情况的分析和批评，与体制和社会实践中发生的实际转变和规划之间有着紧密的关联。有些批评者指出，这种看法有失之"狭隘"的危险，因为它对当前情况过于执著，因而不太可能去探索超越现有（主流）社会范式的其他选择。在现存结构与行为模式的基础上进行改进，或是实现理想中的最终"存在状态"，这两种做法之间确实存在着冲突；但是，较之于后现代主义者和激进生态中心论者对激进生态主义的不负责任的态度，或者是主流新自由主义政治精英与经济精英"一切照常"的想法，为"未来的现实主义乌托邦模型"（Giddens，1990；着重为本文作者所加）创造契机似乎是个更好的选择。

五、社会不平等与生态重构

20世纪70年代,环境行动主义者从外部对核心机制提出批评,称这些机制没有理会对环境的考虑;而20世纪90年代环境运动的特点则是两个并行的进程:环境考虑与环境利益不仅进入了社会的核心机制之中,也在改变着这些机制。正如前文所述,这样的进程既不是进化论式的逐渐演变,也不是决定论式的急剧转变;既不是无法逆转的,也不能用"平稳"来形容。我们在前文中还指出,伴随着生态结构调整而来的社会斗争与社会不平等现象,在当今的新马克思主义研究中原本就占据着重要的地位;生态现代化理论则可能会因此而得益。

接下来,本节中我们将在生态现代化的框架下,详细阐述生态结构调整与社会不平等以及社会斗争之间的关系。通过对不平等现象的探讨,并明确生态现代化理论对社会不平等的态度,我们可以区分出以下几种类型:(一)人类与自然关系中的不平等;(二)因环境政策分布而产生的不平等;(三)与环境风险相关的不平等。最后我们将探讨全球性的不平等,在某种程度上它涵盖了后两种类型。

社会不平等

可以说,人类与自然之间的不平等是最为抽象的一种类型,而且它一直受到环境思想倡导者的极大关注。这些倡导者之中的主流观点是,引起环境危机的原因植根于人类中心主义的文化之中,这种文化没有为自然价值保留其固有的地位。为了制止人类对自然的剥削，就必须对我们的文化以及我们看待自然的态度进行彻底的转变：必须将自然的"利益"纳入考虑范围。

这个颇为抽象的基本观点带来了许多非常实际、非常重要的问题（提出这些问题的群体可以被称为深层生态运动组织——如动物解放组织和"地球优先！"组织）：一头奶牛除了能提供牛肉和牛奶之外，还有什么价值？我们为什么花费数百万美元来保证狗、猫和马的安乐，而其他数百万个物种（如牛、猪、鸡）的安乐却完全被置之不理？随着保护动物安乐的主张不断涌现，我们难道还不应该为自然争取权利吗？

我们经常为社会阶级与群体建立保障网络，以保护他们不受现代社会过于急剧的变化的冲击。人与人之间的相互依存关系日益增强（也愈来愈复杂），因此基本的人权受到了保障网络的保护；那么，我们与自然之间的关系也在变得愈来愈复杂、越来越相互依存，非人类实体的基本权利难道不应该因此而受到体制的保护吗？

不幸的是，环境思想倡导者之间的学术争论、行动主义者提出的疑问，以及政策制定者的态度却存在着极大的差异。环境思想倡导者就自然固有价值提出的问题是抽象而根本性的，如果这些问题能与工业化食品生产与消费的具体情况相联系，再把后现代背景下不断变化的权力关系（权力关系的范围，不仅仅是食品生产消费这类有助于复制并转变人类—自然之间不平等关系的部门）纳入研究范围，那么学术争论将因此得到丰富。将环境思想倡导者颇为抽象的著述，与针对工业化食品生产和消费的更为实际的分析联系在一起，这是生态现代化理论的典型做法，而这种联系也能修正生态化理论中常被引述的、带有局限性的自然定义（参见 Spaargaren and Mol，1992；Mol，1995；Blühdorn，2000）。

这就把我们引向了第二类不平等现象。新马克思主义者对以下几个认识的形成起了特别大的作用：（一）环境问题在现代社会各群体/阶级间的分布是不平等的；（二）激进环境改革受到了现代社会当前的资本主义结构的阻碍；（三）现代社会中的激进环境改革往往会导致不平等的后果或分布效果。在传统意义上，新马克思主义者强调的是前两类不平等，而最近（随着社会环境表现的发展）他们关注的重点开始向第三类不平等转移。环境政策与策略常常会在不同的经济群体或阶级中产生不同的社会—经济后果（有时甚至还包括环境与健康方面的后果）。同样，环境政策也可能会与意在改善各种社会群体（如女性、少数族裔和边远地区的居民）地位的其他——即与经济无关的——社会或政治考虑发生冲突。不言而喻，经济领域中的分布效果往往会与非经济领域的分布效果相重叠，但这种重叠并不会始终出现，也不是必然的。不同类型的分布效果导致了围绕环境政策的分布冲突，施耐伯格（Schnaiberg et al.，1986，1994）早在十多年前就已经开始对此进行详细分析。分布冲突产生之后，又会使激进环境改革受到挫折，因此我们也不应忽略分布冲突的问题，即便是在那些最倾向技术专家治国论的环境改革建议之中。

在很大程度上，更有益环境的住房、汽车、食物与服务仍然是富人独享的专利（有时也被当作一种新的身份象征），而对穷人来说，附加在水、能源与食物上的日益增长的环境税对他们造成的影响最为强烈。相当长一段时间以来，社会阶级与环境改革之间的这种紧密联系,使得激进环境改革的建议在左翼人士的反对下寸步难行(如工会抗议人们攻击制造污染的工业;社会民主派对生态税提出的异议)。环境问题权威(以及其他许多群体)对分布效果的忽视,也会严重影响公众对环境改革的支持,尤其是在中低收入者的层次。同样,女性的解放使得私有汽车的使用量显著增加,而不提倡汽车使用的环境政策则有可能(往往是确实)直接影响年轻母亲生育后重返工作岗位的可能性(当然,这也要取决于各地的具体情况和其他政策)。

环境改革对社会中贫穷与下层少数群体造成不利影响的例证所在多有,但环境政策也能够提供支持,从物质与非物质的角度改善贫穷与下层社会群体的状况,特别是在这些群体受到环境危机的损害尤为严重的情况下。美国的环境公正运动[11]就曾指出多年来环境问题被转嫁给贫困群体与(或)少数族裔的过程。在贫困地区开展针对废物倾倒和制污中心的激进环境改革(这类提议在日益增多),也会改善周边地区的物质与非物质状况(如提升房价、减少对健康的威胁)。[12]

上述的第二类不平等会导致不同社会群体之间的冲突与利益代表行为,新马克思主义者已经在诸多实证研究与理论阐述中揭示了这一点。但是,环境冲突与其他较为传统的社会与经济问题有着显著的区别,这种冲突不会像人们预想的那样,在固定不变的对立派别与利益之间进行。农民在某一天可能是环境恶化(如大型基础设施工程与空气污染)的受害者,在另一天却变成了制造污染的人,从而成为激进环境改革的受害者(如农药与化肥)。换言之,环境运动既没有天生的敌人,也没有天生的盟友,这正是社会运动研究得出的结论。环境运动必须根据不同的问题、时间和地点,与不断变化的对象结成联盟:女性组织、雇员、工会、娱乐与休闲机构、公共运输业的代表,这些群体在某一天可能都反对激进改革,在另一天却会成为支持激进改革的盟友。从这个意义上说,环境斗争跨越了社会中传统的(以经济或其他因素为标准)利益界限与划分,我们在分析时应该把这种斗争视为一个独立的——即不可再分的——类型,这也是生态现代化理论的观点。[13]在这个意义上,认为传统的阶级斗争直接与环境斗争相对应的新马克思主义观点也许能在个别的实证研究中取得成果,但它们却丧失了作为总体理论与分析方法的价值。

接下来,我们要探讨与环境改革有关的第三类不平等。我们认为,现代的环境风险为另两类不平等添加了一个新的社会范畴,乌尔里希·贝克(Beck,1986)对这一观点的贡献最大。在贝克看来,全球环境风险是平等的,这不仅意味着环境风险不会因不同的社会阶级而产生差异,也意味着不能再借助传统的阶级差异来认识环境风险在社会全体之中的分布状况。有谁能彻底摆脱温室效应、疯牛病或农药"毒性循环"的影响?环境不平等现象中往往会形成新的"阶级"区分:素食主义者与肉食者(与克—雅氏症联系在一起的疯牛病);户外工作者与室内工作者(B段紫外线导致的皮肤癌)。巴特尔(Buttel,2000)等学者指出,贝克称后现代社会中风险的分布已不存在阶级差异的说法是过甚其词,这种批评无疑是正确的。一般说来,富人仍然更有把握保护自己不受环境危险的伤害(或是摆脱这些危险)。虽然在某些情况下,"*wegreisen hilft letzlich ebensowenig wie Müsli essen*"[14],但就大多数环境风险而言,不同的地域模式、生活风格与经济保护机会确实能产生差异。不过,贝克提出的两个看法是正确的:他认为社会—经济类型(阶级)与环境风险已不再相互对应,并注意到现代社会的所有成员都必须以这样或那样的方式"应对现代环境风险",因为科学与政治的旧体制已经越来越难以就我们应该如何生活、行动的问题给出明确的最后结论。

总而言之,我们可以说环境风险的分布仍然存在着不平等,但首先这些差异在一定程度上遵循着后现代社会中的新分布模式;其次,环境风险影响着所有的人,让人们越来越不确定该如何应对。不过我们要补充一点(Mol and Spaargaren, 1993),如果研究的对象是国际或全球层面上日益复杂的相互依存关系,那么上述两个判断就尤为准确。

全球不平等

与环境破坏和改革相关的国际或全球不平等现象,既可以被划分为第四个类型,也可以被视为上述第二和第三种类型的结合,因为它们的论证过程在某种程度上是一致的。国际/全球环境问题以及应对它们的改革策略中都存在着分布效果,深入了解这一点与上文中的分析一样,能帮助我们更好地认识改善全球环境的困难与障碍。萨斯与穆泽(Szasz and Meuser, 1997)曾指出,将针对环境不平等的国别研究与针对环境资源获取不平等的国际研究完全分离,会使我们错过理论在交流中得益的机会,这种批评无疑是正确的。但我们也不能因此而矫枉过正,把目前仍主要以民族国家为导向的研究努力,直接"升级"到全球层面。这似乎是现代化理论(同样是在近期)常犯的一个典型错误(参见 Beck,1996)。

生态现代化理论最初是在少数几个西欧国家中形成的,而它的先决条件、假设与实证参照也在一定程度上反映出了这种地区性特点。例如,有些作者将生态现代化理论与新组合主义的政策格局直接联系起来,并指出后者是政治现代化向自我调节、强调参与和共识的政策制定方向发展的重要前提(参见 Weale,1992;Dryzek,1997;Neale,1997)。[15] 上述作者的观点与其他各种分析带来了问题:这一理论框架能否推广到其他国家?它在其他国家的研究中是否具有价值?

关于生态现代化理论地域局限性的研究,最初集中在发展中国家(参见 Sarkar,1990;Mol,1995;以及 Frijns et al.,本书),然后是中东欧地区的新兴工业国家与过渡型经济体。在研究者看来,后一类国家与生态现代化理论发源的几个欧洲国家更为相似(参见 Sonnefeld,1996,以及本书;Rinkevicius,2000;Mol,1999b;Gill,本书)。上述研究得出了一个普遍结论:就非西欧国家背景下的生态改革而言,生态现代化理论的分析价值是有限的,尤其是要取决于具体民族国家(与西欧国家截然不同)的特定体制格局,以及该国业已发生的"环境体制化"的程度。

在全球层面的研究之中,有一些探讨的也是物质繁荣与环境破坏以及环境改革之间的密切关系。学者们认为,从国际角度而言,贫困的地区、国家与群体既容易受到环境威胁的损害,也容易受到激进环境改革计划的冲击,但它们在造成全球环境问题中所起的作用却相对比较小。可以说明这一现象的例子有气候变化(小岛屿国家联盟)、物种多样性(热带雨林地区国家,尤其是当地的原住民)、贸易与环境,等等。[16] 与此同时,我们也能看到各种提出相反观点的研究,如世界银行在关于绿色库兹涅茨曲线*的一项备受争议的研究中指出(World Bank,1992),当发展超越了某个特定阶段,它在全球环境威胁中所起的(相对)作用较之欠发达国家就会减弱;有些研究分析了发展中国家中外来直接投资所起的环境改善作用(概述可见 Zarsky,1999);有些研究认为国际组织与机构(如世界银行、国际货币基金组织,以及气候会议之类的环境机构)应在其政策和实践中体现对环境的考虑(参见 Haas et al.,1993),这样世界贫困地区的环境改革与经济增长才能协调进行。我们在前文中曾指出,环境问题与政策在各国的分布效果是一个独立的类型;同样,我们也不能将全球性的环境不平等视为(或简化为)社会不平等之下的分类。

在此前的一篇文章中(Mol,2000),我们从生态现代化的角度出发,指出全球化进程确实会对环境以及环境效果的分布产生影响。不过,虽然 20 世纪 70 年代期间的经济全球化(有些学者更喜欢称之为全球资本主义)主要与环境效果不平等分布的加剧有关,但近年来的发展趋势却表明,全球化究竟能带来何种纯积极或纯消极的环境效果,这些效果在全球是如何分布的,我们无法就这些问题给出普遍的、总体性的结论。全球性组织、机构与动态将对环境的考虑纳入体制之中,"边缘"国家与地区在国际(经济)斗争与冲突中使用了越来越多的环境资源(物种多样性、"污染的权利"、自然资源),环境问题在全球层面的透明度

---

* "库兹涅茨曲线"(Kuznets curve),又称"倒 U 形曲线",是美国著名经济学家库兹涅茨提出的收入分配状况随经济发展进程而变化的曲线,是发展经济学中的重要概念。——译者

日益提高,这些情况都使得当今的环境不平等现象与20世纪70年代的不平等现象判然有别。新的环境不平等现象不再遵循既定的经济与政治不平等模式,而这一认识事实上正是生态现代化理论作出的贡献,它弥补了关于环境冲突及其分布效果的较为传统的、广为接受的国际研究的不足。

六、结　　语

本文通过回顾生态现代化理论自20世纪80年代初诞生以来曾涉及的种种争论,对早期争论(尤其是与反生产力论者和新马克思主义者的争论)与较为晚近的话题和讨论作了区分。我们着重指出了较为晚近的讨论与早期争论之间的差异:不同时期的社会现实(在体制发展、社会实践与环境话语几方面)已发生变化;较为晚近的著述建立在早期争论的基础上,并从中得益。从这个意义上说,简单重复针对生态现代化理论的早期批评在今天已不适用。

第二,我们试图阐明生态现代化观点能对当代环境社会学的三类争论作出何种贡献。这三类争论的主题分别是:社会理论的物质基础;激进环境改革与改良主义环境改革;深入理解与环境问题和环境改革有关的社会不平等现象。在阐述的过程中,我们不仅试图厘清生态现代化理论相对于其他环境社会学流派(生态中心主义、后现代主义、人类生态学、新马克思主义、社会建构论)而言所持的立场,也试图通过结合各种观点、揭示不同流派之间固有的差异,将上述争论进一步向前推进。我们希望这些阐述能促进环境社会学与环境社会科学的发展。

本文表明，无论生态现代化理论在各种争论中持怎样的立场，环境社会科学已经从社会学之内的边缘研究领域发展为一门成熟的分支学科，"人类例外范式"与"新生态范式"之间的争论就充分证明了这一点。生态现代化理论（以及其他理论观点）在环境社会科学的发展过程中发挥了重要作用。从这个意义上说，环境问题被纳入社会科学各学科的体系，也反映出了环境已从体制上被纳入现代社会的体制与社会实践之中。

注　释

1. 一些现象可以证明生态现代化理论确实越来越受欢迎。1998年，国际社会学协会与美国社会学协会的年会都以生态现代化理论为中心议题，这表明了该理论在环境社会学中的重要地位。此外，1998年在赫尔辛基还举行了一个关于生态现代化理论的国际会议。巴特尔（Buttel,1997）在分析近期的一本环境社会学手册时注意到，生态现代化理论已逐渐成为环境社会学中受到积极提倡与辩护的少数几种较为连贯的理论之一。近年来关注该理论的各种著作与杂志特刊对此起到了作用（参见 Spaargaren, Mol and Buttel, 2000; Van der Straaten et al.,待出版;*Geography*,待出版）。
2. 针对帕森斯式功能主义和其他现代化理论的最激烈的批评，与变化的演变发展模型及其缺乏适当的行动理论有关。在回顾生态现代化早期著述的时候，我们发现这也是一个常见的问题（参见 Spaargaren and Mol,1992）。
3. 乌尔里希·贝克在其主要著作《风险社会》(Beck,1986)中，似乎将风险社会与反思型现代化这两个概念结合在了一起。而在他近期的著述中，反思型现代化概念则带有总体分析的含义，指的是现代化进程中更具末日论色彩的方面。
4. 第一代生态现代化论者宣传的并不是"增长的极限"，而是对极限的扩展，因为技术革新可以不断把这些极限向前推进，使"苦役踏车式生产"

不再成为维持环境质量的根本矛盾。近年来,生态极限的问题以另一种形式重新进入了环境社会学的视野。激进建构主义者认为,不存在任何"客观"或"主体间"的极限,而生态现代化论者和新马克思主义者却比较倾向于微妙的现实主义立场(见下文第三部分)。

5. 当然,这并不意味着资本主义生产是可持续的,也不意味着我们不能再分析资本主义生产机构造成的破坏性环境后果。这样的分析仍可以进行,而且确实在进行。不过,就分析获得的社会支持及其对实际转变与选择的影响而言,这种分析的政治后果及价值确实受到了损害。

6. 本节部分借鉴了斯帕加伦等人的观点(Spaargaren, Mol and Buttel, 1999)。

7. "人类例外范式"(HEP)与"新生态范式"(NEP)之间的争论,主要是由邓拉普和卡顿发表的几篇文章引发的(Catton and Dunlap, 1978; Dunlap and Catton, 1979, 1994)。

8. 国际气候变化委员会是一个伞形机构,下设的科学团体就关于温室效应的确定性或不确定因素提交报告。国际气候变化委员会内部日益增强的共识,是在气候变化框架公约下作出政治决策的必要条件。

9. 例如,贾滕伯格和麦凯(Jagtenberg and McKie, 1997)认为自己是后现代主义者,但他们在环境问题上却采取了生态中心主义的立场,这种立场遭到了布卢多恩极为激烈的批评(Blühdorn, 1999)。布卢多恩也称自己的评论是从后现代主义角度出发的。同样,齐格蒙特·鲍曼(Bauman, 1993)也以后现代主义者自居,不过他对环境问题的定义以及对可取解决方法的阐述,却更接近反生产力论和反现代化的观点,而不是布卢多恩等人的后现代主义。

10. 弗罗伊登伯格(Freudenburg, 1999)提出了一个颇有意思(也基本令人信服)的看法,称建构主义者在解构时似乎太专注于环境问题的严重性,却完全忽视了越来越多的、宣扬"环境恶化根本不存在"的团体与观点。

11. 环境公正的概念促成了行动主义者与科学家的密切合作。要了解近期对环境公正角度研究的综述,可见萨斯与穆泽的著述(Szasz and Meuser, 1997)。

12. 当然,贫困地区的环境清理可能会使当地的房地产价值增高,但其最终后果却是贫困人群因土地和房屋价格的提升而流离失所。具体情况下的实际物质/经济效果显然取决于诸多因素。

13. 此观点与所谓的"新社会运动"理论家的看法相一致,他们将环境等其他"新型"运动与强调阶级的"传统"工人运动作了区分(参见 Offe,1986;Dalton,1990;Jamison et al.,1990)。
14. "归根结底,即便是易地而居也起不了任何作用,就像靠吃麦片保健康一样"(Beck,1986:97)。
15. 具有很强组合主义传统的欧洲国家中(荷兰、丹麦、奥地利)出现了所谓的"协同制定环境政策"趋势,我们曾对此进行广泛研究,并探讨了组合主义与政治现代化之间的这种紧密联系(Mol, Lauber and Liefferink,2000)。我们的研究结果表明,(新)组合主义与政治现代化或生态现代化之间并不存在直接关系。奥地利可以说是最为典型的组合主义国家,但它却不符合政治现代化与生态现代化的某些典型特征。
16. 这些关系将在待出版的一本著作中详加探讨。这本书将从生态现代化的视角出发,分析全球化与环境之间的关系(Mol,待出版)。

参考文献

Andersen, M. S. (1994), *Governance by Green Taxes: Making Pollution Prevention Pay*, Manchester: Manchester University Press.

Bakker, E. P. (1978), 'Sociologie en Milieuproblematick', *Sociologische Encyclopedie 2*, pp. 441-446

Bauman, Z. (1993), *Postmodern Ethics*, Oxford and Cambridge, MA: Basil Blackwell.

Beck, U. (1986), *Risikogesellschaft, Auf dem Weg in eine andere Moderne*, Frankfurt am Main: Suhrkamp.

Blowers, A. (1997), 'Environmental Policy: Ecological Modernisation and the Risk Society?' *Urban Studies*, Vol. 34, Nos. 5-6, pp. 845-871.

Bookchin, M. (1980), *Towards an Ecological Society*, Quebec: Black Rose Books.

Boons, F. (1997), 'Organisatieverandering en ecologische modernisering: het voorbeeld van groene produktontwikkeling', paper to the Dutch NSV conference, 29 May 1997.

Blühdorn, I (2000), 'Ecological Modernisation and Post-Ecologist Politics', in Spaargaren, Mol and Buttel [2000].

Bunker, S. (1985), *Underdeveloping the Amazon: Extraction, Unequal Exchange, and the Failure of the Modern State*, Urbana, IL: University of Illinois Press.

Buttel, F. H. (1997), 'Social Institutions and Environmental Change', in M. Redclift and G. Woodgate (eds.), *The International Handbook of Environmental Sociology*, Cheltenham, UK: Edward Elgar, pp. 40-54

Buttel, F. (2000), 'Classical Theory and Contemporary Environmental Sociology: Some Reflections on the Antecedents and Prospects for Reflexive Modernisation Theories in the Study of Environment and Society', in Spaargaren, Mol and Buttel [2000].

Catton, W. R. and R. E. Dunlap (1978), 'Environmental Sociology: A New Paradigm', *The American Sociologist*, Vol. 13, pp. 41-49.

Christoff, P. (1996), 'Ecological Modernisation, Ecological Modernities', *Environmental Politics*, Vol. 5, No. 3, pp. 476-500.

Cohen, M. (1997), 'Risk Society and Ecological Modernisation: Alternative Visions for Post-Industrial Nations', *Futures*, Vol. 29, No. 2, pp. 105-119.

Cotgrove, S. (1992), *Catastrophe or Cornucopia: The Environment, Politics and the Future*, Chichester: John Wiley.

Dalton, R. (1990), *Challenging the Political Order*, Oxford: Oxford University Press.

Dickens, P. (1992), *Society and Nature. Towards a Green Social Theory*. New York: Harvester Wheatscheaf.

Dobson, A. (1990), *Green Political Thought. An Introduction*, London: Unwin Hyman.

Dryzek, J. S. (1987), *Rational Ecology. Environment and Political Economy*, Oxford/New York: Basil Blackwell.

Dryzek, J. S. (1995), 'Environmental Compliance, Justice and Democracy', in R. Eckersley (ed.) *Markets, the State and the Environment: Towards Integration*, London: MacMillan, pp. 294-308.

Dryzek, J. S. (1997), *The Politics of the Earth: Environmental Discourses*, Oxford: Oxford University Press.
Dunlap, R. E. and W. R. Catton (1979), 'Environmental Sociology', *Annual Review Sociology*, Vol. 5, pp. 243-273.
Dunlap, R. E. and W. R. Catton (1994), 'Struggling With Human Exemptionalism: The Rise, Decline and Revitalization of Environmental Sociology', *The American Sociologist*, Vol. 25, pp. 5-29.
Eckersley, R. (1992), *Environmentalism and Political Theory. Toward an Ecocentric Approach*, London: University College of London Press.
Freudenburg, W. (1999), 'Social Constructions and Social Constrictions: Toward Analyzing the Social Construction on the "Naturalized" as well as the "Natural"', in Spaargaren, Mol and Buttel [2000].
Gare, A. E. (1995), *Postmodernism and the Environmental Crisis*, London: Routledge.
Giddens, A. (1984), *The Constitution of Society*. Cambridge: Polity Press.
Giddens, A. (1990), *The Consequence of Modernity*, Cambridge: Polity Press.
Giddens, A. (1994), *Beyond Left and Right. The Future of Radical Politics*. Cambridge: Polity Press.
Goldblatt, D. (1996), *Social Theory and the Environment*, Cambridge: Polity Press.
Goodin, R. E. (1992), *Green Political Theory*, Cambridge: Polity Press.
Gorz, A. (1989 [1988]), *Critique of Economic Reason*, London/New York: Verso.
Gould, K. A., Schnaiberg, A. and A. S. Weinberg (1996). *Local Environmental Struggles: Citizen Activism in the Treadmill of Production*, Cambridge: Cambridge University Press.
Haas, P. M., Keohane, R. O. and M. A. Levy (1993), *Institutions for the Earth: Sources of Effective Environmental Protection*, Cambridge, MA: MIT Press.
Hajer, M. A. (1995), *The Politics of Environmental Discourse: Ecological*

Modernisation and the Policy Process, Oxford: Clarendon.

Hannigan, J. A. (1995), *Environmental Sociology: A Social Constructionist Perspective*, London and New York: Routledge.

Harmsen, (1974), *Natiuur, geschiedenis, filosofie*, Nijmegen: Sun.

Hogenboom, J., Mol, A. P. J. and G. Spaargaren (1999), 'Dealing with Environmental Risks in Reflexive Modernity', in M. Cohen (ed.), *Risk in the Modern Age*, London: Macmillan, pp. 83-107.

Huber, J. (1985), *Die Regenbogengesellschaft. Ökologie und Sozialpolitik*, Frankfurt am Main: Fisher Verlag.

Huber, J. (1991), *Unternehumen Umwelt. Weichenstellungen für eine ökologische Marktwirtschaft*, Frankfurt am Main: Fisher Verlag.

Jagtenberg, T. and D. McKie (1997), *Eco-impacts and the Greening of Postmodernity. New Maps for Communication Studies, Cultural Studies, and Sociology*, London: Sage.

Jamison, A., Eyerman, R. and J. Crammer (with J. Laessøe) (1990), *The Making of the New Environmental Consciousness. A Comparative Study of the Environmental Movements in Sweden, Denmark and the Netherlands*, Edinburgh: Edinburgh University Press.

Jänicke, M., Mönch, Binder, M., et al. (1992), *Umweltentlastung durch industriellen Strukturwandel? Eine explorative Studies über 32 Industrieländer*, Berlin: Sigma.

Jokinen, P. and K. Koskinen (1998), 'Unity in Environmental Discourse? The Role of Decision-Makers, Experts and Citizens in Developing Finnish Environmental Policy', *Policy and Politics*, Vol. 26, No. 1, pp. 55-70.

Leroy, P. (1996), 'Nieuwe stappen in de Milieusociologie?', *Tijdschrift voor Sociologie*, Vol. 15, No. 2, pp. 67ff.

Leroy, P. and J. van Tatenhove (2000), 'New Policy Arrangements in Environmental Politics: The Relevance of Political and Ecological Modernisation', in Spaargaren, Mol and Buttel (eds.) [*2000*].

List, P. C. (ed.) (1993), *Radical Environmentalism: Philosophy and Tactics*. Belmont: Wadsworth.

Luten, D. B. (1980), 'Ecological Optimism in the Social Sciences: The Question of Limits to Growth', *American Behavioral Scientist*, Vol. 24, pp. 125-151.

Mol, A. P. J. (1995), *The Refinement of Production. Ecological Modernisation Theory and the Chemical Industry*, Utrecht: Jan van Arkel/International Books.

Mol, A. P. J. (1996a), 'Ecological Modernisation and Institutional Reflexivity: Environmental Reform in the Late Modern Age', *Environmental Politics*, Vol. 5, No. 2, pp. 302-323.

Mol, A. P. J. (1996b), 'Globalisation and Changing Patterns of Industrial Pollution and Control', in S. Herculano (ed.), *Environmental Risks and the Quality of Life*, Rio de Janeiro: UFF.

Mol, A. P. J. (2000), 'Globalisation and Environment: Between Apocalypse-Blindness and Ecological Modernisation', in Spaargaren, Mol and Buttel (eds.) [*2000*].

Mol, A. P. J. and G. Spaargaren (*1993*), 'Environment, Modernity and the Risk Society: The Apocalyptic Horizon of Environmental Reform', *International Sociology*, Vol. 8, No. 4, pp. 431-459.

Mol, A. P. J., Lauber, V. and J. D. Liefferink (eds.) (2000), *The Voluntary Approach to Environmental Policy: Joint Environmental Policy-Making in Europe*, Oxford: Oxford University Press.

Mol, A. P. J., Spaargaren G. and A. Klawijk (eds.) (1991), *Technologie en milieubeheer. Tussen sanering en ecologishe modernisering*, The Hague: SDU.

Mol, A. P. J., Spaargaren G. and J. Frouws (1998), 'Milieurisico's als nieuw social probleem', in K. Schuyt (ed.), *Het social tekort, Veertien sociale problemen in Nederland*, Amsterdam: de Balie, pp. 229-243.

Neale, A. (1997), 'Organising Environmental Self-Regulation: Liberal Governmentality and the Pursuit of Ecological Modernisation in Europe', *Environmental Politics*, Vol. 6, No. 4, pp. 1-24.

O'Connor, J. (1996), 'The Second Contradiction of Capitalism', in T.

Benton (ed.), *The Greening of Marxism*, New York: Guilford.
Offe, C. (1986), 'Nieuwe sociale bewegingen als meta-politieke uitdaging', in L. J. G. van der Maerssen et al. (eds.), *Tegenspraken, dilemma's en impasses van de verzorgingsstaat*, Amsterdam: Samson, pp. 27-92.
Paehlke, R. C. (1989), *Environmentalism and the Future of Progressive Politics*, New Haven, CT and London: Yale University Press.
Redclift, M. (2000), 'Environmental Social Theory for a Globalizing World Economy', in Spaargaren, Mol and Buttel (eds.) [2000].
Rinkevicius, L. (2000), 'The Ideology of Ecological Modernisation in "Double-Risk" Societies: A Case Study of Lithuanian Environmental Policy', in Spaargaren, Mol and Buttel [2000].
Sarinen, R. (forthcoming), 'Governing Capacity of Environmental Policy of Finland: An Assessment of Making the EIA-Law and CO_2-Tax', dissertation, Helsinki: University of Technology.
Sarkar, S. (1990), 'Accommodating Industrialism: A third World View of the West German Ecological Movement', *The Ecologist*, Vol. 20, No. 4, pp. 147-152.
Schnaiberg, A. and K. Gould (1994), *Environment and Society: The Enduring Conflict*, New York: St. Martin's Press.
Schnaiberg, A. (1980), *The Environment: From Surplus to Scarcity*, Oxford/New York: Oxford University Press.
Schnaiberg, A., Watts, N. and K. Zimmermann (eds.) (1986), *Distributional Conflicts in Environmental-Resource Policy*, Aldershot: Gower.
Smidt, K. (1996), 'Over beschaving en milieu', *Amsterdams Sociologisch Tijdschrift*, Vol. 23, No. 1, pp. 60-81.
Sonnenfeld, D. A. (1996), 'Greening the Tiger? Social Movements' Influence on Adaptation of Environmental Technologies in the Pulp and Paper Industries of Australia, Indonesia and Thailand', dissertation, University of California, Santa Cruz.
Spaargaren, G. (1997), 'The Ecological Modernisation of Production and

Consumption: Essays in Environmental Sociology', dissertation, Wageningen: Department of Environmental Sociology, WAU, Wageningen.

Spaargaren, G. and A. P. J. Mol (1991), 'Ecologie, technologie en sociale verandering, Naar een ecologisch meer rationale vorm van produktie en consumptie', in Mol, Spaargaren and Klapwijk (eds.) [1991: 185-207].

Spaargaren, G. and A. P. J. Mol (1992), 'Sociology, Environment and Modernity: Ecological Modernisation as a Theory of Social Change', Society and Natural Resources, Vol. 5, No. 4, pp. 323-344.

Spaargaren, G., A. P. J. Mol and F. Buttel (2000), 'Introduction: Globalization, Modernity and the Environment', in Spaargaren, Mol and Buttel (eds.) [2000].

Spaargaren, G., and Mol, A. P. J. and F. H. Buttel (eds.) (2000), Environment and Global Modernity, London: Sage.

Szasz, A. and M. Meuser (1997), 'Environmental Inequalities: Literature Review and Proposals for New Directions in Research and Theory', Current Sociology, Vol. 45, No. 3, pp. 99-120.

Tellegen, E. (1991), 'Techniek: oorzaak of oplossing van milieuproblemen', in Mol, Spaargaren and Klapwijk (eds.) [1991: 21-28].

Van der Straaten et al. (forthcoming), Ecological Modernisation, London and New York: Routledge.

Von Prittwitz, V. (1993b), 'Reflexive Modernisirung und öfentliches Handeln', in V. von Prittwitz (ed.), Umweltpolitik als Modernisierungsprozeß. Politikwissenschaftliche Umweltforschung und-lehre in der Bundesrepublik, Opladen: Leske & Budrich, pp. 31-50.

World Bank (1992), World Development Report 1992: Development and the Environment, New York: Oxford University Press.

Weale, A. (1992), The New Politics of Pollution, Manchester: Manchester University Press.

Wehling, P. (1992), Die Moderne als Sozialmythos. Zur Krtik

sozialwissenschaftlicher modernisierungstheorien, Frankfurt/New York: Campus.

Yearley, S. (1991), *The Green Case: A Sociology of Environmental Issues. Arguments and Politics*, London: Harper Collins.

Zarsky, L. (1999), 'Havens, Halos and Spaghetti: Untangling the Evidence about Foreign Direct Investment and the Environment', paper prepared for the OECD Conference on Foreign Direct Investment and Environment, 28-29 January, The Hague (CCNM/EMEF/EPOC/CIME(98)5).

生活风格、消费与环境
——家庭消费的生态现代化

格特·斯帕加伦,巴斯·范弗利特

到目前为止,生态现代化理论的发展主要都是关于生产领域的。为了将生态现代化理论运用到消费领域,我们需要用消费社会学中的某些核心概念来丰富它。由此而生的(家庭)消费情景模型,在研究消费者行为时结合了以行动者为导向的观点和从供应系统出发的观点。最后,我们探讨了文中所提出的模型的适用性,以确定它是否能用来研究家庭消费中的生态现代化。

一、引 言

环境社会学已成为社会学中具有稳固地位的一门分支学科。过去十年来,这一学科已走向成熟:在从事研究的地区、涉及的研究主题与探讨的理论(或概念)模型这几方面,它都实现了多样化。20世纪70年代,环境社会学主要发源于美国和欧洲国家,而关于全球化的争论则有助于扩展该理论最初以西方或欧洲为中心的观点。"建构主义"和"现实主义"之间的争论让我们认识到,科学与技术在现代性的当前阶段——许多社会学家称之为"反思型现代性"(Beck, Giddens and Lash, 1994)——发挥的作用是很复杂的。生态现代化理论激起了环境社会内部的理论之争,也有助于这一领域提高对环境政策制定的发展变化的敏感性。

对环境社会学的未来发展而言,消费与消费者行为是一个极为重要的领域。但是,环境社会学至今仍未就"如何认识消费行为"提出有研究前景的理论观点。探求有益环境(或有害环境)行为的决定因素——以社会心理学中的模型为基础——简直无异于自欺欺人。消费者具体行为对坏境造成的影响是极其复杂的。大多数环境消费行为研究所关注的都是不同的产品或具体活动,它们并没有让消费者去监督自己的行为,但这种自我监督对于维持更具可持续性的生活风格而言是必不可少的。因此,我们有必要探索新的研究方向。新兴的消费社会学领域为这方面的研究提供了一种颇有前景的路径。我们认为,消费行为研究目前之所以陷于停滞,部分原因在于环境社会学者未能跟上社会学与人类学这些大学科的发展。关于消费的研究尤其是这样。

本文的目的,是为了促进环境社会学中消费研究的进一步发展。在第二节中,我们广泛借鉴了消费社会学中的理论,用形式理论的方法对消费行为进行分析。我们指出,消费行为研究应从行动者从事日常活动时涉及的社会实践开始。借助安东尼·吉登斯的结构化理论,我们对生活风格这一形式概念下了定义,进而探讨了"可持续"生活风格的概念。在探讨从体制角度研究消费实践的时候,"供应系统"的概念将起到关键作用。本文的第三节将形式模型应用到"家庭消费"的研究中,从而使模型得到了完善与扩展。我们以家庭这一环境为出发点,概括了家庭消费生态现代化(研究)的总体途径。第四节的结论部分对这一领域的未来研究计划作了简要介绍,并说明了因本文研究方法而产生的几类问题。

二、向可持续消费的社会学发展[1]

在很大程度上,对消费与消费行为的研究都是经济学家与心理学家的专利。很长时间以来,社会学者都认为对消费与消费者社会这两种现象应加以批评。许多环境社会科学家(Winward,1994:75)对消费也持同样的批评态度。虽然这种态度在某种程度上是法兰克福学派的学术传承,但仅凭学术传承这一因素,并不足以解释消费研究领域缺乏严肃研究的事实。更为重要的原因,是多年来在社会学理论中居于支配地位的生产主义倾向。工作、工厂、工会、劳动分工、技术的作用,这些才是社会学家忙于研究的现象。即便社会学研究中提到了消费,往往也是将其视为生产的一种"派生物"。

只注重与生产有关的社会问题,这种偏向并不仅限于学术界。在环境政治领域,研究消费时的生产主义态度也居于支配地位。探讨公民消费者这一"目标群体"[2]时使用的政策框架,来源于为生产领域中的体制行动者而制定的框架。与生产领域中的目标群体相比,消费者群体更为混杂,也不太专业化。我们无法与消费者达成契约,其原因很简单:消费者并不参与在荷兰环境政策制定中(欧洲的环境政策制定在一定程度上同样如此)占有重要地位的新组合主义磋商途径(Liefferink and Mol,1998;Lauber and Hofer,1991)。此外,政府与商界的环境专业人士提出了许多高度专业化且各不相同的术语,消费者群体对这些术语并不熟悉。在现有的政策框架之下,很难形成以消费者为中心的研究方法。因此,我们需要建立一种新的研究途径。

如果某个社会学模型能用来指导环境社会学中的消费者研究,并作为环境政策制定的基础,那么这一模型就必须对"环境行为"与"可持续的生活风格"作出准确的阐释。我们提出的模型植根于安东尼·吉登斯的结构化理论,而且它对于环境社会学来说有着更为具体的意义。结构化理论的形式概念,将与生产和消费的生态现代化理论所提出的实际议题联系在一起。这种研究方法应该能避免用社会心理学模型来研究环境行为,以及用经济学模型来研究消费行为时产生的某些问题。社会心理学模型的长处在于,它们强调了人类能动者所坚持的价值与信仰的重要性。但是,这类模型却不擅长将个人行动(及其动机)与"更广大的社会"联系起来。换言之,涉及"行动"与"结构"之间,或者是"微观"与"宏观"层面之间相互影响的时候,社会心理学模型并不具备合适的分析框架。经济学模型可以用于不同的分析层面,但这类模型丝毫不关注公民消费者某种行为模式背后的"动机"或"原因"。在"显示性偏好"这一经济理论中,所有被视为"非理性"的因素都被排除在概念框架之外。因此,社会学模型必须找到一种能避免上述两类理论重大隐患的解决办法。

在吉登斯的结构化理论中,对环境行为的分析主要集中在人类能动者参与的行为实践或社会实践上。研究个人行为及其深层原因、利益与动机时的背景,是处于特定时间空间且与他人共享的社会实践。因此,与(有益环境的)行动相关的信仰、规范与价值并不像社会心理学模型所假设的那样存在于"社会真空"中，而是存在于一个特定的背景之下。在分析时，这些信仰、规范与价值被视为规则，它们"从属于"某种与他人共享的社会实践。行动者改变行动进程的（相对）"力量"也因特定的背景而异，取决于社会实践再生产过程中所必需的资源。在结构化理论之中，规则与资源共同构成了社会实践再生产过程中涉及的结构。

形式理论并不会指明研究时应该集中关注哪些具体的社会实践。这个选择因具体的研究者而异。如果研究者关注的是某个国家或地区在某一时间的可持续生活风格与消费模式，那么他就应该探讨那些在现有政策制定体系看来具有最重大环境影响的社会实践。我们在第三节将介绍一系列与家庭消费研究密切相关的社会实践。

行动者/能动者 --- 人的行动 -------- 社会实践 ------- 结构

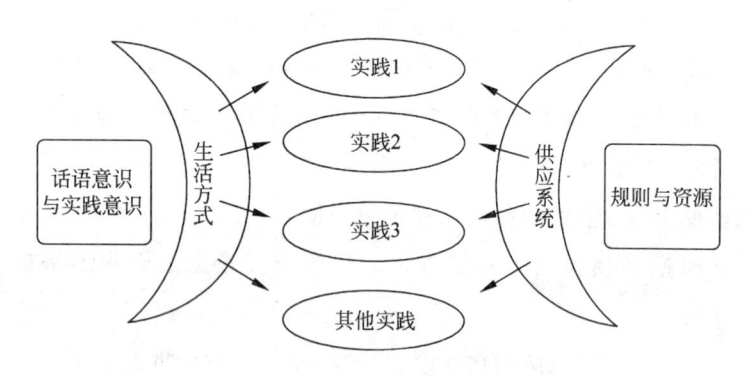

图 1 研究消费实践的概念模型

图 1 给出的基本"结构化"框架，描述了（消费）行为与社会实践再生产涉及的结构之间的关联。

在探讨行动与结构的关系之前,我们先要介绍结构化理论的一个核心概念:"结构的二重性"。结构的二重性指的是社会体系的产生(再生产)与变化时涉及的规则与资源具有二重特点。社会体系由各种处于特定时间与空间的社会实践组成。一方面,行动者在行动时"被迫"利用现有的规则与资源。在这种情况下结构是一种"媒介",即它们让人类行动者得以采取行动。另一方面,这些结构反过来又得到了行动者行动本身的证实与强化。从这个意义上说,结构既是人类行动的媒介,也是人类行动的结果。

结构化理论在分析社会现实的时候,刻意在用语中抹去了"微观层次"与"宏观层次"的概念。多年来,这两个术语附带了太多的含义。微观进程已与"主观性"与"行动自由"联系在一起,而宏观进程则被人们视为"客观",被视为限制行动自由的"结构"。为避免使用"宏观—微观"的术语,结构化理论把探讨社会实践的不同研究途径分别称为"体制分析"与"策略行为分析"。这两种分析的差别在于研究社会实践时是从图1所示框架的"右"侧出发,还是从"左"侧出发。在社会实践的体制分析中,行动者的知识与技能被"排除在外",以集中探讨体制——即一再出现的被复制出的规则与资源。策略行为分析则以上述框架的左侧为研究重点。进行这种分析时被"排除在外"的是相互作用场景的特点,以及社会实践的背景。这些因素被视为研究的既定出发点。策略行为分析中关注的重点转向了行动者对结构的使用、行动者用以监督自身行为的知识,以及他们在此过程中能够动用的资源。

在本节的剩余部分,我们将首先探讨几个在针对个人的策略(环境)行为分析中发挥作用的概念。这些概念常会用在名为"微观探讨"的一类研究中。介绍过这几个形式概念之后,我们将利用它们来界定某些限定领域中的可持续行为。我们将首先阐释从社会实践左侧入手的研究方法,进而利用体制观点来探讨(与环境相关的)社会实践。在从图1框架的右侧出发探讨社会实践的时候,社会实践包含在更广阔的社会—技术环境之中的方式将是关注的重点。研究中将利用消费社会学与技术社会学提出的某些术语,因为这些概念有助于我们对支撑消费行为的"供应系统"进行体制分析。

生活风格与个人的作用

如图1所示,个人行动者作出的行动形成了多种截然不同的社会实践,但这并不等同于社会实践的崩溃或完全解体。"生活风格"[3]这一形式概念指的是因社会行动者而产生的特定形式的集合。通过各自的生活风格,人们让充斥在日常生活中的多种社会实践形成了(部分的)集合。行动者将他们独特的社会实践"结合"成了颇为"一致"的统一体。作为描述性概念,"生活风格"与"行为模式"这一传统概念的意义是相同的(Mommaas,1993:160)。但是,生活风格概念指的并不仅仅是社会实践集合的形式过程,它也指行动者就这个过程而叙述的"故事"。每一种生活风格都有一个与其对应的生活故事,这意味着行动者通过创造特定的实践统一体来表达他(或她)的人生目标。生活风格能让一个人表达个人的身份认同以及"自我叙事"。这两个元素在吉登斯对生活风格的定义中均有体现:"生活风格可以定义为一套集合程度或多或少的社会实践。个人之所以接受这些生活实践，不仅是因为它们能满足实用的需要，也因为它们让自我身份认同的特定叙事具备了物质形态"(Giddens,1991:81)。生活风格指的是人们行为中的一致程度。集合与一致是两个重要的概念，因为人们在某个背景下遵循的行为模式可能与其他背景下采取的行为模式大相径庭。吉登斯谈到这种现象时称之为生活风格的断片，或是生活风格的部分。"生活风格的一个部分，涉及的是个人总体活动在某时某地的'切片'；在这个切片之中，个人采取并进行了一系列颇为一致而有序的实践"(Giddens,1991:83)。如果某个人希望维持一定的可信度（无论是对自己还是对他人而言），那么他就需要在各种不同的社会实践中保持生活风格的一致，并且让自己的行动在某种程度上统一起来，这两点将至关重要。

"环境利用空间"的概念

为了探讨可持续的生活风格，我们需要将吉登斯结构化理论的形式概念与生态现代化理论的概念结合起来。直到近期，生态现代化理论关注的主要都是体制分析。该理论建立在这样的假设上：过去几十年来出现了一个由环境引发的变化进程。这使得生产与消费的社会组织中产生了新的"游戏规则"。

一方面，生态现代化理论指的是一种以西方社会的长期变化为分析目标的社会理论。另一方面，当生态现代化理论被视为"政治计划"的时候，它指的则是荷兰等其他工业国家对环境政策的主要观点与策略(Spaargaren and Mol,1992;Weale,1993;Hajer,1995)。生态现代化理论的核心是这样的一个观点：因环境而生的各种新规则与资源，构成了评判个人行为与体制行为的独立标准——文化、经济或政治标准以外的另一个标准。在生态现代化的进程中,相对于社会经济标准、政治标准或文化标准而言,评判何种生产方式才称得上更具生态"理性"的标准变得越来越独立。

对公民消费者进行初步的策略行为分析(以提出"更具生态理性的行为方式"的标准为目标)时,可以借鉴体制层面分析中业已形成的思路。例如,"环境管理"与"环境控制"这两个概念在生产领域中的含义,能够以颇为近似的方式运用到消费领域。由公民消费者进行的环境管理或控制可以定义为一种有意识的努力,其目的在于减少特定生活风格特点所产生的环境影响。这种努力的基础在于,公民消费者承认某种生活风格造成的总体环境影响具有"可变的上限"。

我们需要对"可变的上限"概念——或者说是一定限度的"环境利用空间"——作进一步的解释。生产与消费的社会组织赖以建立的"生存基础"存在着"物理限制",而"可变的上限"概念在承认这一事实的同时,也认为这些限制在某种程度上是"可变"的。上限的确定部分取决于技术与生态标准,它们指的是"生态系统中对社会系统的可持续性起关键作用的功能性组成部分"(Opschoor and Van der Ploeg,1990)。在有限的、生态与技术的意义上,这些标准中的一部分应该被视为可持续性的"核心"标准或"硬性"标准,它们最终指的是关系到生态系统与社会系统存亡的问题。其他一些标准则更容易引起政治争论,例如"生活质量"与"自然的完整性"。按照这种定义,环境利用空间的想法不可能通过单一的科学技术概念与分析框架而得到充分实施。这一想法在生产领域的应用也同样如此。以环境利用空间的思路来分析更具可持续性的生活风格与消费模式也将面临同样的问题,甚至有可能更为显著。

但是,环境利用空间这一理论上颇为微妙的概念却常常被应用在政策实践中,不过其利用方式非常有限。有人曾提出为公民消费者设计一种无所不包的"环境配给卡",并进行了相关的实验,这就是对环境利用空间概念的经验主义简化。这样的做法不仅不可行(受限于人们现有的知识水平),在政治上也并不可取。在我们看来,环境利用空间这一思路的价值在于它体现了使特定生产组织、消费模式或生活风格对环境影响减少的深层"理性"。这种理性的核心特征是既承认物理限制的存在,同时又积极利用有限的空间。与"增长的极限"相反,环境利用空间概念描绘的图景是可资利用的空间,人们确实能名正言顺地对其加以"利用"[4]。进而言之,这种概念指的是人们在(生态)政治与(生态)技术二者决定的限度内利用环境资源的不同方式(有效率或无效率,谨慎小心或不顾后果)。

形成更具可持续性的生活风格,意味着行动者要(被迫)从上述的环境管理视角出发,重新审视所有独特的生活风格断片或部分。在审视的过程中,行动者勾勒出了自身不同生活风格断片的"环境特征"。行动者为生活风格绿色化而付出的努力,可能有助于提高他们生活风格的集合程度或一致性。在这个过程中,社会行动者将会追求最佳的分配方式,或者说最高的"兑换率"。借用皮埃尔·布尔迪厄提出的概念,行动者在特定的行动场域之中拥有可支配的经济、生态、文化与社会资本,他(或她)会寻求各种资本之间的最高兑换率。由于要最大限度地利用可用的环境利用空间,这甚至会促使行动者采取建设性的账目登记与家务管理方式。行动者会尽可能以最有利的方式来分配生活风格中的不同断片。以此类推,生产领域中的"理性行动"也不再由经济这个唯一的标准来决定。具有审慎理性的公民将极力避免环境风险或极力追求"环境收益",正如他们热衷于实现经济利益或提高社会地位一样。

58　　从图1框架左侧出发的社会实践研究方法就谈到这里。为了完成对整个框架的探讨,我们现在要转而分析生活风格选择与相关社会体制之间的联系方式。

消费行为的供应系统观点

如果在消费社会学的框架下探讨生活风格与消费的问题,那么这些概念至少有两种不同的阐述方式。关于生活风格和消费的话语有两个主要分支,可以分别称为平行的"区分观点"与垂直的"供应系统观点"。在这两种观点之中,垂直观点特别适用于消费行为的社会学分析,这种分析强调的是生产与消费之间相互联系的重要性。但是,在分析供应系统时不应采取自上而下的生产主义取向,而是应该从以消费者为导向的角度进行。在详细论述"供应系统观点"之前,我们将对"区分观点"作一个简要的介绍。

区分观点:可能是出于皮埃尔·布尔迪厄著作的巨大影响,有些研究者仅仅将生活风格与日常生活的风格化联系在一起。人们试图通过选择特定的(文化)商品来表达他们对风格的认识。生活风格的选择是品味(好或坏)的问题,而人们对高级文化或艺术的认识(或认识的欠缺)则被看得尤为重要,这种认识对于人们在区分场域中的表现有着决定性的作用。消费行为的这种研究方法所关注的重点是审美、时尚、身份认同、符号,以及梦幻世界般的现代购物中心。如果涉及具体的产品,那么探讨的主要目的就是确定这些物品能以怎样的方式,让人们产生某种特定的"关于消费问题的风格化意识"(Lury,1996)。费瑟斯通(Featherstone,1991)在阐述布尔迪厄的著作时指出,"要理解生活风格这一新概念,最好是将其与新'小资产阶级'的惯习联系起来。新'小资产阶级'是一个不断壮大的阶层,它试图维持自身独特的性情与生活风格,并使其正当化。这个小阶层与象征再生产的关系最为紧密"(Featherstone,1991:84)。这些群体以文化中间人自居,他们通过让普通产品和商品"具有美感"来促进社会对风格的普遍兴趣。另外,他们还把来自"高级文化"的商品推广到越来越大的范围,从而让更多的消费者群体也能买到这些商品。

对于环境社会学者而言,消费社会学中由布尔迪厄引起的思潮很重要,因为这些思潮让人们意识到了消费的社会层面(或象征层面)的重要性。人们购买特定的产品不仅是因为在"消费"产品时可以使用并享受它们。根据道格拉斯和伊舍伍德(Douglas and Isherwood,1979)的观点,人们"使用"商品和服务是为了与其他人求得认同。要理解具体事物为什么对人们来说很重要,就不能停留在物质的本身。环境社会学者关注的首要问题往往是特定产品与消费风格的生态特征。不过,他们也应该注意这些生态特征被消费过程的主观层面塑造出来的方式。

供应系统观点:但是,只强调产品与服务的象征功能的研究方法并没有认识到,消费文化与消费者行为中的变化,在很大程度上是与工业生产组织(不同部门)中的变化联系在一起的。研究消费动态的"水平"方法,并没有考虑产品的"历史"、它们发源的背景,或者是它们在生产消费循环的特定组织中的根源。法恩和利奥波德认为,产品发源的背景在他们所说的消费研究"垂直"方法中应占有重要的地位(Fine and Leopold,1993)。我们则倾向于把这种垂直层面的研究方法称为"供应系统观点",因为在关于生产消费循环的研究中,供应这一词(本文第四节中还将探讨与之对应的"获取"与"使用"概念)更容易与以消费者为导向的视角联系在一起。

这种供应系统的研究方法认为,"不同的商品或商品类别,应该由将特定生产模式与特定消费模式联系在一起的供应链或供应系统组成鲜明的体系"。通过对生产群体及其相应的供应系统之中所发生的变化进行实证研究,我们可以避免那些没有认识到不同商品集群之间区别的万能型理论。现有的各种消费理论,并没有对各个系统(如交通系统、食品系统、能源系统,或住房系统)中商品处理方式的差异给予足够关注。"供应系统观点"却使"控制不同类别商品的各种不同规则"变得清晰可见(Fine and Leopold,1993:4)[5]。

有的供应系统很稳定且可以预期,其他供应系统则非常多变而不稳定。供应系统的这种多样性,可以通过引入艾伦·沃德等人在消费社会学著述中提出的其他理论概念来研究。沃德参加了英国社会学者始于20世纪80年代的争论,当时这些学者提出了消费社会学中城市社会学的一些问题。这场争论重申了导致"消费裂缝"的"私有化"或"社会化"这两种消费模式,以及"集体消费"的组织及其与社会不平等之间的关系。彼得·桑德斯的著述(Saunders,1987)引起的争论尤其激烈,因为他明确地将两种供应模式对立了起来。在桑德斯看来,私有化模式等于选择的自由、产品与服务的高质量,以及更高的消费者自主权。而社会化模式则代表着缺乏选择、低质量,以及官僚化的(过度)管制。

桑德斯提出的是一场高度政治化的讨论,从一开始就没有多少细微调整的余地。在写到市场背景的时候,桑德斯根本没有提到消费行为的社会决定因素、生产者的市场力量,或是"消费主义意识形态"的负面影响。他的论述直接基于这样一个前提:"通过消费,市场选择让个人的生活具有了意义。"(Warde,1990:23)当问题转向公共服务的时候,桑德斯强调的则是依赖、选择的缺乏、低质量以及义务。桑德斯认为,同商品与服务的市场供应相比,国家供应是一种"剩余类别"。在很大程度上,这个模型是从一种产品(即住房)的处理过程中推导出来的。在人们看来,房屋的私人所有权是消费空白存在的标志之一,也是消费文化中各个新社会阶级之间的分界线。实证研究表明,这些新的分界线也会在人们对特定政党的倾向之中表现出来(Dunleavy,1980;Saunders and Harris,1990)。

私有化消费模式是否更为优越,这个问题即便在住房领域中都是有争议的(Kemeny,1980)。我们应该认识到,住房领域中的研究对象实际上是一种重要而又单一的消费商品。私人房屋所有权的消费模型,不能用来研究多形态商品与服务的处理方式。如果研究对象是住房以外的商品,"所有权"和"控制"的关联以及与"质量"之间的联系就没有那么明确了。针对桑德斯模型的另一种反对意见认为,该模型只区分了消费中的两大类别。桑德斯的模型忽视了家庭背景之下的消费,也忽视了消费商品在邻里与家庭网络的"非正式经济"中的处理方式。最后，消费指的并不仅仅是购买商品。桑德斯提出的是一种两极模型，它没有涵盖产品供应、维护与转让的诸多不同方式。

突破消费模式的"私有化"与"社会化"二分法，并且为用更细微的方法分析不同的供应模式开辟空间，这应该归功于艾伦·沃德。以供应系统的观点来分析生产消费循环，可以容纳多种复杂的供应形式或模式，以及随之而来的各种不同的获取模式、不同的"利用"或"享受"模式。在下一节中，我们将运用艾伦·沃德的概念来分析家庭消费的动态。

三、家庭消费分析

前文中我们已经借助结构的二重性概念与供应系统观点，探讨了消费的背景模型。在这一节，我们将利用这些概念来阐述我们对家庭消费动态的认识。在很多方面，家庭消费比单纯的消费更为广泛，因为它涵盖了更多的社会实践（包括家务劳动和家务管理在内）。家庭中含有许多将人类能动者与自然资源的使用联系在一起的实践，因此它对环境社会学角度的研究而言非常重要。我们将首先探讨施瓦茨·考恩的著作，她的看法在许多方面与消费的供应系统观点是一致的。我们还将参考佩尔·奥特内斯对家庭消费的分析，表明结构的二重性概念在家庭实践的分析中非常有价值。本节的末尾将探讨两个主要问题，它们是家庭实践中产生任何变化的先决条件：时间—空间结构，以及舒适、清洁与方便的标准。在这之后，本文的其余部分将转而讨论家庭消费的生态现代化。

家庭的工业化

露丝·施瓦茨·考恩对美国家庭工业化的研究给人们留下了深刻的印象。她的阐述很有说服力：研究家庭消费时不能脱离工业生产的领域。

> 从表面上看，家庭的工业化是由家庭成员自由作出的无数个别决定组成的：街那头的琼斯家决定……买一台洗衣机；街角上的史密斯家辞了保姆，买了部真空吸尘器。但是，事情并没有这么简单。如果镇子的开拓者当年没有决定修建市政供水系统，如果当地的煤气公司和电力公司没有把煤气管和电线铺设到琼斯家住的地段，那么他们买的洗衣机就不会有任何用处(Cowan,1983:13-14)。

考恩在研究中表明，我们烹饪食物、穿着打扮与照顾家人的方式，与食品系统、衣物系统与健康保障系统中发生的变化直接联系在一起。她还指出，虽然有些"女人干的"的主要家务已经脱离家庭背景并转移到社会的工业部门，但这种变化不是单向的过程。在涉及煤气、电力与水系统的方面，"旧式"的家庭杂务（如汲水）又被新的杂务（清洗浴缸）取而代之。考恩在谈到运输系统时指出，女性逐渐取代了以前由肉店伙计、面包师帮工、医生和理发师提供的运送服务。考恩发现社会的其他领域中也存在类似的进程，因此得出了结论：工业化进程最终意味着"母亲要干的活越来越多"。

出于以下几个原因，考恩采用的方法论对从环境角度出发的家庭社会实践研究也将很有帮助。第一,她采取了中长期到长期的研究视角。这种视角能让我们仔细考虑现有社会技术系统之外的其他可选方案,因为如果仅从短期视角来看待现有的社会技术系统,它的特征似乎是"固定不变"的,例如大部分西方国家在19世纪建立的集中供水系统与能源系统。

第二,考恩非常强调所谓的"内部"进程与"外部"进程之间的相互联系。她跨越了生产领域与消费领域之间的分界线。如果在研究时严格区分这两个领域,那么"工作"或"工业"等概念的含义往往会产生偏向,因为在人们看来这些概念仅植根于(或主要植根于)生产领域。

第三,考恩在理论上强调了家庭社会实践中所谓的"技术"层面与"社会"层面之间的微妙联系,并从实证角度作了阐述。

第四,考恩让我们认识到了一个事实:社会技术系统在其历史发展过程中确实选择了某些路径,而没有选择其他的路径。有些时候,技术系统和设施的"失败"并不是因为在技术上处于劣势,而是因为在这些系统和设施产生的关键时刻,它们与公司、工会与家庭各方互不相同的利益不符。

考恩的观点与技术社会学领域提出的研究方法非常吻合(Bijker, Hughes and Pinch, 1987)。她与技术社会学领域的共同点在于既提出了新颖而令人振奋的见解,也存在一些相同的缺陷。两者的长处在于将"技术系统"视为具有内在社会性的、由人与制造物构成的系统。这种研究技术的方法,特别关注个人因素或实体(制造物、技术、自然现象与个人)与作为整体的技术系统之间的相互关系。技术社会学研究的缺陷在该领域之中的系统方法上表现得最为明显。这种研究方法缺乏合适的概念,无法描述人类能动性在技术系统的发展过程中所起的作用。系统研究方法很关注技术系统的文化、"风格"以及文化母体"引导"技术发展的方式,但它在探讨人类能动性的作用时,并没有将其视为可以解释供应系统动态的因素。

探讨技术网络时也需要从消费者的角度出发,认识到这种必要性的技术社会学研究寥寥无几,而考恩的著述就是其中之一。考恩在提到从消费者角度研究供应系统的必要性时,用了"消费连接"一词。消费连接

> 是消费者在相互竞争的各种技术之间做出选择的地点与时间。在此时此刻,消费者还要试图确定自内而外观察技术网络时的情况、哪些组成部分相对而言更为重要、更能决定消费者的选择、采取哪种路径是明智的,哪种路径太过危险因而不能考虑(Cowan,1987:263)。

这就是技术社会学对人类能动性及其在技术发展中的作用的最佳概念归纳。

如果要将分析继续向前推进,我们就必须探讨这些问题:消费者关于不同技术系统的选择,是怎样与消费者的生活风格选择以及身份认同问题联系在一起的。我们应该认识到,"内部"因素(例如家庭的内部时间—空间组织与"文化风格")与"外部"因素(例如电力或权力网络之类的外部供应系统)之间的关系非常重要。

64 家庭消费实践再生产过程中的双重结构

安东尼·吉登斯的著作对能动性与结构之间的相互作用做了卓有成效的概念归纳，我们在第二节曾较为全面地探讨过这个问题。挪威社会学家佩尔·奥特内斯将吉登斯结构化理论的一些基本概念，运用到了与家庭有关的消费实践之中。"结构的二重性"这一核心概念，在奥特内斯关于家庭消费的表述中得到了充分的体现。奥特内斯认为，可以将家庭消费归纳为"接受几个本质上是集体的社会—物质系统的服务，同时又为这些系统服务"的过程（Otnes，1988：120）。每次我们打开水龙头或电灯开关，就是在利用专门系统所提供的服务。与此同时，我们也对这些系统正在进行的再生产作出了贡献。这些专门系统构成了奥特内斯所说的"私人生活的集体基础"（Otnes，1988：120）。如果这些专门系统不能正常运行，我们的日常生活将很难维持（Otnes，1988；亦可见 Hughes，1983）。集体的社会—物质系统是供应系统的一个特殊例子。这些系统之所以特殊，是因为它们意味着"物质基础设施"是供应系统必不可少的组成部分。公民消费者一旦与供水系统、排污管道或电力网络"连接"在一起，就成为了"受控制"的消费者。受控制的消费者如果从一个系统转换到另一个系统，就必然会丧失已被投入现有网络之中的资源（金钱、知识、技术）。在存在多种选择的前提下，这种所谓的"沉没成本"能防止公民消费者在不同的供应系统之间随意转换。

虽然我们从总体上"知道"自己要依赖于集体的社会物质系统，但我们使用水与能源的方式却是非常例行公事的。我们并没有清醒地意识到这样一个事实：在水龙头和电源插座的背后，有着非常先进而广大的专门系统。只有在面临某个（暂时）打破日常惯例的事件时，我们才会被动地意识到这种关系的性质。打破日常惯例的事件可能是一贯有保障的水与能源供应的中断、搬迁，或者是我们自己决定进行的家庭装修计划。

在上述几种情况下，我们就会改变原先那种理所当然的态度，转而对构成日常行动的社会实践的现有组织模式提出严肃的质疑。打破日常惯例的各种事件让我们（暂时）变得警觉起来，并且很可能会考虑用其他的模式来组织消费实践。在打破常规、重建常规的时期，我们会意识到自己对集体社会物质系统的"话语渗透"（吉登斯的说法）的程度与性质。这种意识可能关系到适应系统所需的技巧，或者是系统再生产涉及的各种权力关系。话语意识所针对的也可能是目前系统构成的特有环境影响。

对环境社会学者而言，从上述角度出发的家庭消费研究也是有意义的，其原因至少有一。在很大程度上，我们所服务的（同时又为我们服务的）集体社会物质系统代表着人们日常家庭管理的"生存基础"。这些系统之所以被称为"物质"系统，并不仅仅是因为它们是具备各种技术、基础设施、器械、管道与装置的技术系统。在更为基本的层面上，它们代表着构成我们家庭生活物质基础的物质流与能量流。这些系统牵涉到我们与环境之间相互交流的组织方式。

因此，在人们努力追求更具可持续性的生活风格与家庭消费模式的时候，集体社会物质系统所提供（或无法提供）的可能性是至关重要的。如果环境意识的水平高,而供应系统"绿色创新"的水平却很低,那么有益环境的行为就会出现不足。另一方面,家庭能动者接受更具可持续性的设备(能源与水的领域)是有条件的,即这些设备与家庭和生活风格的总体组织方式"相符"。与家庭生活组织方式有关的两个主要问题还需要进一步阐述:家庭生活惯例的时间—空间结构,以及与之相应的文化标准。我们将分别讨论这两个问题。

家庭社会实践中的时间—空间结构

人们为什么会接受新的技术,或购买某些产品与设备,这是一个值得思考的问题。道格拉斯和伊舍伍德(Douglas and Isherwood,1979)提出了一个工作假说:人们这么做是为了提高自己的"个人有效性"。与用"满足个人需要或表现欲(或其他类似动机)"来解释消费行为的理论相比,这个假说提供了一个更有前途的研究出发点。人们利用产品是为了重新组织家庭生活,或使其实现合理化。产品能帮助消费者从家务劳动中解脱出来,以从事其他任务或参与其他活动。对从事人类学研究的道格拉斯而言,行动者将自己从家务劳动中解放出来的愿望,与抽出时间参加提高自身地位的其他活动的必要性有着密切的联系。人们可以通过提高社会资本(如探望朋友、组织大型聚会,等等)来获得地位。对于我们的探讨目的而言,提高"个人有效性"背后的动机的具体研究,并没有工作假说本身那么重要。[6]

家务劳动有一个重要的特征:大部分都是定期重现且无法拖延的活动或工作。道格拉斯和伊舍伍德利用两类活动说明了家务劳动的"周期性限制",但并没有在分析中对这两类活动作进一步区分。一类活动是常被称为"杂务"的家庭日常工作:铺床、做饭、打扫浴室、购物。另一类则是与照顾、养育有关的活动:哺乳、送孩子上学、照顾家中的老人、遛狗。这两类活动必须按照固定的时间模式进行。它们在某种程度上互为补充,并共同构成了或多或少带有限制性的"家务劳动过程的周期性模式"。

随着"家务劳动的周期性"概念,道格拉斯和伊舍伍德又进一步提出了两个设想。第一,认为周期性造成的限制因社会阶层或地位的不同而有异,遵循的原则是"地位越高,周期性限制越少;地位越低,周期性限制越多"。第二,这些限制与男性和女性的角色划分直接相关。"对不同性别之间劳动分工的最为普遍的描述,将以女性工作的周期性为基础"(Douglas and Isherwood,1979:120)。

高频率的任务限制了人们(大都为女性)在努力提高"个人有效性"时的活动半径。因此,女性会想方设法尽可能少承担这样的任务。道格拉斯和伊舍伍德非常明确地作出了以下阐述:"任何有影响、有地位的人假如为高频率的职责所累,都将是愚蠢的"(Douglas and Isherwood,1979:120)。只要有可能并且支付得起,人们会尽量把这些任务转交给第三方(临时保姆、家政服务、擦窗工),并试图通过运用技术使家务劳动"合理化",从而减少家务劳动对个人时间的占用。人们利用各种商品与服务,使自己从(对应于自身特定消费等级的)最费力的家务劳动中解脱出来。因此,在探究技术与家庭消费之间联系的时候,"根据等级提供便利的商品"就成了我们理解的关键。

67 　　道格拉斯和伊舍伍德分析的要点在于,行动者在试图提高个人有效性的时候,会想方设法地摆脱"高频率低尊重"的任务。说得再概括一些,他们分析的要点是家庭能动者从日常生活的固定时间—空间空隙(slots)中解脱出来的过程。就事先规定的计划而言,如果技术让家庭的日常事务变得更为"死板",能动者是不会接受这些技术的。他们会转而积极寻求那些能使自己在从事家庭任务时更为灵活的技术与组织手段。我们在研究面向家庭消费者的更具可持续性的商品与服务时,需要牢记这一点。例如,与商品和服务的完全私有化相比,共用设备和资源的想法对环境更有好处,但却可能与保持时间—空间结构灵活性的想法发生冲突。

舒适、清洁与方便的标准

　　应该说,源自考恩著作的观点比新古典经济学者使用的大部分模型都更具研究价值,因为目前我们关注的重点不再是"关于孤立产品的孤立选择",而是"各种成套的商品与服务"以及供应系统。这些商品与服务,又与家庭消费者的特定内驱力或动机联系在一起。事实上,这就是佩尔·奥特内斯一直主张的研究方法(Otnes,1988)。他所设想的社会科学学科对产品的消费、使用与制造都给予了足够的重视,而不是仅仅关注产品的利用这一方面。奥特内斯提议把这样的学科命名为"日常生活的使用学"(chreseology of everyday life),我们可以将其理解为一种研究使用、利用与应用的学科(Otnes,1988:163-164)。

　　研究家庭消费的这种社会学,在家庭社会实践这一特定的空间背景下将特定的商品与服务集群与特定的供应模式联系了起来。举例来说，家庭社会实践的空间背景有厨房、浴室、娱乐室，或花园。它们是行动者利用烹饪或园艺工具的具体背景，而这些工具只有在与集体社会物质系统连接的时候才能正常发挥作用。消费的使用学应该对家庭消费的日常惯例作出详细的描述。这能帮助我们更好地了解人与科技、家庭与专门系统、"私人"与"公共"之间相关联的各种方式。

奥特内斯的著述属于社会学的技术传统，他并没有详细探究人类能动者的不同动机与兴趣，而这些动机与兴趣能解释人们为什么要进行特定的消费实践。当然，在合理化而风格化的现代厨房中，人们将烹饪用具与能源和水结合起来是为了烹制膳食。但是，这一显而易见的事实却无法让我们了解食物的味道；食物的味道取决于特定家庭能动者所代表的生活风格与烹饪文化。伊丽莎白·肖夫等学者把家庭消费的文化层面置于研究分析的中心(Shove, 1997; Shove and Southerton, 1998)。她将这些文化层面具体为人们赞同并遵循的"舒适、清洁与方便"标准。在分析家庭消费实践的时候，不仅应将其视为物品与基础设施的混合体，也应该将其视为让人们符合标准（在他们看来是"正常"、"最起码"或"普遍"的标准）的种种惯常程序。肖夫提出将规则和资源分为基础设施（如管道设备）、物品（商品）以及惯例、使用与实践三个分类，以符合这些标准。图2为肖夫观点的示意图(Shove, 1997)。

肖夫的分析与道格拉斯和伊舍伍德所作的分析不同。她没有将家庭消费的合理化视为一种以尽可能"去除"杂务为主的过程。根据技术能为家庭带来的舒适、清洁和方便，肖夫探讨了人们购买与出售冷柜、冰箱、浴缸、厨房用具与取暖设备的情况（前

```
┌─────────┐
│ 舒适    │
│ 清洁    │
│ 方便    │
├─────────┴──────────────────────────────────┐
│            基础设施                        │
├────────────────────────────────────────────┤
│            物品                            │
├────────────────────────────────────────────┤
│         惯例、使用与实践                   │
└────────────────────────────────────────────┘
```

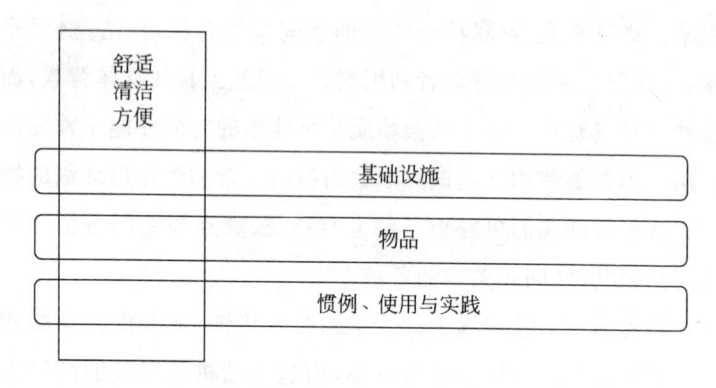

图 2 基础设施、物品、惯例、使用与实践符合"舒适、清洁与方便"标准的情况

资料来源：Shove(1997)

提是这些用具与设备已经和支持它们的供应系统正常连接）。一方面，舒适、清洁与方便的标准是人们特定生活风格的一种表现形式。在这个意义上，这些标准是非常个别而私人化的事务。但是，某个人一周洗淋浴的次数不仅仅取决于他所从事的工作种类，或是参加的体育活动的多少。这个数字在很大程度上要取决于他所习惯的清洁标准。舒适、清洁与方便的标准是与许多其他人共享的，是在人一生的过程中不断"学会"的。消费的人类学研究尤其让我们意识到，这些标准因时代和文化的不同而千差万别。[7]

在前文中我们利用源自结构化理论和供应系统观点的分析工具，对家庭消费作了探讨。另外我们还指出，任何试图革新或改变家庭生活（无论是从家庭内部还是外部）的行动，都需要确认这些变化与家庭的时间空间结构，以及家庭成员遵循的舒适、清洁与方便标准相符的方式。下面，我们将探讨家庭消费的生态现代化。

四、家庭消费的生态现代化——研究计划纲要

正如第二节指出的,生态现代化的实质是生态从文化、政治和经济领域中的"解放"。胡贝尔(Huber,1982)将生态现代化划分为工业发展自1980年起的第三阶段,此前的两个工业化早期阶段分别是1948年之前的"突破"阶段,以及1948年至1980年的"建设"阶段。每一轮新的循环以及随之而来的社会变化,都是因为一项重要新技术的兴起才得以产生。这样的技术只有被具有创新精神的企业家采用,才能产生新一轮的工业革新浪潮。当然,针对其他所有现代化理论的批评,也同样会降临到这种关于社会变化的演化式理论上。

但是从实质上说,这种理论有两个特别令人瞩目的特点。第一,它在分析生产与消费组织形式中的重大变化时,将其与环境问题直接联系在了一起。第二,它所关注的核心问题,是最有助于生产与消费循环向更具可持续性的方向转变的体制,即经济和技术(Spaargaren,1997:17-18)。家庭消费的生态现代化也源自相同的基本原则:生态从经济与文化领域中的解放;家庭实践在经历了"家庭工业化"这一漫长时期之后的重构;推行有能力、有知识的家庭消费者所采取的环境革新。

我们对环境革新这一概念只能作相对的定义,因为判断事物"革新"与否,要取决于它们产生的时间与空间背景。革新可能在技术领域实现,也可能在程序、经济结构以及其他所有推动生产消费循环的体制中实现。假如这些革新在应用于适宜背景的前提下有减少环境影响的可能,那么它们就可以被称为"环

境"革新(Van Vliet,1998)。但是,环境革新这个名称并不意味着它们无法实现其他的目标,例如"更具经济效益"或"让人们更为舒适"。

我们也需要认识到,环境革新会通过一切可能的供应模式影响到家庭消费者。绿色税大都会经由公共的供应模式来征收,而符合绿色标准的食品则大部分由私有的供应模式提供。不过,有的革新往往会通过非正式的供应模式来进行,例如共用汽车、与邻居共用洗衣机,或是邻里合作计划。换言之,家庭消费的生态现代化并不仅仅是生产领域生态现代化的衍生物。事实上,人们认为过去十年间私人公司与公共事业公司推行的许多环境革新(例如有机食品、绿色电力计划或生活污水处理系统)主要都是因消费者的意愿而启动的。

在本文的结尾部分,我们将探讨第二节中研究模型的一种更为具体的版本,继而指出家庭消费生态现代化相关研究的未来发展途径。

图3是我们的研究模型简图。图的中间部分给出了与家庭消费研究有关的社会实践的几个例子。我们在模型中引入了现代工业社会生产消费循环中发生的环境革新,从而让结构两重性框架下的社会实践"形式"模型具有了"实证"的内容。这些以技术、程序或社会结构形式出现的环境革新,会被不同的生产与供应模式引入生产消费循环之中,并且可以通过多种方式来获取并利用。

模型的左侧表明,人类行动者(目的是减少人类的生活风格对环境造成的影响)需要依赖通过供应系统获得的环境革新。在模型的右侧,参与开发更具可持续性的商品与服务的私人公

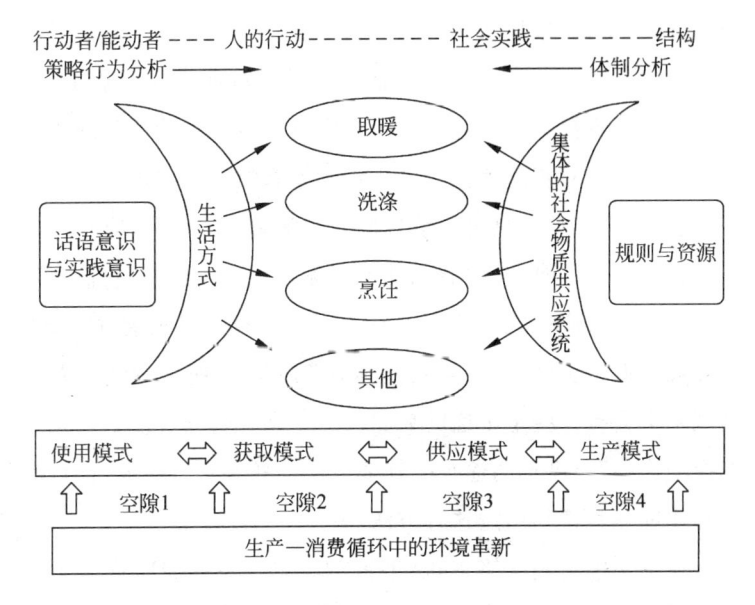

图 3　家庭消费生态现代化的研究模型简图

司、公共事业公司与政府机构则依赖于人类行动者。这些公司和机构必须认识到,环境革新这种"工具"需要符合人类行动者的生活风格与家庭结构,也要符合他们特定的舒适、清洁与方便的标准。

我们认为在过去十五年左右的时间内,家庭消费者可以利用的环境革新的数量有了很大增长,至少在几个欧洲国家是这样(Raman et al.,1998)。环境革新不仅出现了数量上的增长,革新的性质也有了改善。与20世纪70年代和80年代初相比,寻找机会让生活风格和家庭日常习惯实现"绿色化"的消费者得到了更好的"服务"。有助于减少家庭中直接与间接能源使用[8]的环境革新,已不再是少数"早期革新者"(他们愿意牺牲大量时间、空间与金钱,来换取更具可持续性的生活方式)才能享受的专利。"工业绿色化"这一缓慢而稳定的进程所带来的影响,也逐渐进入了各社会阶层的消费者的家庭。生产消费循环的生态现代化迟早会对塑造我们日常生活的家庭惯例造成影响。

但是,要实现更具可持续性的家庭消费方式,并没有什么唯一的最佳途径。事实上,我们能看到无数可能的途径,它们将不同的生产—供应模式与不同的获取—利用模式结合在了一起。现在我们似乎正处于"探索可选途径"的阶段,而可持续消费的领域中也会有一些走不通的死路。对生态社会学者而言,"未被选择的途径"与已选的途径一样能说明问题并且有研究价值,考恩和比耶克就曾利用过这种方法。

在本文中我们始终主张,事情"行不通"可能会有许多不同的原因。提供给消费者的绿色设备也许并不符合现代消费者的生活风格,因为它们会降低舒适的标准。家庭消费者也可能会拒绝接受某些产品与服务,因为它们推行、使用与维护的方式不符合现代社会生活的时间—空间惯例。有些时候(绿色)产品还在生产线上就注定会失败,因为它们的设计与生产是从狭隘的工程学角度出发的。有些设计优秀的产品原则上应该能符合现代生活风格,却在供应模式上出了问题,因为消费者不熟悉它们的供应渠道,或是已对供应者失去信心。一切在理论上有可能造成"革新失败"的原因,都可以而且应该在关注家庭消费生态现代化的具体实证研究中得到探讨。

这样的实证研究,可以集中探讨环境革新本身、革新产生的一个或多个供应系统,或者是应该随着革新而改变的一种或多种家庭实践。例如,在研究太阳能的应用时,应首先探讨其发展过程、可能对其替代的现有能源供应系统造成的影响,以及社会行动者(如制造商、能源公司、当地政府)在加快或减缓太阳能设备推广过程中的作用。这能让我们深入了解家庭消费者参与利用太阳能的方式与原因,以及他们可以继续使用何种模式的供应系统。如果以供应系统为关注重点,就可以研究对能源系统进行生态重构的可能性,以及家庭消费者的作用——家庭消费者通过共有的社会实践,可以在一定程度上决定这些供应系统内部的发展过程。如果能源部门的生态重构伴随着太阳能的推广一并进行,则可以着重研究家庭消费者借以参与太阳能计划的最合理的获取与利用模式。

我们建议在进行上述实证研究时采用"空隙"(slot)的概念。所谓空隙,指的是环境革新与家庭背景相符合的程度。在图3中它们被标为空隙1至空隙4。这些空隙分别是:生活风格空隙,表示某些生活风格断片的更新可能对其他断片造成的影响的极限;家庭的时间空间结构空隙,表示这一平衡中发生的改变可能被人们接受的程度;舒适、清洁与方便的标准空隙;最后是供应与生产模式的空隙。只要在运用时避免过于机械,空隙的概念要优于传统社会心理学从消费者角度作出的"未能采用"解释,因为造成现代化进程停滞的原因并不仅仅是消费者的"环境意识"(的缺乏)。

最后,消费绿色化领域的大部分研究都把重点放在停滞以及革新的不足这两点上,但一般说来关于生产绿色化的研究也会探讨现代化进程中取得的(部分)成功。我们提出空隙这一概念,也同样有在研究中过于关注失败的风险。但我们应该指出,空隙所指的不仅仅是不相符的情况,也可以表示"相符"的情况。

举例来说,如果我们探讨的是绿色设备的生活风格空隙,那么重点就可以放在这些设备促成家庭消费者"自我叙事"的方式上。在近期结束的一项名为 DOMUS(家庭消费与公共事业服务)[9]的研究计划中,我们探讨了人们在采取哪些因国家或部门而异的家庭消费绿色化途径,以及到目前为止不同层次上的消费者参与情况。虽然我们可以说家庭消费的生态现代化进程至少已经在某些欧洲国家出现,但还难以对这些进程的未来发展趋势作出明确的预计。正如考恩所说,五十年之后我们才能对此作出正确的评价。与此同时,环境社会学者应继续在这一领域开展实证研究,或许也可以对考恩的主张作出如下修正:

> 从表面上看,家庭的生态现代化是由具有环境意识的家庭自由作出的无数个别决定构成的:街那头的琼斯家打算安装太阳能屋顶;街角上的史密斯家把汽车和洗碗机处理掉了。但是,事情并没有这么简单。如果几年前市政部门没有决定实施可持续的建筑计划与电话叫车服务,如果电力公司和水厂没有把当地的太阳能系统接入核心电网,没有把生活用水和雨水管道铺设到邻近地段,那么琼斯和史密斯家作出的个别选择就不会有任何用处。

注 释

1. 关于本节中观点的更为全面的讨论,可见斯帕加伦的著作(Spaargaren, 1997:Chs. 5 and 6)。

2. "目标群体"这一概念由荷兰的环境政策规划部门提出,用来表示为了政策制定者的需要而以特定方式"设为目标"的群体,因为这些群体具有鲜明的环境与社会特征。目标群体的例子有农民/农业部门、能源部门、不同的工业部门、中小型企业、消费者,等等。
3. 莫马斯曾指出,"生活风格"这一说法与社会学本身同样古老,而且特别是在凡勃伦、韦伯与西梅尔的著作中被给予核心地位(Mommaas,1993:159-181)。吉登斯在后期的著作中才开始使用生活风格的概念,一方面是将其作为结构化理论的一部分,另一方面是作为形式理论与关于(后)现代社会的探讨之间的"连接"。我们在文中使用的生活风格概念,就是吉登斯形式理论背景下的概念。
4. "环境利用空间"的说法还有另一个相当大的优势:与增长的极限争论中使用的术语不同,"环境利用空间"将环境利益视为一种"独立"的、不能简化为经济范畴的考虑。
5. 法恩和利奥波德称许多消费理论是万能型理论,这种批评是正确的。但这两位作者并没有从理论层次对该问题提出解决办法,因为他们仅满足于实证研究——这种研究最多也不过是证明食品与衣物分类之间确实存在差别。他们没有从这些由经验证实的区别中得出可以适用于其他供应系统的结论。因此,他们的研究与"正常"的分类研究并没有太大区别。
6. 在我们看来,让女性更深入参与劳动过程的愿望或必要性也是一个同等重要的动机。另外,休闲、娱乐与旅游领域中"义务"或活动的增多,也可以说是一种决定因素。
7. 例如,哈尔·威尔希特(Wilhite,1997)就曾指出,涉及"家庭照明"的文化标准在日本、挪威或美国有着很大差异,这导致了不同的家庭能源消费模式。
8. 在HOMES计划中(Noorman and Schoot Uiterkamp,1998),家庭直接与间接能源使用之间的区别,被用来区分直接用于取暖和照明的能源,以及储存在产品与设备之中的能源。
9. DOMUS是一项由欧盟资助的研究计划(欧洲委员会研究理事会),研究对象为公民与欧盟国家公共事业部门生态现代化进程的关系。参与此项研究的国家有英国、瑞典及荷兰。

参考文献

Beck, U. , Giddens, A. and S. Lash (1994), *Reflexive Modernization: Politics, Tradition and Aesthetics in the Modern Social Order*, Cambridge: Polity Press.
Bijker, W. E. , Hughes, T. P. and T. Pinch (1987), *The Social Construction of Technological Systems, New Directions in the Sociology and History of Technology*, Cambridge: MIT Press.
Cowan, R. S. (1983), *More Work for Mother: The Ironies of Household Technology from the Open Hearth to the Microwave*, New York: Basic Books.
Cowan, R. S. (1987), 'The Consumption Function: A Proposal for Research Strategies in the Sociology of Technology', in Bijker, Hughes and Pinch [1987: 261-280].
Douglas, M. and B. Isherwood (1979), *The World of Goods: Towards an Anthropology of Consumption*, London: Allen Lane.
Dunleavy, P. (1980), *Urban Political Analysis: The Politics of Collective Consumption*, Basingstone: Macmillan.
Featherstone, M. (1991), *Consumer Culture and Postmodernism*, London: Sage.
Fine, B. and E. Leopold (1993), *The World of Consumption*, London: Routledge.
Giddens, A. (1991), *Modernity and Self-Identity. Self and Society in the Late Modern Age*, Cambridge: Polity Press.
Hajer, M. A. (1995), *The Politics of Environmental Discourse: Ecological Modernisation and the Regulation of Acid Rain*, Oxford: Oxford University Press.
Huber, J. (1982), *Die Verlorene Unschuld der Ökologie. Neuen Technologien und superindustrielle Entwicklung*, Frankfurt/Main: Fisher.

Hughes, T. P. (1983), *Networks of Power: Electrification in Western Society, 1880-1930*. Baltimore, MD: Johns Hopkins University Press.

Kemeny (1980), 'Home Ownership and Privatization', *International Journal of Urban and Regional Research*, Vol. 4, pp. 372-388.

Lauber, V. and K. Hofer (1997), 'Business and Government Motives for Negotiating Voluntary Agreements: A Comparison of the Experiences in Austria, Denmark and the Netherlands', paper for the workshop on the 'Effectiveness of Policy Instruments for Improving EU Environmental Policy Implementation', Bern, 27 Feb. -4 March 1997.

Liefferink, J. D. and A. P. J. Mol (1998), 'Voluntary Agreements as a Form of Deregulation? The Dutch Experience', in U. Collier (ed.), *Deregulation in the European Union. Environmental Perspectives*, London: Routledge, pp. 181-197.

Lury, C. (1996), *Consumer Culture*, Cambridge: Polity Press.

Mommas (1993), *Moderniteit, Vrijetijd en Stad: Sporen van maatschappelijke transformatie en continuiteit*, Utrecht: Van Arkel, pp. 159-181.

Noorman, K. J. and T. School Uiterkamp (eds.) (1998), *Green Households? Domestic Consumers, Environment and Sustainability*, London: Earthscan.

Oldenziel, R. and C. Bouw (1998), *Schoon Genoeg. Huisvrouwen en Huishoudtechnologie in Nederland 1898-1998*, Nijmegen: SUN.

Opschoor, J. B. and S. W. F. van der Ploeg (1990), 'Duurzaamheid en kwaliteit: Hoofddoelstellingen van Milieubeleid', in *Het Milieu: denkbeelden voor de 21e eeuw*. Zeist: Kerchebosch, pp. 81-128.

Otnes, P. (1988). *The Sociology of Consumption*, Atlantic Highlands, NJ: Humanities Press International.

Raman, S., Chappells, H., Klintmann, M. and B. van Vliet (1998), *Inventory of Environmental Innovations in Domestic Utilities: The Netherlands, Britain & Sweden* (Domus report 2), Wageningen, WAU.

Saunders, P. (1987), *Social Theory and the Urban Question*, Second Edition, London: Unwin Hyman.

Saunders, P. and C. Harris (1990), 'Privatisation and the Consumer', *Sociology*, Vol. 24, No. 1, Shove, E. (1997), 'Notes on Comfort, Cleanliness and Convenience', paper for the ESF workshop on 'Consumption, Everyday Life and Sustainability', Lancaster, 5-8 April 1997.

Shove, E. and D. Southerton (1998), 'Frozen in Time: Convenience and the Environment', paper for the second ESF workshop on 'Consumption, Everyday Life and Sustainability', Lancaster, 27-29 March 1998.

Spaargaren, G. (1997), *The Ecological Modernisation of Production and Consumption* (Essays in Environmental Sociology), Wageningen: WAU.

Spaargaren, G. and T. Mol (1992), 'Sociology, Environment and Modernity. Towards a Theory of Ecological Modernization', *Society and Natural Resources*, Vol. 5, No. 4, pp. 323-344.

Van Vliet, B. J. M. (1998), *Analysing Environmental Change in the Relations between Utility Sectors and Domestic Consumers* (DOMUS report 1), Wageningen: WAU.

Warde, A. (1990), 'Production, Consumption and Social Change: Reservations Regarding Peter Saunders' Sociology of Consumption', *International Journal of Urban and Regional Research*, Vol. 14, No. 2, pp. 228-248.

Weale, A. (1993), 'Ecological Modernisation and the Integration of European Environmental Policy', in J. D. Liefferink, P. Lowe and A. P. J. Mol (eds.), *European Integration and Environmental Policy*, London: Belhaven.

Wilhite, H. (1997), 'Cultural Aspects of Consumption', paper for the ESF workshop on 'Consumption, Everyday Life and Sustainability', Lancaster, 5-8 April 1997.

Winward, J. (1994), 'The Organized Consumer and Consumer Information Co-operatives', in R. Keat et al. (eds.), *The Authority of the Consumer*, London: Routledge, pp. 75-90.

荷兰的生态现代化、环境知识与国民性格——初步分析

莫里·科恩

发达国家实行与生态现代化相符的发展策略的能力各有不同,针对各国情况的比较研究往往会集中探讨国家在体制与经济方面的实行能力。这两个方面的特征确实能在很大程度上反映国家是否做好了实行生态现代化策略的准备,但它们并不能让研究者深入地了解各国达到生态现代化苛刻要求的能力。具体而言,一个国家如果要实行生态现代化的发展策略,就必须坚决支持科学,并倾向于从技术方面来应对环境问题。但是,环境决策(尤其是非专业公众作出的环境决策)却要取决于众多不同的认识论,而各个国家在协调政策与严格的理性推论时也会产生很大的差异。本文提出的分类法区分了四种典型的环境知识取向:理性生态主义、普罗米修斯主义、回归田园主义与生态灭绝神秘主义。我们借助国民性格的概念,将这种分类法运用到了实证研究之中;针对荷兰的案例研究则表明,荷兰对不明确环境信息的解读方式,在大体上与生态现代化的原则相一致。

　　约瑟夫·墨菲、阿瑟·莫尔、戴维·索南菲尔德以及本文的两位评阅人对文章的前几稿提出了非常宝贵的意见,本文作者谨向他们致以诚挚的谢意。

引　言

在整个20世纪中,最发达国家中的环境运动都具有两面性。一方面,浪漫主义的思考以及常随之而来的针对工业社会的批评,对当代的生态敏感性起着重要的塑造作用。虽然这些思考所强调的重点显然各有不同,但它们大都对科学、技术与主流的社会组织持固有的蔑视态度。这类广泛综合了各种观点的思考认为,自然环境是庄严而难以捉摸的,它能够活跃人的精神、激发人的想象力,因此我们应该珍视它。坚持这种看法的人们认为应回到以前那种更为简单的时代,当时经济工具化与理性知识还没有打破社会聚合,并且使人类与自然疏离。这种世界观常常把环境作为对人类道德状况进行理论推定的背景。抗议道路建设的英国生态斗士、美国"地球优先!"组织的荒原保护主义者、坚决反对转基因食物的德国人士,都从政治上表达了这种反现代主义的观点。

环境运动中也存在着第二种更为实际的思潮,它贯穿于主流的环境认识之中。这种思潮并不认为技术知识让我们丧失人性从而加以摒弃,而是将科学和技术视为减轻生态担忧的重要途径。这种观点发源于19世纪中期在德国和法国兴起的科学林业。这种思维倾向在当今的环境政策制定过程中仍极具影响力,并且在促进可持续发展的管理主义策略以及更为普遍的活动中(如控制水质、保护濒危土地)得到了体现。

第一种诉诸情感的思维倾向,起初非常有助于提高许多国家的公众环境意识,并从政治上唤起人们对环境问题的关注,尤其是在20世纪60年代与70年代。自这个时期起,由于各国政府开始努力应对与环境立法制定与执行相关的种种困难问题,第二种实用主义的思潮日益成为主流。[1] 近年来,随着不同政治派别中有影响力的行动者力求协调环境责任与保持经济增长这两个相互冲突的目标,科学技术在环境问题中的应用变得越来越显著。目前人们对工业生态学、战略环境管理等问题的关注,就源自于人们的上述努力(Ayres and Ayres,1996;Schmidheiny,1992)。关注这些发展的社会理论意义的学者,也开始用"生态现代化"这一术语来概括这些趋势(Weale,1992;Mol,1995;Spaargaren,1997;Hajer,1995)。

有些学者将生态现代化视为一种不可避免的社会变化过程(Jänicke,1985;Simonis,1988)。这种决定论式观点的前提是现代化历史演变过程的三阶段划分:首先是主要建立在农业基础上的前现代时期,继而是以工业生产为核心的现代化阶段,最后以生态现代化为发展顶点(Cohen,1997)。这个发展历程中的最后时期由高度发达的超级工业化阶段构成,其基础是闭合式的制造体系以及发达的环境技术(人们可以借此修复过渡性现代阶段的所谓"设计缺陷")。

另一些生态现代化理论家则认为,这种发展进程远远不是无可避免的。另外,由于各发达国家在这一极具挑战性的进程中形成了各种不同的能力,不同国家之间的发展状况既不均衡,也不一致(Dryzek,1997)。[2] 以前学者们在探讨各国对生态现代化进程的准备程度时,一般都会重点关注与这种转变关系最为密切的体制和经济因素。例如,马丁·耶尼克与合作者共同提出的"环境能力"概念,就主要建立在体制与经济特征的基础上

(Jänicke and Weidner,1997)。到目前为止,生态现代化研究者对各国基于文化和知识的潜在适应能力的关注都很少。[3]

由于生态现代化取决于人们是否愿意从技术角度来应对环境问题,公众对科学技术的坚定信念是实现生态现代化所必不可少的前提(Cohen,1998)。然而,这样的认识在社会中是与许多其他形式的认识共存的。现代社会中未经科学教育的非专业人士(这个范畴包括大多数政策制定者与管理者)在诠释生态信息时会运用各种不同的认识论,而科学只是确定环境决策方向的复杂标准中的一个组成部分。正如胡贝尔和佩德森(Huber and Pedersen,1997)在近期关于人类学的一篇著述中指出的,"人们体验认识环境时的背景是千差万别的;从实用角度出发,他们在体验过程中要依靠不同的思想体系,而无须一以贯之。"因此,在试图评价任何特定政策规划的潜力时都应注意这样一个事实:社会中适用于环境问题的理性主张会与其他主张相抵消。

为了开辟生态现代化比较分析的新途径,本文在以下探讨中将提出区分四种典型环境知识取向的分类法,并阐释它们对于采取符合生态现代化政策规划的积极行动的意义。接下来本文将对荷兰的国民性格进行初步分析,以阐明环境知识与生态现代化之间的联系。这是一个非常适宜的案例研究,因为荷兰国民所具备的一些显著品质能使他们理性地诠释生态信息,并且让国家拥有了向生态现代化方向发展的特别潜力。文章结尾部分探讨的是国民性格这一概念的实用性:人们可以利用它来研究与生态现代化和广义的环境政策制定有关的问题。

环境知识与科学

人类学者在提到环境知识这一概念的时候指的往往都是各种认识论,各国的国民会利用它们来诠释与地貌、自然资源、农业实践、医药产品等有关的生物物理信息。[4] 这类研究背后的动机有的是要将传统的环境知识与现代科学区分开来,有的则反其道而行之,要证明两者之间的区分是人为作出的(例如Agrawal,1995;Murdoch and Clark,1994)。这些研究当然都很有价值,但本文的目标是集中探讨发达工业国家对科学的理解。

人们常会作出一种司空见惯的假设:只要一个国家达到了相对较高的社会经济发展水平,那么尊重科学在这个国家就会成为普遍现象,而对理性的追求也会将科学以外的其他知识形态推到边缘地位,或是在今后适当的时候实现这一点。崇敬科学不仅是自然科学家与物理科学家的普遍态度,在政策制定者与正统的社会科学家中也几乎同样显著。上述所有社会群体都表现出一种强烈的倾向——认为公众对科学缺乏认识(Irwin and Wynne,1996)。这种所谓的"缺乏"模型被用来解释非专业人士与专家在评价环境风险时常常出现的分歧,并且引起了一种家长式的担忧:非专业公众对科学事务的了解不够充分。因这种态度产生的政策性反应通常是号召加强科学信息的传播。在某些领域中也不乏更为激烈的批评意见,即认为大部分民众从根本上说是非理性的。支持这种激烈观点的人提出,应该将不了解科学的一部分公众排除在外,不让他们参与制定或实施环境政策的过程。

很多学者批驳了"缺乏"模型及其引起的过于简单化的解释——非专业人士与专家在评价环境问题时自然会产生分歧（例如 Wynne，1996）。为了将这些观点与本文的探讨联系起来，我们必须首先承认科学在使人们了解环境知识时所起的作用很复杂，远不止是公众对科学事实的认识不够充分的问题。在现代社会中，科学因其所拥有的合法性已成为一种有效的社会控制途径。政府与其他形式的权威（例如工业管理者）都会利用科学来让有争议的决定变得确实可信。政策科学化带来的反作用效果，就是科学将无可改变地走向政治化。因此，科学并不仅仅是一种用来研究自然的严格的方法论，它也成了一种意识形态，人们可以通过利用科学（或摒弃科学）来确定自己的身份认同。例如，通过在公共话语中利用科学的方式，人们可以向彼此传递社会信息，这就像穿着某件特定的衣服一样。

把科学作为塑造身份认同的意识形态，这并不一定是纯粹的象征性过程。在某些历史时刻也曾出现过强烈的物质动机，促使人们支持这种认识论。例如，在19世纪早期与中期的英国，日益壮大的中产阶级之中有一些颇具抱负的人士就曾花费许多金钱与精力来追求科学，因为这种知识是社会与经济发展的必要前提。与此同时，生活安逸的英国贵族往往对专业化的科学及其从业人士表现出极为明确的轻蔑态度，因为他们认为科学这种知识形式太职业化，并且对贵族的精英道德观构成了威胁（Cohen，1999）。

与维多利亚时代的英国相比，当代社会的情况无疑要复杂得多。当代社会中存在多方面的、相互矛盾的物质与文化动机，它们会促使人们接受或排斥源自科学知识的主张。但超越特定地理与时间背景的核心问题在于,脱离了实验室环境的科学会成为一种工具,人们可以用它来实现任何社会目的与政治目的。当非专业公众赞同或否定科学主张(尤其是有关环境知识产生的主张)的时候,他们所针对的并不一定是科学推论的实质。相反,人们支持或反对科学的依据,是看它能否与自己的伦理判断与价值观产生共鸣。

对环境知识取向的评价

我们在评价各种环境知识取向时应首先注意到,两个轴向范畴决定了个人诠释环境信息的倾向。一方面,人们在吸收环境信息时不会完全无动于衷。相反,这个过程会受到人的价值观、情感以及人们对"好的生活"(这是千百年来哲人的通用说法)的固有认识的影响。我将这个引导倾向的范畴称为*生态意识*。另一方面,生态信息难免是模棱两可的;至于人们如何领会这些信息,则要依赖他们在诠释信息时借以区分主次的特定思维过滤机制。人们用来区分主次的这种特定思维组织方式,可以称为*知识许诺*。接下来,本文将分别详细探讨这两个概念。

生态意识

我们首先来探讨环境知识取向评价的第一个轴向范畴。生态意识常常被等同于参与环境组织,以及在行为中表现出为子孙后代负责的倾向。各种民意调查中用来评估生态意识的问题,通常是环境保护在受试者心目中较之于其他政治目标的优先程度。例如,我们常常会遇到提出"你是环境保护主义者吗?"

之类问题的民意调查。在这些调查看来，回答问题时得分高的人就具有明显的生态意识。毫无疑问，这种"研究"的价值相当有限。

有的研究者设计出了较为复杂的调查方法。他们将上述问题置于特定的背景之中，即要求受试者在作出选择时必须有所取舍（至少是在理论上）(Kempton, Boster and Hartley, 1995; Dunlap, Gallup and Gallup, 1993)。在这种比较性调查研究中，1990年至1991年的世界价值观调查考查了三十多个国家的生态意识，应该是最为全面的调查之一。罗纳德·英格尔哈特(Inglehart, 1995)对与生态意识有关的各方面进行了分析，并根据受试者对问卷中四项陈述的回答计算出了环境保护指数：

（1）只要可以确信捐款能用来防止环境污染，我愿意捐出自己的部分收入。

（2）如果额外缴纳的税款能用来防止环境污染，我赞成增加税收。

（3）政府应努力减少环境污染，但不应让我为此买单。

（4）保护环境、反对污染的问题其实并没有那么紧迫。

按照英格尔哈特的归类，"赞同"或"非常赞同"前两项陈述，并且"反对"或"强烈反对"后两项陈述的受试者表现出了对环境保护的"高度"支持。根据这种衡量生态意识的方法，所有接受调查的国家中以斯堪的纳维亚诸国与荷兰得分最高。

尽管世界价值观调查中使用的上述各别调查项目可以满足民意调查的特定需要，但这些调查手段在没有任何理论框架支撑的情况下能否真正捕捉到生态意识的实质，这还是一个值得怀疑的问题。更为突出的问题是，英格尔哈特用以建立环境保护指数的四项陈述之中有三项都是狭义的经济主义表述,它们把生态意识等同于受试者是否愿意作出抽象的经济让步。如果要对生态意识作出更有意义的评价,就必须突破单纯经济标准的限制,将价值观与伦理标准也纳入考虑范畴。正如奥尔多·利奥波德(Leopold,1977 [1949])半个多世纪之前在著作中提出的观点,真正的生态意识意味着我们必须深刻认识自己的"理智重点、忠诚、感情与信念"。这一概念对人类与自然环境之间的关系作出了更为明确的阐述,它体现了保护生态系统完整性的愿望,并且倾向于优先考虑那些与"更负责地管理环境"的目标相符的生活风格实践。经过上述各个方面的广泛探讨,我们可以认为生态意识具有从"弱势"到"强势"的不同等级。

在衡量公众环境态度的时候,人们通常只考虑这个从弱到强的等级范畴。但是,这种描述环境信念的方式并不全面,因为它只关注信念中基于价值观的层面,却没有考虑人们理解生态信息时的诠释性思维过滤机制。换言之,人们在确立自己与环境之间的关系时不仅会以某种道德准则为前提,也会依据自己对特定认识论的喜好。

知识许诺

正如前文中所指出的,过去几十年来科学在各发达国家中占据了得天独厚的地位,长于科学的国家也往往会得到赞扬——实际上是成为别国仿效的对象。这种赞许源于一个事实:科学领域的专长就意味着具有经济竞争力、先进而现代。尽管这种看法非常普遍,另一种少数派观点也时而受到人们的关注。有些人对科学的支配地位提出了批评,称这种认识论之所以会成为主流并不是因为它更适于追求真理，而是因为大型工业社团都希望借此剥夺非专业公众参与民主治理的权力。这种批评观点的支持者认为，非科学知识的边缘化现象在环境政策制定的领域中尤为普遍，因为对经济增长推动机制构成最严重威胁的因素在这个领域中能得到充分体现。因此，通过传播深奥的科学专业知识来抵消非专业观点的影响，就成为了一种非常重要的手段。

对上述针对科学的批评置之不理无疑会失之疏忽，但我们也应该记住，20世纪60年代雷切尔·卡森、保罗·埃尔利赫等科学家在率先将环境问题提上议事日程的过程中起了重要作用；另外，强调需要对生态困境作出科学评价的环境运动也曾造成很大的影响。不过，关于科学的争论虽然很有吸引力，但它并不是我想在本文中探讨的内容。我所关注的是另一个更具争议的主张：将环境知识建立在科学的基础上，这种做法并没有显而易见的理由。我们完全可以利用神学或众多其他认识论之中的任何一种来整理并理解环境信息。我们应该记住，在历史的长河中，科学占据优势地位的时间其实非常短暂。

人类知识体系的种类几乎不可胜数，为了简化鉴别的过程，我们可以把能用来诠释环境信息的知识框架划分为两个大类。第一个大类是理性与科学的认识论，它们发源于17世纪的知识革命，并且要依靠所谓客观事实的积累。这些知识类型需要借助严格的方法论来收集数据并加以仔细研究。依靠这些知识体系的实践者的最终目的，是提出跨越时间空间的、适用于一切范畴的公理。

第二个大类是一个差异较多的知识分类，其中包括各种精神的[5]和审美的认识论。这个多样化分类中的各种知识的起源存在广泛的地理与历史差异,它们有宗教知识传统、民间与本土的知识、地方与默示的知识,以及艺术、音乐、文学和哲学领域中的知识运动。虽然各种知识体系所强调的重点显然互不相同,但这个分类中的所有知识体系都有一个共同的倾向——重视个人直觉、情感以及人类精神的力量。其中一些认识论建立的前提(与科学一样)是对经验性证据的系统搜集与定量分析,而其他的认识论则更倾向于空想,不太注重实际。

理性—科学的认识论与精神—审美的认识论之间存在着明显的对立,而两者间这种紧张的关系也引起了诸多评论(例如Snow,1993 [1959])。事实上,这两个分类内在的一致性在很大程度上源自于彼此间恰恰相反的关系,并常常从这种既对立又依存的方面来界定。例如,马克斯·韦伯曾在一篇著名的演讲中(Weber,1946)阐述了科学的祛魅作用,并指出理性知识往往会去除人类生活中的目的性。这种观点认为人们会在对意义的渴求的驱使下,转向精神与审美的知识形态。

环境知识的四种取向

当我们对生态意识与知识许诺这两个轴向范畴进行对比的时候,就会得出图1所示的四向分类方法。这个分类法的四个区域分别代表一种典型的环境知识取向,它们提供了诠释生态信息的独特思维组织方式。

理性生态主义:图1右上角的区域对科学与环境两者都非常重视,它代表着试图协调这两方面信念的知识取向。经过这种诠释性思维方式过滤的环境信息,会受到一种固有认识的影

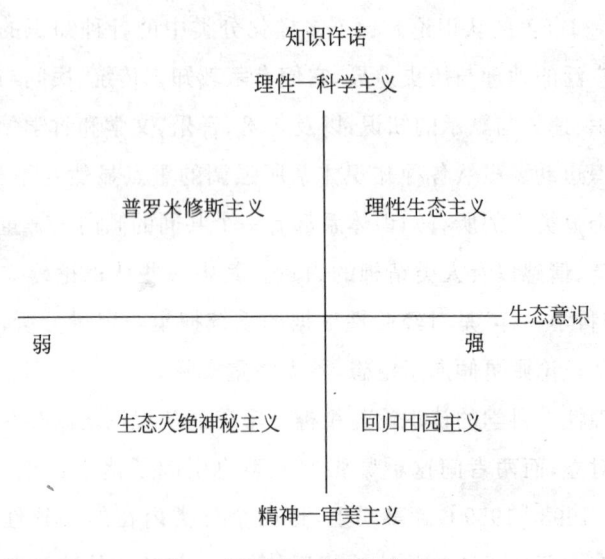

```
            知识许诺
          理性—科学主义

   普罗米修斯主义  │  理性生态主义
                 │
─────────────────┼───────────────── 生态意识
       弱        │        强
                 │
   生态灭绝神秘主义 │   回归田园主义

          精神—审美主义
```

图 1 环境知识取向的分类法

响:理性知识所提供的知识资源有可能让我们解决当代的环境问题。这是一种乐观、重视技术并且关注环境的知识取向,它往往对进步持欢迎态度。

普罗米修斯主义:图 1 左上角区域代表的知识取向在处理环境信息时采用的诠释性思维过滤机制非常倾向于科学,却不太具备生态意识。非常热中于技术的朱利安·西蒙和阿伦·威尔达夫斯基等学者利用这种视角来打消人们对环境问题的忧虑(Simon,1986;Wildavsky,1995)。这种观点认为,人类最大的资源在于我们有能力用自己的聪明才智来管理地球,尽管这有时可能会造成一些次要的、局部的问题。

回归田园主义:图 1 右下角的区域既倾向于精神—审美的知识取向,又具有强烈的生态意识。20 世纪 60 年代与 70 年代的社会运动组织为了唤起公众对环境的关注,以各种改头换面的形式利用了这种诠释性过滤机制。[6] 贯穿在这一知识取向之中的浪漫主义思考通常对科学和技术持强烈的怀疑态度,并且以怀旧的情绪追求基于地方自治主义与小规模手工业生产的更为传统的生活风格。[7]

生态灭绝神秘主义:图1左下角的区域结合了精神—审美的知识取向与微弱的生态意识,代表着一种颇为奇特的环境知识取向。这种观点往往与某些信奉千禧年主义*的宗教信仰体系联系在一起。这些信仰体系预言未来将出现天启中的世界末日,并且认为人们没有必要因环境的考虑而调整自己的行为。

衡量环境知识——从国民性格研究中得出的教训

上述分类法能应用于不同规模的研究。首先,我们可以通过制定适于衡量个人知识许诺与生态意识的标准,利用这个分类法对个人进行分类。例如,我们可以利用与科学信息传播有关的大量文献,去衡量人们对理性—科学知识或精神—审美知识的支持程度。过去四十年来,许多研究者通过社会调查的方式,从兴趣、态度与知识这三个方面衡量了公众对科学的认识(例如 Bauer, Durant and Evans,1994)。由于人们普遍认为经济竞争力取决于对理性知识的大力支持,各国政府与跨国组织通常都赞成利用这类手段来监测科学在公众心目中的地位。另

---

* Chiliasm,据《圣经·启示录》,基督在世界末日来临前将再次降临人世,并为王一千年。——译者

外,为了建立衡量生态意识的标准,研究者们也进行了大量与上述世界价值观调查相似的工作。我们可以借用这些方法,从微观分析的层次来评价这个轴向范畴。

个人的环境知识取向会在全民范围内形成聚合,并产生理解生态信息的集体倾向,利用上述分类法来描述这些过程就要困难得多。[8] 本文的目的是探讨倾向于某种知识取向(如普罗米修斯主义或回归田园主义)的某个具体国家,并指出该国公众理解环境信息时的方式也会大致与这种典型知识取向相一致。这并不意味着社会中的所有成员都具有同一种类似的倾向;一国的民众看待环境知识的方式无疑是多种多样的。这种多样性既源自世俗的个人差异,也源自人们倾向于一种连贯的典型知识取向(而非两种或两种以上取向的结合)的程度。人们也有可能根据特定情况下的具体形势调整自己的观点。[9] 另外,由于政治力量中存在的差异,评价具体国家的环境知识取向,比简单地将全体国民的个人倾向集合起来要复杂得多。

尽管存在应用方法上的困难,我们仍然可以做出这样的理论推断:一个国家中个人环境知识取向的复杂聚合,能反映出该国理解生态信息的独特方式。尽管这种方式显然是一种难以分辨的倾向,但它却对环境信息的诠释起着微妙而至关重要的影响。

但仍然有一个未能解决的问题:我们是否能在不违背正统社会科学研究行为准则的情况下,描绘出环境知识分类法的两条轴线。要认识一个国家的生态意识,必须先了解人们利用当地文化资源让生活充满意义的方式;而对一国的知识许诺作出评价,则需要进行仔细的观察、无数次不拘礼节的闲谈,还要具备长期生活在一个地方才能形成的亲近感。虽然主流的社会科学家大都不会否认，人们理解生态信息的方式确实因国家不同而存在差异，但在寻求普遍特征的职业信念的影响下，他们对揭示这些不同倾向所必需的程序却持怀疑态度。传统的观点认为，基于单独一位研究者专业知识的方法论会限制研究结果的可再现性，并且会产生带有个人特征的学术成果。[10] 学术界（除了人类学以及社会学的部分领域）之所以回避关于环境知识的研究，恰恰是出于这些原因。[11]

这类探讨也逐渐影响到了通常被称为国民性格研究的学术领域。现代学者对这一汇合了几个社会科学学科的领域的兴趣，可以追溯到第二次世界大战期间少数著名人类学家与心理学家开展的研究，他们描绘出了不同参战国的国家特性。为满足政府机构的需要，这些学者以心理分析理论的应用为基础，以轶事证据为主要来源编制出了关于国家特性的描述性报告。美国战时新闻处委派的研究工作意义最为重大，玛格丽特·米德和露丝·本尼迪克特等学术界著名人物也曾参与其中（Hoffman, 1992）。这类研究——以日本和苏联两国为例——试图根据两国普遍采用的儿童养育做法，来解释日本人喜爱整洁或苏联人暴躁易怒的特性。这些研究结果对战争努力究竟有多少帮助是值得疑问的，到了20世纪50年代，它们逐渐遭到了激烈的批评。

直到十余年后，随着阿尔蒙和维巴（Almond and Verba, 1963）那本名著*的出版，国民性格的比较研究才有了较为牢固

---

* 指1963年出版的《公民文化——五个国家的政治态度与民主》(*The Civic Culture: Political Attitudes and Democracy in Five Nations*)。——译者

的立足点。第二次世界大战前某些国家的民主进程失败了，这两位作者也希望研究其中的原因。他们的研究表明，各个国家能否维持代议制政府的倾向是不同的。这本著作强调了公民义务、公众对政府体制的信赖以及人际间关联的重要性，它们对于维持民主制度的稳定是至关重要的。尽管阿尔蒙和维巴的见解在当时引起了政治科学家与其他学者的极大关注，他们对文化的强调却与普遍的知识潮流不合拍。自20世纪60年代中期起，社会科学表现出了倾向于用政治与经济因素解释社会变化的明显趋势，究其原因，这是由于理性行动理论越来越受欢迎，人们在处理定量数据时也越来越多地采用了计算机辅助技术（例如 Renn, Jager, Rosa and Webler,1999）。对国民性格的研究似乎也是"政治正确"原则的早期受害者。举例来说，在研究中可以探讨有助于形成瑞典福利国家的价值观，但强调意大利南部居民的宗族主义与岛国心态却是不能接受的——班菲尔德（Banfield,1958）关于这方面的研究就引起了诸多争议。

在此期间，社会学家与心理学家也以"社会结构与特征"为题，开展了关于国民性格的研究（House,1981;Schooler,1996）。亚历克斯·英克尔斯在此类研究中大都处于前沿地位，他与合作者试图将这一领域从基于主观诠释的猜测，转向更为严格的理论分析。实现这种转变的主要途径是利用"典型性格"这一概念，来描述个人态度在全体民众中的分布情况（例如 Inkeles, 1997）。但是几十年来，通行的理论与实证传统所代表的学术潮流却给这些研究者带来了极大的阻力。

在上述的整个时期，针对国民性格研究的批评者也所在多有。他们认为国民性格是一种决定论式的概念，并且会导致同质化（相关评论可见 Schooler，1996）。另外，由于国民性格的研究者往往会强调文化在相对意义上的不变性，关于共同特性的研究一般都会被批评者等同于保守主义和安于现状。从事这类研究的某些学者的著述中始终带有新闻报道式的印象与陈旧的套路，这也在无形中使得批评愈演愈烈。不过，尽管国民性格研究的历史颇多曲折，有迹象表明它正在逐渐成为当代社会科学关注的核心问题。

冷战的结束和随之而来的政治格局重构，以及欧盟等跨国团体日益增长的影响力，这些因素都使得国民性格研究在当今备受关注。这一轮新的研究浪潮在提到研究主题时常会使用改头换面的术语——例如，"国民性格"大都被"国民身份认同"与"政治文化"所取代——这样可以让研究具有新的面貌，并与先前存在缺陷的研究传统保持距离（Fukuyama，1995；Huntington，1996；Lipset，1996；Putnam，1993）。在很大程度上，近期的这种转变是由于学者们认识到传统的分析并未捕捉到人类经验的重要特征，而政治体制、教育语言传统和经济体系确实能产生某些共同的倾向。重要的是，新一代的国民性格研究不再认为自己的理论是无可匹敌的，并且试图去克服针对自身的合理批评所指出的问题——简化论、无视阶级差异与宗教差异，常使用固定的漫画式描述方法。虽然这是一种令人鼓舞的趋势，但前文中的总结却表明，任何使用国民性格概念的研究都必然是艰难曲折的。

采取这样的谨慎态度还有其他的原因。可以说，在一个全球化趋势日益显著的时代，各个国家独一无二的特征正变得越来越微弱。有些评论者甚至认为电子通信的普及与国际交流的增长已经打破了地方观念,并传达着符合"全球公民"这个称呼的身份认同(Giddens,1998)。国家之间的界限确实在变得越来越模糊,但这个过程是否能带来更高程度的同质化,这仍然是一个值得怀疑的问题。信息与文化符号的交换显然不是什么新鲜事物,因为各个国家早就在广泛借鉴别国的经验,并对各种外来的影响进行调整,以适应本国的情况(例如 Pells,1997)。不过,当今交流的速度之快、范围之广却是前所未见的,这意味着全球化拥护者的主张也许确有可信之处。

国民内容的环境知识——荷兰研究

背景与逻辑依据

前文中的评论表明,对作为国家性格标志的环境知识取向进行彻底研究必然会耗费极大的精力与时间,即便以单一国家为对象也是如此。由于常规的研究方法与数据来源存在诸多缺陷,在对知识取向作出必要的评价时必须设计出创新的办法。我们将诠释生态信息的不同倾向分为四种,这只是一个尝试性的分类,因此明智的做法是用比较快捷的方式来检验这个分类法的有效性(至少是在研究的起步阶段)。接下来,本文将利用关于荷兰(该国具有独特的地理位置)特点的第二手著述,对这种分类法进行初步的应用。

最近几十年来发表了许多有关荷兰国民性格的著述,我们可以利用这些文献得出关于荷兰环境知识取向的粗略认识。对荷兰进行分析,也可以揭示这种研究方法是否能用来衡量不同国家开展生态现代化进程的能力,因为大部分比较性政策研究都认为荷兰的生态现代化能力相当突出。[12]因此,国民性格研究是否有助于我们进一步了解荷兰实施符合环境改善政策规划的行动的能力,弄清这一点是很有启发意义的。另外,有充足的理由表明国民性格这一概念更适用于研究相对而言同源同种的小国,就这些方面而言,荷兰提供了一个较为理想的研究背景。

在进行相关探讨之前我们有必要指出,荷兰自20世纪80年代中期以来已成为环境领域的国际先锋(OECD,1995)。尽管官方的宣传有时会言过其实,但荷兰确实率先利用几种创造性的环境政策制定方法(例如协商公约、自愿协议与目标群体咨询)设计出了较为进步的环境改革途径。值得称赞的是,荷兰政府也对管理机制进行了调整,以改变传统的单方面干预模式,力求在环境政策制定过程中听取多方面的反映。另外,荷兰还率先设计出了可以衡量的可持续性指数,以此来评价该国在一系列国家环境政策规划中设定的严格目标的完成情况(Carley and Christie,1992 Ch. 13;Bennett,1991)。在公众领域,荷兰也开展了一些令人关注的行动。例如,为了执行当地减少物质消费与废物产生的计划,居民区团体把家庭组织成了一个个所谓的"生态小组"(Aarts, Goudsblom, Schmidt and Spier,1995)。研究者在分析荷兰生态政策制定的驱动因素时,往往会重点探讨该国坚持的效率规划原则与共识政治的传统(Bressers and Plettenburg,1997;OECD,1995)。本文试图对这些体制性特点之外的因素进行分析,根据决定荷兰公众理解环境信息的方式的某些特点,来解释荷兰在环境方面的表现。

我们的探讨可以用一句平淡无奇的评论作为开始:荷兰

的地形地貌是经过苦心经营的。这种情况是由于荷兰的国土面积小、人口密度高,农业生产高度集约化。荷兰填海造地的宏大努力,也为该国赢得了善于控制和利用自然的声誉。事实上,这个国家将近一半面积的土地都在海平面以下。荷兰人以前常常会这样自夸:"其他国家的土地都是上帝所造,但荷兰的土地却是荷兰人自己造出来的。"(引自 Ginkel,1993:54)人们普遍认为,这种孜孜不倦地利用科学技术治理水与陆地的传统,塑造了荷兰人对环境的实用主义态度。另外,荷兰人的精神尽管曾受到本地兴起的浪漫主义画派的影响[13],但并没有过多地受安于恬淡或逃避现实的思维模式所累。荷兰的宗教热情从来没有像德国等国家那样,以激烈的方式表现出来。当代荷兰的生态思想,则体现出了显著的实用主义与人类中心主义特征。

20世纪30年代和40年代期间,对荷兰国民性格的研究取得了丰硕成果,当时活跃在荷兰的几位著名社会科学家(包括泽巴尔德·鲁道夫·斯泰因梅茨和约翰·赫伊津哈)也发表了相关的著述。[14]大部分国民性格研究对荷兰人的描述都是冷静、寡言、道德观念强、宽容、节俭。这类研究在刻画荷兰人典型性格特征时常作为参照点的其他品质还包括因热爱自由而生的强烈独立性与坚忍不拔的精神。[15]研究者也经常强调荷兰人喜好整洁与恋家的倾向。[16]

研究国民性格的学者在分析塑造荷兰人性格的历史原因时往往会指出,荷兰农民在筑堤阻挡海水时必须团结在一起。社会学家比伦斯·德哈恩作出了这样的阐述:

> 无边无际的海水与陆地……必然对国民性格产生了影响，让它容易受到个人虔诚的左右……（一个）民族既属于这片土地，又被其地理形态所塑造，海水在这个过程中起了重要的作用（范赫里韦岑引用［van Heerikhuizen, 1982：111］）。

探究当代荷兰政治中共识特性的来源的学者，常常会求诸荷兰人与海水的斗争。但仔细审视之后就会发现，关于这一点的看法存在许多矛盾。例如，荷兰社会学家 J. P. 克鲁伊特认为：

> 早期的排水区规划无疑表明，与海水的斗争确实曾将人们团结在一起。但人们团结的方式却是组成无数个规模非常小的团体——这些团体之间非但没有团结一致，反而经常因琐事爆发争吵，有时小团体的内部甚至也会发生争执（范赫里韦岑引用［van Heerikhuizen, 1982：106］）。

克鲁伊特在研究荷兰的国民性格时着重考察的是宗教的塑造作用，以及国家的社会历史。他提出的其他看法也可以为我们所用。克鲁伊特指出，通常被人们与加尔文主义联系在一起的荷兰性格特征——既虔诚地信奉宗教正统，又尊重自由人文主义——早在这一正式神学表述提出之前就已经存在。历史上荷兰国土所处地区的社会条件有助于这些性格特征的形成，因为封建主义在当地的影响力相对比较薄弱（van Heerikhuizen, 1982：111-112；亦可见 Schama, 1987：40）。第二次世界大战期间,曾在现代国民性格研究的早期发展中起过关键作用的美国人类学家露丝·本尼迪克特也对荷兰的国民性格进行了研究。本尼迪克特为准备攻入荷兰驱逐德国占领军的美军军官写了简况报告。为了避免美国军人与荷兰平民发生冲突,策划行动的军方希望让部队对荷兰这个民族有所了解(Ginkel,1992)。由于军情紧迫,本尼迪克特无法开展真正的实地考察,因此她在对荷兰的"远程"分析中利用了许多创造性的方法,包括采访荷兰移民、查阅档案文献和地下报纸、翻译当地民歌等。她在报告中描述了荷兰人的许多性格特征,其中有注重道德观念、独立性强、热爱自由、宽容、忧郁、节俭、整洁。虽然本尼迪克特的描述在某些方面与同时代的荷兰学者存在分歧(例如,她似乎将荷兰的宗教分化与阶级隔离混为一谈),但她的评价与荷兰本国学者所作的描述相当吻合。[17]

近年来,亚历克斯·英克尔斯对荷兰的国民性格进行了评估(Inkeles,1997:371—375)。前文中已经提到,他对这一领域有着长期的关注。基于20世纪80年代初开展的定量社会调查,英克尔斯指出荷兰公众具有强烈的负担与不安感,并且认为自己受到了种种生活压力的限制。根据一项惊人的统计结果,20世纪80年代期间70%以上的荷兰公众称他们"待在家里也感到焦虑",这使得荷兰成为了当时最忧虑不安的一个欧盟国家。[18]较为乐观的一个数据则是(似乎与上述特点形成了矛盾),荷兰人的生活满意度在参加调查的欧洲国家中位列第二。

尽管这些关于国民性格的表述很可能引起争议,但我们仍需要解决一个问题:应怎样利用这些描述来揭示荷兰人理解生态信息与形成环境知识的方式。到了这一步,我们可以转而利用有关知识许诺和环境意识的社会调查数据,不过仍需谨记前文中提到的告诫。

知识许诺

在社会调查中我们很难利用直接的问题来衡量知识许诺,因为调查对象往往并不十分了解这个概念。最具可行性的方法是将这个概念拆分成符合问卷调查限制条件的几个部分。我们可以将知识许诺分解为三个组成部分:(1)对科学技术的益处的态度;(2)对人类未来发展前景的看法;(3)是否愿意听从科学专业人员的意见。这三个次级问题比较容易衡量,我们可以想见,受试者对每个问题所持的观点,取决于他们是倾向于理性—科学主义,还是精神—审美主义(参见表1)。[19]

表1 知识许诺的组成部分

知识观点	理性—科学主义	精神—审美主义
对科学技术的益处的态度	肯定	否定
对人类未来前景的看法	乐观	悲观
是否愿意听从科学专业人员的意见	愿意	不愿意

首先是关于科学技术的益处的问题。理性—科学主义对聪明才智赖以发端的科学技术持无可争议的肯定态度,认为它们是确保人类的状况不断得到改善的源泉。反之,精神—审美主义往往会以较为悲观的态度来看待科学技术,并且试图让人类经验重新具有神秘感。

其次是人类应如何限制自身期望的问题。理性—科学主义观点承认人类的发展可能会出现一些小的挫折,但人类的创造性能让我们克服所有困难。相比之下,精神—审美主义则认为人类现在已达到了自身的极限,我们应尊重发展的某些界限,以防人类因狂妄自大的倾向而陷入混乱。

最后,两种知识观点对科技知识的提供者持不同态度。理性—科学主义非常尊重科技工作者掌握的特殊专业知识,并且愿意毫无保留地听从这些专业人士的意见。相反,精神—审美主义则强调具体环境的重要性,认为应通过个人经验获取知识。专业人士提供的知识如果没有与特定的地理与时间条件联系在一起,精神—审美主义观点必然会对这种知识的有效性提出质疑。

在评价荷兰人对知识许诺的这三个组成部分的态度时,我们可以借助在欧盟国家定期开展的一种民意调查——"欧洲晴雨表",并将荷兰的调查结果与少数几个参与调查的邻国进行比较。[20]为了衡量公众对于科学技术的益处的态度,我们关注的是这样一个调查项目:科学技术是否能为子孙后代创造更多的机会。表2所示的调查结果表明,在我们抽取的几个国家中,荷兰人对科学技术的效用颇有信心。

表2 对科学技术益处的态度

由于科学与技术,我们的子孙后代将会拥有更多的机会

——持此看法的调查对象百分比

认为未来后代将拥有更多机会的调查对象百分比	法国	比利时	荷兰	德国	丹麦	英国
非常赞同	16.4	18.1	34.3	22.5	32.6	20.0
比较赞同	44.3	37.3	41.4	44.8	36.6	45.2
不置可否	21.6	26.9	13.5	24.2	12.4	14.8
比较反对	11.1	10.8	6.9	6.7	12.4	13.8
强烈反对	6.5	6.9	3.9	1.9	6.1	6.2

资料来源:"欧洲晴雨表"38.1(Eurobarometer 38.1 [Nov. 1992])。

知识许诺的第二个组成部分是公众对人类未来发展前景的看法。我们可以根据荷兰人对以下问题的态度来进行衡量：技术进步能在多大程度上调和生活日益富足与环境遭到破坏之间的矛盾。如表3所示，荷兰人（以及英国人）相对而言比较赞同技术进步能继续提高人类的消费水平。

表3 "增长极限"的存在

科技进步能提高消费水平，与此同时不致对环境造成污染
—— 持此看法的调查对象百分比

认为科技进步将提高消费水平的调查对象百分比	法国	比利时	荷兰	德国	丹麦	英国
非常赞同	7.6	10.2	10.4	4.9	10.2	5.6
比较赞同	27.6	21.7	31.1	24.4	24.2	36.1
不置可否	25.1	29.4	17.8	28.8	17.7	22.2
比较反对	24.8	23.5	21.5	23.5	22.0	25.2
强烈反对	14.9	15.2	19.2	18.4	25.9	10.9

资料来源："欧洲晴雨表"38.1（Eurobarometer 38.1 [Nov. 1992]）。

知识许诺的第三个组成部分——是否愿意听从科学专业人员的意见——可以这样来衡量：调查对象是否把科学家视为具有社会责任心的人。有趣的是，在我们抽样的所有国家中都广泛存在着对科学的畏惧情绪，但这种不安在荷兰表现得尤其明显（参见表4）。为了进一步研究这个现象，我们可以比较公众对科学家以及其他行业人士（法官、医生、律师、商人、记者、银行家、工程师、建筑师）的不同尊重程度。相对而言，荷兰人（以及德国人和丹麦人）对科学专业人员的尊重程度较低（参见表5）。

表 4 是否愿意听从科学专业人员的意见

科学研究人员由于专业知识而掌握的力量,有可能让他们危及社会
——持此看法的调查对象百分比

认为科学研究人员具有危险性的调查对象百分比	法国	比利时	荷兰	德国	丹麦	英国
非常赞同	27.9	24.1	32.5	32.3	31.5	19.9
比较赞同	36.5	31.2	37.2	39.8	35.3	42.3
不置可否	19.8	23.3	11.5	14.7	13.2	10.9
比较反对	10.6	12.3	11.3	11.2	12.6	17.1
强烈反对	5.2	9.1	7.5	2.1	7.4	9.7

资料来源:"欧洲晴雨表"38.1(Eurobarometer 38.1 [Nov. 1992])。

表 5 对科学专家的尊重程度

认为科学研究人员是各行业人士中最值得尊敬的
——持此看法的调查对象的百分比

认为科学研究人员最值得尊重(比较值得尊重)的调查对象百分比	法国	比利时	荷兰	德国	丹麦	英国
最值得尊重	36.4	24.0	15.1	21.4	19.5	12.8
比较值得尊重	31.8	27.3	22.6	19.0	14.6	31.5

资料来源:"欧洲晴雨表"38.1(Eurobarometer 38.1 [Nov. 1992])。

生态意识

当我们将注意力转向生态知识取向分类法的第二根轴线——生态意识——的时候,会发现近年来在几乎所有关于环境意识的调查中,荷兰都是位居前列的国家之一。根据世界价值观调查,荷兰公众对环境保护的支持率在国家排名中接近首位(仅次于瑞典和丹麦)(参见表 6)(Inglehart,1995)。其他调查也将荷兰归入对严格环境标准最为支持的国家的行列(例如

Mertig and Dunlap,1995)。根据这些调查,荷兰公众相对而言非常支持环境保护的目标,这一点是毫无疑问的。[21]

表6 环境保护的公众支持率
公众在环境保护指数测试中得分为"高"的百分比

国家	百分比(1)	国家	百分比(1)
丹麦	65	(联邦)德国	41
荷兰	64	比利时	33
英国	42	法国	30

资料来源:世界价值观调查,引自英格尔哈特(World Values Survey as cited in Inglehart [1995])。

探讨

现在,我们就可以在国民性格研究所提供的背景下诠释这些社会调查的结果了。就知识许诺方面而言,荷兰人比较相信科学技术能减少环境担忧,并在不危害生态完整性的前提下提高普遍的生活水平。另外,荷兰公众对科学的尊重在全世界居于前列,该国对科学知识体系的支持相对而言也没有受到持其他主张的权威的挑战(Cohen,1998)。有趣的是,所有调查都表明荷兰人对科学的确信并不是不加鉴别的;根据针对科学从业者引起的不安情绪的调查项目,荷兰公众认为理性专业知识具有局限性的反思,冲淡了他们对于科学知识的热衷程度。

可以说,当代荷兰的环境态度并非产生于最近才显现出来的价值观聚合。[22]恰恰相反,这种态度的根源是荷兰人长期以来注重秩序与整洁的文化习俗。荷兰人对卫生标准的要求一贯很高,再加上强烈的正义感,这些因素共同构成了荷兰独特的主流生态意识。[23]审慎的科学信念、注重整洁、道德观念强、容易焦虑不安的倾向——这些特点的综合意味着荷兰的环境知识取向与理性生态主义最为吻合。这种取向与生态现代化是非常一致的。

我们不能仅因为其他发达国家也处于和荷兰相似的发展阶段,就假定它们也拥有符合理性生态主义的环境知识取向。我们在前文中已经看到,荷兰独特的社会与自然物理特点,形成了该国公众理解生态信息时使用的特有过滤性思维机制。而在我们研究的其他国家之中,肯定会存在发挥作用的不同因素。例如,德国公众诠释环境信息的独特方式就源自一系列独特的历史影响,而且更取决于浪漫主义思想(Riordan,1997;Cohen,1999a)。虽然作出结论无疑还需要更为仔细的研究,但这些趋势很可能会使德国的环境知识取向偏向于回归田园主义。再以美国为例,美国具有强烈的科学世界观,生态意识则较弱(与北欧国家相比),这意味着该国的环境知识取向应大致与普罗米修斯主义一致(Dunlap and Mertig,1992)。当然,这种直观判断也需要更为细致的研究来证实。

结　论

普罗米修斯主义与回归田园主义构成了现代性的基础。公众对科学、技术以及持续进步的信心之中,常常夹杂着较为谨慎的思想传统的批判性审视。在整个20世纪中,不断有学者试图将这两种环境知识取向融合起来,我们只需略为浏览历史记录,就能发现这种融合趋势的许多例证。让我们简短回顾一下融合趋势的几位著名代表。20世纪初,"自然林业"坚持不懈的支持者卡尔·盖尔率先发起了实现上述目标的努力。盖尔认为,多样化的森林生长之所以有益,不仅是因为它最接近自然的原始状态,而且能够对多变的市场状况未雨绸缪(Radkau,1997)。差不多在同一时间,美国外交官、摄影爱好者乔治·珀金斯·马什指出通行的自然资源利用方式效率低下,并号召人们采用更为理性的资源利用方式。他认为对木材公司的经济特权不加控制是一种竭泽而渔的赢利模式,并希望用亨利·戴维·梭罗平和冲淡的生活态度来影响木材开采的做法。美国国家林务局的创始人吉福德·平肖,后来成为了在美国倡导这类观念的先行者(Lowenthal,1958)。平肖的改革热情在土地管理方面表现得最为突出,他所倡导的环境工具主义也扩展到了其他的政策领域,如水污染控制与公共健康。理性生态主义的新表达方式——生态现代化,是我们试图融合普罗米修斯主义与回归田园主义这两种相互冲突的倾向的又一次努力(亦可见 Dryzek,1997;Hajer,1996)。

作为一种环境政策计划,生态现代化取决于人们对科学技术的乐观态度、对人类聪明才智的信心,以及对专家评价的高度尊重。如果一个国家具备在诠释环境信息时优先考虑这些概念的环境知识取向,那么它实施与这种改革模式相符的行动的能力就比较强。我们需要再次指出,坚持理性生态主义这一条件本身并不足以作为生态现代化的基础,但如果辅之以适当的政治能力与经济能力,它就有可能促成必要的社会调整。

虽然一个国家独特的环境知识取向不易描述,很难用传统的研究手段来确定，但它在很大程度上取决于两个轴向范畴，即生态意识与知识许诺。正如荷兰的案例研究所示，我们能够确定有助于形成这两种倾向性特征的国民性格的组成部分。很长一段时间以来，评论者在描述荷兰人特征时使用的词汇始终是一致的，这使得我们有理由相信"荷兰性格"是真实存在的，而且它不受研究者个人喜好的支配。本文的目的并不是要证明全世界对荷兰人有着普遍适用的看法，而是为了提出一个并不宏大的主张：居住在原先被称为"荷兰联省共和国"的地区的人民，始终保持着某些相当独特的生活态度。另外，这种明显的精神特质让荷兰的公共事务具有了鲜明的特点，尤其是在关于科学、技术与环境的方面。随着国际上（至少是在最为发达的国家中）"生态—现代主义"发展的势头越来越猛，组成荷兰国民性格的各种品质（尤其是理性主义与中庸调和的品质）让该国更有可能成功制定基本符合生态现代化原则的未来发展途径。

那么，关于荷兰国民性格的上述认识，对确立生态现代化的相关研究议程又能起到怎样的帮助呢？我们需要注意一个很有启发性的问题：学者们在对环境能力进行研究时采取的往往都是狭窄的公共政策视角，而没有将其视为一个具有广泛社会科学含义的主题。虽然这一领域的某些学者在论证中采用了社会理论途径，但将生态现代化作为一种广义的现代化形式来研究的人还很少。正如马克斯·韦伯、卡尔·波拉尼和罗伯特·默顿提出的著名见解，现代化——无论是农业、科学、工业还是生态方面的现代化——都需要精神上的重大转变。这种认识显然进一步证实了国民性格在社会演变过程中的核心地位。以工业现代化为例，19世纪早期，人们开始以各种截然不同的方式看待世界。具体而言,人们越来越依赖时刻与守时原则,这两点是制造业不断扩大的必然要求。有些国家和地区的倾向有利于实现这些转变,因此它们在争相实现工业化的过程中就具有竞争性优势(Landes,1993)。如果现在发达国家确实在进行符合生态原则的现代化,那么这个过程与过去的时间阶段有哪些相似的特点、这些特点是如何再现的(Jamison and Baark,1999),这些方面的相关分析将很有用处。为了实现这些目标,我们可以将生态现代化研究与社会科学中更广泛的主题联系在一起。

最后,我们可以思考一下本文的探讨对于生态现代化理论的现实意义。近年来,人们往往会区分"弱势"与"强势"的生态现代化(Dryzek,1997;亦可见 Harvey,1996:377-383)。弱势生态现代化主要基于重新设计制造体系以限制工业活动的负面影响,我们可以看到有些国家已经在这方面取得了重大进展(Simonis,1994;Moomaw and Tullis,1994;Cohen,1999b)。但是,强势的生态现代化却意味着更严肃的计划,这种计划将超越工业生态主义者较为世俗的调整形式。强势的生态现代化,需要具有反思性的社会学习过程。这个学习过程承认诠释世界的科学方式的固有价值,但与此同时它对深奥难解的专业知识的优点也保持着批判的怀疑态度。后一种生态现代化试图将各种知识综合在一起,并为公众参与创造更多的机会(Funtowicz and Ravetz,1992;亦可见 Christoff,1996;Hajer,1995)。我们在看待强势生态现代化时,最好将其视为一种新兴的社会与体制重构进程,而不是实行预想中的调整方案的过程。突出国民性格中与环境有关的方面的研究,对于评价与比较不同国家开展强势生态现代化的能力最有帮助。

注　释

1. 事实上,对环境的科学认识(尤其是就"自然"的意义而言)自 18 世纪以来就逐渐变得普遍起来。本文目前的讨论仅限于环境政策制定的领域,而不是西方世界观这一远为广泛的背景。
2. 虽然研究者们已逐渐将生态现代化理论应用到处于不同社会经济发展阶段的各个国家中,生态现代化理论最初提出时的适用范围却仅限于最为发达的国家。本文采取了这种狭义的理论范畴,并且主张生态现代化作为一种针对高级现代性的规范性看法,应该仅运用于世界上最发达的国家。生态现代化的这种定义方式,并不意味着该理论的某些重要组成部分(例如生态税、环境会计等)也与发展中国家无关。本文认为,当生态现代化作为工业社会大规模转变的一种政策规划的时候,它只适用于发达国家。关于重点探讨生态现代化理论在发展中国家中应用情况的研究,可见索南菲尔德(Sonnenfeld,本书)、弗里金斯、冯瑞芳和莫尔(Frijns, Phung, and Mol,本书)的著作。
3. 关于探讨社会与文化背景在追求可持续发展中的重要性的研究,可见伯吉斯、哈里森和菲柳斯(Burgess, Harrison and Filius,1998)的著作。贾米森、艾尔曼、莱瑟(Jamision, Eyerman, Cramer and Laessøe,1990)探讨了环境知识(或认知习惯)对于实现社会动员目的的作用。
4. 有些人类学者对"环境知识"与"生态知识"作了区分。他们用前者来指传统环境知识的认识论框架,用后者来表示现代西方国家的环境表述形式。就本文目的而言,这种区分并没有那么显著。
5. 《韦式第三版新国际英语词典》将"numinous"一词定义为"神圣的;神奇的;神的;令人肃然起敬的;精神的;神秘的;难以理解的"。这个词源于Numen(元神),万灵主义者认为自然界的所有物体或现象中都有元神存在。
6. 近年来,环境保护主义这一社会运动形式经历了专业化的进程。大部分大型环境保护主义组织在批评工业社会时已从人文主义角度转向了更倾向科学、法律与经济的角度。在美国,美国自然资源保护委员会和美国环保协会等组织就是这种转变的典型代表。本文的一位评阅人曾提醒我注意这一转变,在此谨表谢忱。

7. 值得注意的是,马丁·刘易斯(Lewis,1992)曾用"普罗米修斯主义"与"回归田园主义"这两个词来区分美国环境思想的不同分支,不过他赋予这两个术语的具体定义与本文有所不同。

8. 肯普顿、博斯特和哈特利(Kempton, Boster and Hartley,1995)曾指出,即便是在美国这样存在诸多差异的大国之中,环境思想也表现出了相对较高的一致性。

9. 哈里森和伯吉斯(Harrison and Burgess,1994)的分析就适用于这种情况。亦可见萨格夫(Sagoff,1988),他指出人们看待环境的观点取决于身份——是作为消费者,还是作为政治行动者。

10. 尽管如此,有几位社会科学家开始关注这样的一个问题:结构式调查并不适于衡量公众对科学与环境的倾向。哈里森、伯吉斯和菲柳斯认为(Harrison, Burgess and Filius,1996:220),利用深度研讨小组、人种志研究等更注重背景的方法,可以对人们借以辩护环境实践的论点进行研究,这种研究也可以再现日常生活中的社会背景。亦可见欧文(Irwin,1995)、韦恩(Wynne,1995)以及库奇、克罗尔-史密斯和金德勒的著述(Couch, Kroll-Smith and Kindler,2000)。

11. 虽然我们不能在此进行详细的探讨,但还是应该指出,近年来有几个人文学科(尤其是科学哲学与文学批评)开始就环境知识的形成提出了重要的见解。

12. 近年来,荷兰的生态现代化引起了环境政策研究者的广泛关注。该国于1989年提出的颇具抱负的国家环境政策规划率先引起了各国学者的兴趣。初步分析表明,荷兰确实具有某些独特的体制性特点。然而在近期,与荷兰生态现代化经验有关的研究所得出的结论却不太明确。许多人认为荷兰实行的环境策略非常独特,而荷兰本国的研究者(Hajer,1995;Liefferink,1997)却在为这种看法泼冷水。

13. 在荷兰,广义上的浪漫主义运动并不太著名,除了诗人威廉·比尔代(Willem Bilderdijk)之外也没有产生什么享誉欧洲的人物。这方面的进一步研究可见鲁佩克的著述(Rupke,1988)。

14. 巴尔特·范赫里韦岑(van Heerikhuizen,1982)指出,德国纳粹主义的威胁(以及第二次世界大战期间德国对荷兰的最终占领)激发了当时荷兰学者对国民性格问题的兴趣。他认为在这样的时期,学者们有必要阐明建立鲜明的集体性身份认同的逻辑依据。本文接下来的大部分探讨都以范赫里韦岑的研究为基础。

15. 荷兰语中的"bedaard"一词常被用来描述典型的荷兰性格。1871年，历史学家罗伯特·弗勒因在著作中指出，这个词"在任何其他语言中都找不出能完全表达其意义的真正的对应词。它的意义往往会融入其他表述之中：思考谨慎、行动迟缓、顺不骄、逆不馁、面对困难时坚忍不拔、遭遇不幸时冷静镇定、享受快乐时不得意忘形。"见范赫里韦岑（van Heerikhuizen,1982:105）。

16. 值得注意的是，荷兰语中"schoon"一词兼有"干净"与"美丽"之义。这种语义关联表明，荷兰的当代生态意识也许有词源学上的基础。参见范赫里韦岑（van Heerikhuizen,1982:108）。

17. 根据欣克尔（Ginkel,1992:60）的观点，本尼迪克特所使用的资料来源与同时代的荷兰学者并不一致，而且她似乎没有直接阅读过斯泰因梅茨、克鲁伊特、赫伊津哈等荷兰学者的著作。

18. 这些资料取自1981年开展的调查，这意味着荷兰调查对象表现出的焦虑感主要与当时席卷全国的经济萧条所引起的经济顾虑有关，而不是环境忧虑引发的不安。参见英克尔斯著作中的表11.4（Inkeles,1997:374）。

19. 我们可以把知识许诺分解为许多组成部分，而不仅仅是这三项特征。之所以选择这三项，是由可获取的统计资料决定的。虽然这种分解方法有"便宜行事"之嫌，但上述三个方面应该能概括环境知识的基本特点。

20. 1992年11月"欧洲晴雨表"的这项调查涉及十几个国家中年龄在15岁以上的将近13000名调查对象。

21. 值得注意的是，与上述其他调查相比，Dunlap, Gallup and Gallup（1993）调查中荷兰环境意识的强度明显较弱，但出现这种差异的原因尚不明确。

22. 这是罗纳德·英格尔哈特（Inglehart,1990）的基本观点。他认为荷兰等发达国家经历了"后物质主义"的价值观转变，这是二战后的繁荣时期造成的后果。

23. 亨克·特·费尔德（Velde,1996）指出，在丧失世界强国的政治地位之后，荷兰人在道德抱负中找到了自己存在的价值。

参考文献

Aarts, Wilma, Goudsblom, Johan, Schmidt, Kees and Fred Spier (1995), *Toward a Morality of Moderation: Report for the Dutch National Research Programme on Global Air Pollution and Climate Change*, Amsterdam: Amsterdam School for Social Science Research.

Agrawal, Arun (1995), 'Dismantling the Divide Between Indigenous and Scientific Knowledge', *Development and Change*, Vol. 26, No. 3, pp. 413-439.

Almond, Gabriel A. and Stanley Verba (1963), *The Civil Culture: Political Attitudes and Democracy in Five Nations*, Princeton, NJ: Princeton University Press.

Ayres, Robert and Leslie Ayres (1996), *Industrial Ecology: Towards Closing the Materials Cycle*, Cheltenham: Edward Elgar.

Banfield, Edward (1958), *The Moral Basis of a Backward Society*, Glencoe, IL: Free Press.

Bauer, Martin, Durant, John and Geoffrey Evans (1994), 'European Public Perceptions of Science', *International Journal of Public Opinion Research*, Vol. 6, No. 2, pp. 163-186.

Beck, Ulrich (1992), *Risk Society: Toward a New Modernity*, London: Sage.

Bennett, Graham (1991), 'The History of the Dutch National Environmental Policy Plan', *Environment*, Vol. 33, No. 7, pp. 6-9, 31-33.

Bressers, Hans Th. A. and Loret A. Plettenburg (1997), 'The Netherlands', in Martin Jänicke and Helmut Weidner (eds.), *National Environmental Policies: A Comparative Study of Capacity-Building*, Berlin: Springer, pp. 109-131.

Burgess, Jacquelin, Harrison, Carolyn M. and Petra Filius (1996), 'Rationalizing Environmental Responsibilities: A Comparison of Lay Publics in the UK and the Netherlands', *Global Environmental Change*,

Vol. 6, No. 1, pp. 215-234.
Carley, Michael and Ian Christie (1992), *Managing Sustainable Development*, London: Earthscan.
Christoff, Peter (1996), 'Ecological Modernisation, Ecological Modernities', *Environmental Politics*, Vol. 5, No. 3, pp. 476-500.
Cohen, Maurie J. (1999), 'Science and Society in Historical Perspective: Implications for Social Theories of Risk', *Environmental Values*, Vol. 8, in press.
Cohen, Maurie J. (2000), 'Sustainable Development and Ecological Modernisation: National Capacity for Rigorous Environmental Reform', in Denis Requier-Desjardins, Clive Spash and Jan Van der Straaten (eds.), *Social Dimensions of Environmental Decision Processes*, Dordrecht: Kluwer.
Cohen, Maurie J. (1998), 'Science and the Environment: Assessing Cultural Capacity for Ecological Modernization', *Public Understanding of Science*, Vol. 7, No. 2, pp. 149-167.
Cohen, Maurie J. (1997), 'Risk Society and Ecological Modernisation: Alternative Visions for Post-Industrial Nations', *Futures*, Vol. 29, No. 2, pp. 105-119.
Couch, Stephen R., Kroll-Smith, Steven and Jeffrey Kindler (2000), 'Discovering and Inventing Extreme Environments: Sociological Knowledge and Publics at Risk', in Maurie J. Cohen (ed.), *Risk in Modern Age: Social Theory, Science, and Environmental Decision-Making*, Basingstoke: Macmillan, pp. 173-195.
Dryzek, John S. (1997), *The Politics of the Earth: Environmental Discourses*, Oxford: Oxford University Press.
Dunlap, Riley and Angela Mertig (eds.) (1992), *American Environmentalism: The U.S. Environmental Movement, 1970-1990*, Philadelphia, PA: Taylor & Francis.
Dunlap, Riley E., Gallup, George H. Jr. and Alec M. Gallup (1993), *Health of the Planet*, Princeton, NJ: Gallup International Institute.
Eden, Sally (1998), 'Environmental Issues: Knowledge, Uncertainty,

and the Environment', *Progress in Human Geography*, Vol. 22, No. 3, pp. 425-432.

Fukuyama, Francis (1995), *Trust: The Social Virtues and the Creation of Prosperity*, New York: Free Press.

Funtowicz, Silvio O. and Jerome R. Ravetz (1992), 'Three Types of Risk Assessment and the Emergence of Post-Normal Science', in Sheldon Krimsky and Dominic Golding (eds.), *Social Theories of Risk*, Westport, CT: Praeger, pp. 251-273.

Giddens, Anthony (1998), *The Third Way*, Cambridge: Polity Press.

Ginkel, Rob van (1992), 'Typically Dutch: Ruth Benedict on the National Character of Netherlanders', *Netherlands Journal of Social Sciences*, Vol. 28, No. 1, pp. 50-71.

Hajer, Maarten. A. (1995), *The Politics of Environmental Discourse: Ecological Modernisation and the Policy Process*, Oxford: Clarendon Press.

Hajer, Maarten. A. (1996), 'Ecological Modernisation as Cultural Politics', in Scott Lash, Bronislaw Szerszynski and Brian Wynne (eds.), *Risk, Environment, and Modernity: Towards a New Ecology*, London: Sage, pp. 246-260.

Harrison, Carolyn M. and Jacquelin Burgess (1994), 'Social Constructions of Nature: A Case Study of Conflicts Over the Development of Rainham Marshes', *Transactions of the Institute of British Geographers*, Vol. 19, No. 3, pp. 291-310.

Harrison, Carolyn M., Jacquelin Burgess and Petra Filius (1998), 'Environmental Communication and the Cultural Politics of Environmental Citizenship', *Environment and Planning*, A, Vol. 39, No. 8, pp. 1445-1460.

Harvey, David (1996), *Justice, Nature, and the Geography of Difference*, Oxford: Blackwell.

Hoffman, Louise E. (1992), 'American Psychologists and Wartime Research on Germany, 1941-1945', *American Psychologist*, Vol. 47, No. 2, pp. 264-273.

House, John S. (1981), 'Social Structure and Personality', in Morris Rosenberg and Ralph H. Turner (eds.), *Social Psychology: Sociological Perspectives*, New York: Basic Books, pp. 525-561.

Huber, Toni and Poul Pedersen (1997), 'Meteorological Knowledge and Environmental Ideas in Traditional and Modern Societies: The Case of Tibet', *Journal of the Royal Anthropological Institute*, Vol. 3, No. 3, pp. 577-598.

Huntington, Samuel P. (1996), *The Clash of Civilizations and the Making of a New World Order*, New York: Simon & Schuster.

Inglehart, Ronald (1990), *Culture Shift in Advanced Industrial Society*, Princeton, NJ: Princeton University Press.

Inglehart, Ronald (1995), 'Public Support for Environmental Protection: Objective Problems and Subjective Values in 43 Societies', *PS: Political Science and Politics*, Vol. 28, No. 1, pp. 57-72.

Inkeles, Alex (1997), *National Character: A Psychological Perspective*, New Brunswick, NJ: Transaction Books.

Irwin, Alan (1995), *Citizen Science: A Study of People, Expertise, and Sustainable Development*, London: Routledge.

Irwin, Alan and Brian Wynne (eds.) (1996), *Misunderstanding Science? The Public Reconstruction of Science and Technology*, Cambridge: Cambridge University Press.

Jamison, Andrew and Erik Baark (1999), 'National Shades of Green: Comparing the Swedish and Danish Styles of Ecological Modernisation', *Environmental Values*.

Jamison, Andrew, Eyerman, Ron, Crammer, Jacqueline and Jeppe Laessøe (1990), *The Making of the New Environmental Consciousness: A Comparative Study of the Environmental Movements in Sweden, Denmark, and the Netherlands*, Edinburgh: Edinburgh University Press.

Jänicke, Martin (1985), *Preventive Environmental Policy as Ecological Modernization and Structural Policy*, Berlin: Berlin Science Center.

Jänicke, Martin and Helmut Weidner (eds.) (1997), *National Environmental Policies: A Comparative Study of Capacity-Building*, Berlin: Springer.

Kempton, Willett, Boster, James S. and Jennifer A. Hartley (1995), *Environmental Values in American Culture*, Cambridge, MA: MIT Press.

Landes, David (1993), *The Unbound Prometheus: Technological Change and Industrial Development in Western Europe from 1750 to the Present*, Cambridge: Cambridge University Press.

Leopold, Aldo (1977 [1949]), *A Sand County Almanac*, Oxford: Oxford University Press.

Lewis, Martin W. (1992), *Green Delusions: An Environmentalist Critique of Radical Environmentalism*, Durham, NC: Duke University Press.

Liefferink, Duncan (1997), 'The Netherlands: A Net Exporter of Environmental Policy Concepts', in Mikael Skou Andersen and Duncan Liefferink (eds.), *European Environmental Policy: The Pioneers*, Manchester: Manchester University Press, pp. 210-250.

Lipset, Seymour M. (1996), *American Exceptionalism: A Double-Edged Sword*, New York: W. W. Norton.

Lowenthal, David (1958), *George Perkins Marsh: Versatile Vermonter*, New York: Columbia University Press.

Mertig, Angela G. and Riley E. Dunlap (1995), 'Public Approval of Environmental Protection and Other New Social Movement Goals in Western Europe and the United States', *International Journal of Public Opinion Research*, Vol. 7, No. 2, pp. 145-156.

Mol, Arthur P. J. (1995), *The Refinement of Production: Ecological Modernisation Theory and the Chemical Industry*, The Hague: CIP Data Koninklijke Bibliotheek.

Moomaw, William and Mark Tillis (1994), 'Charting Development Paths: A Multicountry Comparison of Carbon Dioxide Emissions', in Robert Socolow et al., *Industrial Ecology and Global Change*, Cambridge: Cambridge University Press, pp. 157-172.

Murdoch, Jonathan and Judy Clark (1994), 'Sustainable Knowledge', *Geoforum*, Vol. 25, No. 2, pp. 115-132.

Organisation for Economic Cooperation and Development (1995),

Environmental Performance Review: The Netherlands, Paris: OECD.

Pells, Richard H. (1997), *Not Like Us: How Europeans Have Loved, Hated, and Transformed American Culture Since World War II*, New York: Basic Books.

Putnam, Robert (1993), *Making Democracy Work: Civic Traditions in Modern Italy*, Princeton NJ: Princeton University Press.

Radkau, Joachim (1997), 'The Wordy Worship of Nature and the Tacit Feeling for Nature in the History of German Forestry', in Mikuláš Teich, Roy Porter, and Bo Gustafsson (eds.), *Nature and Society in Historical Context*, Cambridge: Cambridge University Press, pp. 228-239.

Renn, Ortwin, Jaeger, Carlos and Rosa, Eugene A., and Thomas Webler (1999), 'The Rational Action Paradigm in Risk Theories: Analysis and Critique', in Maurie J. Cohen (ed.), *Risk in the Modern Age: Social Theory, Science, and Environmental Decision-Making*, Basingstoke: Macmillan, pp. 35-61.

Riordan, Colin (1997), *Green Thought in German Culture: Historical and Contemporary Perspectives*, Cardiff: University of Wales Press.

Rupke, Nicholas A. (1988), 'Romanticism in the Netherlands', in Roy Porter and Milulàš Teich (eds.), *Romanticism in National Context*, Cambridge: Cambridge University Press, pp. 191-216.

Sagoff, Mark (1988), *The Economy of the Earth*, Cambridge: Cambridge University Press.

Schama, Simon (1987), *The Embarrassment of Riches: An Interpretation of Dutch Culture in the Golden Age*, London: Collins.

Schmidheiny, Stephen (1992), *Changing Course: A Global Business Perspective on Development and the Environment*, Cambridge, MA: MIT Press.

Schooler, Carmi (1996), 'Cultural and Social-Structural Explanation of Cross-National Psychological Differences', *Annual Review of Sociology*, Vol. 22, pp. 323-349.

Simon, Julian L. (1986), *The Ultimate Resource 2*, Princeton, NJ:

Princeton University Press.

Simonis, Udo E. (1994), 'Industrial Restructuring in Industrial Countries', in Robert U. Ayers and Udo E. Simonis (eds.), *Industrial Metabolism: Restructuring for Sustainable Development*, New York: United Nations University Press, pp. 31-54.

Simonis, Udo E. (1988), *Beyond Growth: Elements of Sustainable Development*, Berlin: Edition Sigma.

Snow, C. P. (1993 [1959]), *The Two Cultures*, Cambridge: Cambridge University Press.

Spaargaren, Gert. (1997), *The Ecological Modernisation of Production and Consumption*, Wageningen: Wageningen Agricultural University.

Te Velde, Henk (1996), 'The Debate on Dutch National Identity', *Dutch Crossing*, Vol. 20, No. 2, pp. 87-100.

van Heerikhuizen, Bart (1982), 'What is Typically Dutch? Sociologists in the 1930s and 1940s on the Dutch National Character', *Netherlands Journal of Sociology*, Vol. 18, No. 2, pp. 103-125.

Weale, Albert (1992), *The New Politics of Pollution*, Manchester: Manchester University Press.

Weber, Max (1946), 'Science as a Vocation', in H. H. Gerth and C. Wright Mills (eds.), *From Max Weber: Essays in Sociology*, Oxford: Oxford University Press, pp. 129-156.

Wildavsy, Aaron (1995), *But Is It True? A Citizen's Guide to Environmental Health and Safety Issues*, Cambridge, MA: Harvard University Press.

Wynne, Brian (1995), 'Public Understanding of Science', in Sheila Jasanoff, Gerald E. Markle, James C. Petersen and Trevor Pinch (eds.), *Handbook of Science and Technology Studies*, London: Sage, pp. 361-388.

Wynne, Brian (1996), 'May the Sheep Graze Safely: A Reflexive View of the Expert-Lay Knowledge Divide', in Scott Lash, Bronislaw Szerszynski, and Brian Wynne (eds.), *Risk, Environment, and Modernity: Towards a New Ecology*, London: Sage.

世界各地的案例研究

发达工业国家

检验生态现代化论题——城市再循环的理想预期与实际表现

戴维·N.佩洛,艾伦·施耐伯格,亚当·S.温伯格

一、引言:检验生态现代化论题

在本文中我们质疑了生态现代化理论的一个核心假设——生产过程的设计、实施和评估除了要以经济效益标准为基础之外,也越来越取决于生态标准(Mol,1995;Spaargaren,1997;Spaargaren and Mol,1992)。生态现代化理论提出之后很快得到了大批欧洲环境社会学家的支持(Mol,1995,1996;Spaargaren,1997;Spaargaren and Mol,1992),在美国的支持者也不断增多(Cohen,1998;Sonnenfeld,本书)。[1]

生态现代化理论的支持者对环境社会科学的其他流派持批评态度,因为这些流派关注的仅仅是生产的资本主义特性,从而忽略了生产中更为稳固的、受生态因素驱动的工业特点。相比

本文的基础是一篇会议论文,最初是为美国社会学协会1998年8月旧金山年会上的圆桌会议准备的。我们非常感谢两位匿名评阅人对文章提出的意见。在本文的写作过程中,阿瑟·莫尔和戴维·索南菲尔德的聪明才智给了我们很大帮助,我们谨向他们致以诚挚的谢意;文中如有任何舛误,都是本文作者的责任。

之下,生态现代化支持者提出论点的基础却是中级体制分析。这种分析方法对生态因素在企业决策过程中成为独立领域的程度作了估计。莫尔等学者认为企业的决策过程中存在三个领域,每个领域实际上都是一种类似社会系统的网络结构,而这类社会系统中的"行动者进行着或多或少具有持久而体制化特征的互动"(Mol,1995:36)。这三个领域是:

(1) 政策网络,从政治—行政角度关注产业与政府之间的关系;

(2) 经济网络,通过工业领域内部及周边经济能动者的经济规则与资源,关注经济互动;

(3) 社会网络,关注经济部门与公民社会组织之间的关系。

生态现代化论者试图证明,每个网络内部都存在着由环境因素引起的重大体制转变(Mol,1995)。

生态现代化论者认为,工业社会时期是一个始于20世纪80年代初的新时期(Spaargaren,1997)。和此前的其他时期一样,在工业社会时期表现突出的也是新技术、创新的提倡者以及有远见的金融家,这些因素共同带来了"新一轮的工业革新浪潮"(Spaargaren,1997:17)。这个被人们称为"重建"的时代的另一个特征,则是出现了独立于上述三个领域的生态领域。阿瑟·P.J.莫尔对这个特征的描述可能是最为简练的:

> 生态现代化理论关注的问题,是生态现代化视角或领域相对于现代社会的三个基本分析视角或领域(政治、经济与社会意识形态[或社会]领域)而言变得越来越独立、"解放"或有权力的过程。(Mol,1995:64)

假设以上描述是正确的,我们就可以说环境因素已经从另外三个领域中解放出来,并开始构筑其自身的领域——也就是生态现代化。生态现代化既是一种工业变化的理论,也是一种"规范性理论"或"政治计划"(Mol,1995;Spaargaren and Mol,1992)。作为一种工业变化理论,生态现代化认为我们已进入一个新的工业革命时期,其特征为按照生态原则对基本的生产过程进行彻底的结构调整(同上)。作为一种政治计划,生态现代化主张通过"协调生态与经济"(Simonis,1989)以及"超工业化"而非去工业化(Spaargaren and Mol,1992)的途径来解决环境问题。

在本文的研究中,我们以美国消费后废弃物再循环的情况为例,对上述理论与政治假设(theoretical-political)提出了质疑。再循环是一个很有意思的例子,因为人们往往将其视为生态现代化的理想范例。把消费后废弃物重新制造成新的产品,这应该表明废弃物处理公司转而采取了符合生态原则的可持续废弃物处理方式。我们认为,20世纪60年代再循环在美国出现时,实际上是一种具有很强生态基础的社会运动。但我们在探究这种运动的目标时却发现,它们被迅速转变成了具有微薄市场利益的工业实践。与生态现代化的理论设想不同,再循环起初是一种技术水平较低的工业实践,其生态领域是解放出来的。但是,随着各种新技术将公司和金融家带入市场,生态领域又重新被经济领域所占领,并被纳入经济领域之中。根据从案例研究中得出的结论,我们对生态现代化提出了三点批评:

第一,并没有充分的证据表明,决策过程中的环境标准已经从经济标准中解放出来。事实上,再循环至少在两个方面表现出了资本主义生产的强烈特征：

（1）市场标准有能力左右大局，即便是在公众强烈支持生态保护的情况下；

（2）即便存在市场机会，生态利益也无法渗透到组织逻辑之中。

第二，再循环的现代化似乎只能取得极为有限的生态收益。用再生材料代替自然原材料，可以减少自然资源的使用。但是，这种收益却损害了其他更具生态效益的废弃物处理方式。再循环往往会使废弃物再利用计划失去市场。[2] 我们把这种现象称为"以损害质量后果为代价的数量收益"。[3] 另外，这种形式的"现代化"会使工人更易接触到环境危险。对可再生废弃物进行分类的工人，不得不在越来越不安全的条件下开展工作。因此，再循环在减少自然资源使用的同时，也增加了工人面临的环境危险。

第三，生态现代化关注的只是狭义的生态问题，却忽略了社会进程中其他同等重要的因素，例如对社会公平的关注。我们认为，任何以解释社会进程为目标的社会理论，都必须将社会公平与政治—经济权利的问题纳入其考虑范畴。以前有学者曾对生态现代化提出批评，认为它没有对发展中世界的公平问题给予足够的关注。我们则认为，生态现代化理论也有可能忽视发达世界中的社会公平问题。这一点对我们的案例研究特别重要，因为再循环生产的过程往往会对社会公平问题产生负面的影响。

在以下的各节中，我们将探讨再循环作为一种生态现代化样式的可能性。我们将首先回顾近年来再循环产业走向现代化的历史。接下来我们对芝加哥市的再循环进行了深入分析,以确定现代化创造出了哪些社会进程。虽然基于案例的研究总是容易遭到"不具普遍意义"的批评(Ragin,1987),我们利用这一案例主要是为了将生态现代化理论的一个核心主张置于具体范围之中,并对其提出质疑。之所以选择正在走向现代化的芝加哥市再循环产业,是因为它代表了逐渐为大城市普遍采用的同类计划。芝加哥市的案例是大规模研究中的一部分内容(Schnaiberg, Weinberg and Pellow, 1998; Weinberg, Schnaiberg and Pellow,1998),我们在此项研究中系统地分析了美国新兴的各种再循环计划。归根结底,芝加哥案例在更大范围内是否具有普遍意义的问题,将留待读者和未来的实证研究决定。我们将在本文的结论部分重新探讨这个问题。

二、美国的生态现代化——再循环

走向现代化的再循环产业

再循环在美国有很长的历史。这种活动一直可以上溯到19世纪,当时来到美国的移民会把破布等废弃物品收集起来加以修补,再转售给买不起新产品的低收入家庭(Melosi,1981)。美国现代的再循环最早是在20世纪60年代末出现的。最初的再循环计划源自当时正处于活跃状态的各种社会运动。小型的社会运动团体设立起了回收中心,流浪汉、移民和低收入家庭可以到回收中心的垃圾桶中拣拾物品,这种活动往往被称为"垃圾搜寻"。人们把拣拾来的物品送到再循环中心,以换取"回收"

费。然后社会运动团体再把回收来的材料转售给当地的废金属经销商等小型再加工公司。在当时就业机会极为有限的情况下,以社区为基础的回收中心为社会边缘人口提供了勉强维持生计的可能性。

20世纪80年代末,现代的再循环颇具声势地登上了美国城市的政策议程。它是在多种因素的共同作用下兴起的。再循环兴起的时间,恰恰是废弃物处理公司需要与生态组织、当地社群与国家协商解决争执的时刻(Schnaiberg,1997;Weinberg, Schnaiberg and Pellow,1998)。20世纪80年代初的大气候对废弃物处理公司而言似乎是有利的。以压倒性优势当选的里根政府持明确的反环境、亲商业倾向。新政府公然轻视环境机构,默许违犯现有环境法律的行为,并通过施加压力的方式来破坏或阻挠新立法(Landy et al.,1990;Szasz,1994)。废弃物处理公司越来越依赖各种形式的"卫生填埋"。这些公司还经营着地方或地区级的有毒废弃物处理场,通过焚烧与(或)"安全"填埋的方法处理有毒废弃物(Portnoy,1991)。到20世纪80年代中期,对废弃物公司有利的政治气候减弱了。全国性的民意测验表明,公众非常担忧污染和健康问题。接连发生的技术灾难(包括美国三哩岛核反应堆与乌克兰切尔诺贝利反应堆的熔毁事故),更加强化了公众的这种担忧(Kitschelt,1986)。

环境团体利用这种担忧把支持者动员了起来。到20世纪80年代中期,申办新的填埋场所已经越来越困难(Portnoy, 1991)。但是,环境团体与环境担忧的支持者也意识到了有毒化学物品的问题,并对其表示关注。在这个时期,一些备受宣传的事件凸显了美国国内以及世界各地有毒废弃物污染带来的危险。这些事件包括纽约拉夫运河与密苏里州时代海滩镇的环境危机。国际社会的民众则了解到了切尔诺贝利核电站的放射性废弃物扩散问题，以及发生在印度博帕尔的美国联合碳化物公司毒气泄漏灾难。同一时期还有许多影响范围较小的局部事件（Brown and Mikkelsen, 1997［1990］），往往是在实施1976年颁布的《资源保护与回收法》的过程中被发现的。这种情况更加剧了人们的担忧，使得他们对建在自家附近的废弃物处理设施一概加以抵制。

由于人们开始关注废弃物处理设施，美国几乎无法选址新建废弃物填埋场或焚烧场（Szasz, 1994）。20世纪80年代期间，反对有毒物质的人士与环境运动成功阻止了美国境内数百座填埋场的选址建设，许多评论家因此宣布美国出现了"填埋危机"。虽然大部分媒体称引发这场危机的原因是缺乏填埋空间，但实际上危机的根源却在于郊区与城市的垃圾倾倒场遭到了越来越多的政治抵制。

相反，将工业国家的多种废弃物运到欠发达国家的跨国转运却"一切照常"。在美国国内也出现了危险废弃物重新分布的现象：从较为富裕的北方城市转移到不太富裕的印第安人保护区，或是乡村地区和南方地区（Moyers, 1992）。在各大都市中，危险废弃物的处理场所越来越向贫困区与少数族裔的居住区集中；这种现象引起了关于废弃物处理过程中的环境不公平现象的新的社会与政治关注（Portnoy, 1991）。环境不公平的主张又造成了一重障碍，使得废弃物公司更难选址新建填埋场，或是扩大现有填埋场的规模以处理城市废弃物与工业废弃物。

臭名昭著的"莫泊4000"号驳船及其"垃圾驳船"之旅，进一步加剧了上述争论。1987年,满载城市废弃物的"莫泊4000"号驳船从纽约市起航,沿美国东海岸向南航行。这艘船一路驶往巴哈马、伯利兹和墨西哥,每到一处都被拒绝进港。经过6000英里的航程,这艘驳船又返回了所载废弃物的发源地——纽约港,最终只能连船和废弃物一起被埋在长岛。

这次"填埋危机"使城市地区出现了一批新的盟友。国家需要想方设法缓解选址新建填埋场所的压力。公司必须应对消费者对废弃物处理的态度转变。环境团体则急于把新掀起的公众激情转化为积极主动的环境实践。再循环成为了一个能满足所有人要求的解决方案。再循环所带来的最重要的前景是新的"城市炼金术"。私营公司可以接受垃圾,并将其转变为资源。城市不需要再为把废弃物送进填埋场所而付钱,反而可以通过把垃圾卖给废弃物处理公司来赚钱;废弃物处理公司可以把材料转售给其他再制造工厂,而后者又可以制造出新的产品。

在这个过程中,废弃物处理公司可以让城市节省金钱,并为其创造就业机会。这些公司还可以保护自然资源。由于自然原材料将被再生材料所取代,人们对生态的损害就会最大幅度地减少。由于被埋入填埋场所的废弃物减少了,生态额外承受的负担也会随之减少。美国各地的城市与工业合作,共同制订了再循环计划。到这个时候,政治舞台实际上已逐渐离开了原先存在的环境团体。再循环能满足各种各样的政治需求,因此不同组织的行动者也对它作出了不同的定义。环境运动提出了新的准则:"减量、再利用、再循环"。各商业部门强调的往往只是三者之中的最后一个准则,原因很明显:关注消费者和他们产生的废弃物可以实现两个目标:

(1) 工业废弃物在未来将得到更多的填埋空间，而不是与其他所有普通的城市废弃物分享这种空间；

(2) 人们的注意力从生产者转向了消费者，并促使后者通过再循环自己的废弃物而变得更"环保"。这种转变让工业省去了一大笔原本必须用于资本、新技术、劳动与许可证方面的沉没成本。

这样一来，许多以社区为基础的环境组织就被排除在了关于再循环活动的谈判之外。虽然这些团体提出了再循环的概念，但再循环计划的实际细节往往都是由当地市政部门与工业代表(尤其是大型废弃物处理公司的代表)经过私下磋商制订出来的。废弃物处理公司与当地政府联合制订了大规模的城市"路边计划"。居民可以把废弃物放在路边，会有专人把它们收集起来送往材料回收工厂(Materials Recovery Facilities [MRF])。在这些工厂中，另一批工人会把各种废弃物分类打包，准备转售给利用可再生材料进行生产的公司。

这一计划的具体操作细节因城市而异，尤其是在材料回收工厂的所有者(城市或废弃物处理公司)与废弃物的收集者(市政工人，或与城市签订合同的废弃物公司)方面。不过，不同城市之间仍有一些非常相似的因素：

(1) 在以社会运动为基础的社区回收中心看来，这种现代化的再循环工业在政治和经济意义上都较为困难；

(2) 这些计划的指导原则是一系列剔除了环境与公平考虑的狭隘经济目标。环境与公平的考虑，向来是以社会运动为基础的再循环计划的指导原则。

表1和表2反映出了新兴的再循环工业中的一些重要趋

势。表1反映的是美国再循环工业的巨大增长。

表1 美国城市废弃物流中再循环、焚烧与填埋的废弃物总量(千吨)以及在每一轮流动中所占的百分比,1960—1996年

	年份				
	1960	1970	1980	1990	1996
再循环	5610	8020	14520	29650	46610
	(6.4%)	(6.6%)	(9.6%)	(15%)	(21.9%)
焚烧	27000	25100	13700	31900	36090
	(30.6%)	(20.7%)	(9%)	(16.2%)	(17.2%)
填埋	55510	87940	123420	131550	116240
	(63%)	(72.6%)	(81.4%)	(66.7%)	(55.4%)

资料来源:富兰克林公司(Franklin Associates, Ltd, *The Future of Solid Waste Management and Recycling*, Multi-Client Study, November 1996, Draft)。

表2 美国再循环产业与再循环计划的增长指数,1990—1996年

	年份		
	1990	1995	1996
材料回收工厂(MRF)的数量	NA	310	363
材料回收工厂的产能(吨/日)	NA	32000	29400
混合废弃物材料回收工厂(Mixed MRF)的数量	NA	34	58
混合废弃物材料回收工厂的产能(吨/日)	NA	20000	34800
材料回收工厂的总产能(MRF+Mixed MRF)(吨/日)	NA	52000	64200
路边再循环计划的数量	2700	7375	8817

资料来源:美国国家环境保护局(USEPA, *Characterization of Municipal Solid Waste in the United States*, 1996 and 1997);珍妮弗·卡利斯(Jennifer Carless, 1992, *Taking Out the Trash: A No-Nonsense Guide to Recycling*, Washington, DC: Island Press)。

  1980年到1996年间,美国再循环的城市垃圾总量增长了一倍多,在废弃物流中所占的比例从9.6%增长到了21.9%。相反,被填埋的废弃物比例从81.4%下降到了55.4%。我们发现,随着这些变化,路边再循环计划的数量也出现了增长(见

表2）。仅仅在6年中（从1990年到1996年），这些计划的数量就增加了两倍多，从2700项增加到了8817项。到1996年，美国共有8817项路边再循环计划(Carless,1992;US Environmental Protection Agency,1996,1997)。对于我们而言，更为重要的是再循环计划的形式所发生的变化。这个趋势不太容易根据现有的产业情况概要作出判断。由于大规模城市再循环计划的增长趋势被人们视为理所当然，目前还没有城市再循环计划（相对于回收计划）的可靠统计数字。我们将转而利用表2中列出的各种不同指数来估计这个趋势。

从1995年到1996年，新建材料回收工厂的数量出现了稳定增长（一年之内建起了53家工厂）。材料回收工厂是对可再生废弃物进行分类打包、准备转售的场所。这些工厂与回收中心截然不同，因为前者往往是随着市政计划的兴起而建立的，是废弃物运送机构对大量废弃材料进行分类处理的地方。材料回收工厂这样的集中处理场所对于大规模再循环计划是必不可少的。更重要的是，我们发现混合废弃物材料回收工厂的数量出现了大幅增长，从34家增加到58家，每天的产能也从20000吨上升到了34800吨。混合废弃物材料回收工厂（或"肮脏"材料回收工厂）也是市政计划的产物——这类市政计划创造了更高的运营"效率"，因为它们用同一种运输工具来运送固体废弃物和可再生材料。这些市政计划使再循环产业走向了现代化：大型公司利用复杂的机械设备对大量可再生材料进行运送与分类处理，这是城市废弃物运送过程中必不可少的组成部分。这种运营方式与许多"源头处理"式的再循环体系恰恰相反；在后一种体系中，垃圾和可再生材料是由居民在路边自行分类的，然后再由不同的车辆分别运送。

人们通常认为,再循环的产生和工业主动采取的其他环境措施一样,是由于废弃物公司形成了环境意识(例如 Szasz,1994)。我们认为这种看法受到了误导,其原因有二。第一,现代再循环的历史与生态意识并没有多大关系,反而与政治经济力量有关。第二,废弃物公司目前的组织方式并没有体现出多少环境会计或环境管理的特征。随着这种趋向大规模工业化处理的转变,再循环产业中也出现了巨大的变化:从在决策过程中注重社会与生态标准,转向一系列具有倒退社会效应的后果。接下来,我们将通过芝加哥再循环的历史来分析这些动态。

再循环的早期历史:回收中心

多年来,芝加哥的再循环服务都是由一个机构——资源中心(Resource Center)——提供的。这是一家设在芝加哥格兰德克劳辛地区的回收中心,当地社区99%的居民都是非洲裔美国人,三分之一的居民生活贫困。资源中心主要是为低收入人群服务的,他们从小巷和垃圾箱中翻拣出可再生材料,再送到中心以换取现金。资源中心的管理者是芝加哥环境运动与社区发展界的传奇人物肯·邓恩,他于20世纪90年代末来到芝加哥。和许多与早期再循环运动联系在一起的行动主义者一样,邓恩也是一名越战反对者、反传统文化激进分子、"和平队"成员,而且是一位中途辍学的研究生。正如他所说,"我希望为社区做一些有价值的事,可是在芝大(芝加哥大学哲学系)读研究生离这个愿望实在太远了!"

20世纪70年代中期,资源中心的业务进行了扩展,不再只进行回收工作。该中心设计了收集路线,这样居民就可以直接把东西放在街角或垃圾箱旁边。这为芝加哥越来越多的低收入少数族裔男性居民提供了亟需的就业机会。自从芝加哥开始限制工业化生产,许多少数族裔的男性居民失去了工作,被推到了社会的边缘。资源中心还与芝加哥市的几个社区与产业签订了再循环与堆肥的合同。最后,资源中心扩大了经营范围,以开展更为积极的建设项目——对城市空地和废弃建筑进行"再循环",把它们变成操场、公园和花园。从废弃建筑中取出的建筑材料甚至也会进入再循环,这个过程被人们称为"绿色拆除"。

这些做法带来的经济收益都并不丰厚。不过,促使资源中心采取这些做法的主要是社会与环境原因,其次才是经济原因。资源中心的经营者希望确保再循环计划能从两个方面对社区提供直接支持:

(1)将清洁环境与创造就业岗位联系起来;

(2)把城市空地变成可以带来收益的场所,使资金在社区内部流通。

20世纪80年代,芝加哥北区除了资源中心之外又多了一家上城再循环公司(Uptown Recycling Inc.)。和资源中心一样,上城再循环公司所在的社区也很贫困,居民多为少数族裔。足有四分之一的社区居民生活在贫困线以下,其中有许多人无家可归。这两家再循环公司的运营方式也很相似。两家公司的管理者都是来自不同阶层的当地社区居民,两家公司都把再循环视为一种有益社区、环境和当地经济的社会运动。它们开设了以生态与社会标准为重的低技术回收中心。下面这段文字摘自我们在上城再循环公司进行实地考察时所作的笔记：

我们站在上城再循环公司院中的一间铝合金板工棚里，周围摆着一架易拉罐压扁机、磅秤、咖啡机，靠在墙边的一块木牌上标出了从废金属到厨房水槽的各种废弃材料的价格。每隔几分钟，就会有一些长相粗豪的人（年纪大都在三十岁以上，也许是流浪汉，肯定是工作不理想或没有工作）用购物小车、垃圾袋或童车送来废弃材料出售。工棚的经理苏马是东南亚人，看上去大概有五十岁。所有的现金交易都由苏马负责。重要的是你得知道，再循环"场"确实是一个"场"。它是设在室外的、开放的空场。这里的通风系统真的是最好的。通风设备差往往是材料回收工厂工作条件恶劣的主要原因之一。这个地方的通风完全不成问题。不过，你免不了就得受点日晒雨淋了（实地考察笔记，1996年秋）。

一直到20世纪80年代中期，这两家再循环中心的经营都很顺利。它们为许多人提供了就业机会——按照一位经理的说法，这些人"在别的地方根本不可能找到工作"。它们也成为了先进的社区开发计划的重要支持者。它们有意识地开展了提高雇员（包括那些常为公司打工的社会边缘人）环境意识的活动。因此，这些再循环中心体现了三个目标：

（1）将可再生材料从废弃物流中区分出来，从而减少芝加哥市对填埋和焚烧场所的依赖性；

（2）为生活艰难的社区居民提供最基本的工作机会和收入

来源；

(3) 让人们认识到再循环可以带来环境与经济利益。

1987年，芝加哥市认识到了以社区为基础的回收中心带来的积极效益。市政府为上城再循环公司提供的废弃物收集路线颁发了为数不多的"分流信用"奖励。"分流信用"其实是支付给上城再循环公司的少量资金，因为该公司将一部分垃圾从废弃物流和填埋场中分离了出来。这种奖励，等于是将市政府本应为使用填埋场而支付的费用付给了上城再循环公司。由于政府奖励的"分流信用"，社区对再循环的兴趣也日益提高，上城再循环公司与资源中心的发展都十分稳定。例如，上城再循环公司每周家庭收集计划的收集总量由1986年的月均9到10吨，增长到了1990年的月均56吨。这些计划从将近19000户家庭中收集可再生材料，当时居民的参与率达到了80%。上城再循环公司还出版了一份发行量为2000份的业务通讯。由于越来越多的人提出了演讲邀请、要求到厂区参观，或了解关于居民区再循环途径的信息，公司的员工常常忙得不可开交。

有趣的是，让上述非营利再循环中心的人员最感骄傲的，是这些组织在当时实现的社会目标。受访者称，资源中心与上城再循环公司能为在限制工业化的经济形势中竭力维持生计的人们提供就业机会，并且能就社会与环境问题在社区展开教育活动。上城再循环公司的一位董事会成员这样解释道：

> 我想要表达的意思是，在上城再循环公司创立之初，这家公司对创始人而言无疑仍是一种社会运动。因为这些创始人的动机是希望做出有益的贡献，而不是基于成本效益

分析的考虑，或者说再循环比建立大型垃圾场耗资更少。这是一种希望让行为具有意义的想法。这是注重质量的估计，而不是注重数量的计算。

20 世纪 90 年代初，芝加哥市开始认真考虑推出更大规模的计划。芝加哥市需要建立一个符合城市与本州法律法规的体系。伊利诺伊州的法律规定，芝加哥市应建立一座固体废弃物管理工厂，工厂的再循环率在 1994 年需达到 15%，在 1996 年需达到 25%。市政府也受到了来自大型废弃物运送公司的压力，这些公司希望与市政府建立合作关系，以提高再循环在芝加哥市这个大规模市场（居民人数超过三百万）中的机会。一般来说，废弃物处理公司负责运送垃圾，再循环的工作则由非营利的、以社区为基础的再循环中心负责。在 20 世纪 80 年代末和 90 年代初，这种情况开始发生变化。技术革新为废弃物处理公司创造了新的机会。对于总部设在芝加哥地区的世界第一大废弃物运送公司——废弃物管理公司（Waste Management Incorporated）而言，情况更是如此。新的提取技术让人们可以从未经处理的城市废弃物流中提取出材料。如果废弃物公司可以将可再生材料和其他一般废弃物共同收集起来，那么再循环就不需要依赖人们主动把这些材料单独放在街边的社会意识。废弃物公司可以对大量的可再生材料进行再循环，再循环第一次成为了有可能带来丰厚利润的产业。

在这个时期，芝加哥发生的一场政治冲突对市政府的决策过程起到了极大的促进作用。一个名为"西区环境安全与无毒协会"的环境组织联盟开始质疑市政府为维持市西北焚烧场运营而采取的措施(这个焚烧场最终于1996年关闭)。环境组织联盟认为,再循环从社会、经济与环境的角度而言都是一种更为安全的选择。这次冲突进一步促使市政府推行再循环工业,也促使废弃物公司研发新的废弃物处理方法以取代垃圾焚烧。废弃物管理公司、布朗宁—费里斯实业公司(世界第二大废弃物运送公司)以及其他小型地区性废弃物运送公司都把再循环视为新出现的政治与经济良机。

再循环实践的现代化:"蓝袋子"计划的兴起

1990年芝加哥市发布了招标公告,希望设立一项适用于整个城市居民的全面再循环计划。这次招标让熟悉芝加哥市再循环情况的人颇感意外,因为招标公告中指明再循环计划将适用于整个城市。这项招标公告对适用于芝加哥市内个别地区的方案一概不予考虑,事实上是把所有基于社区的再循环中心都排除在外。当地一家名为"芝加哥再循环产业联盟"(Chicago Recycling Coalition)的环境组织的行政主管安·欧文称这次招标过程是"垄断公司无耻权力操纵"的范例。欧文等人暗示招标公告中的条件是精心设计的,目的是为了让废弃物管理公司最终获得这项合同。芝加哥再循环产业联盟认为,当地基于社区的再循环中心基本上被排除出了招标范围之外。许多行动主义者都认为,资源中心与上城再循环公司这样的非营利性机构率先开创了一项计划,到头来成果却被别人窃取了。不出所料,废弃物管理公司获得了芝加哥市的这项合同。

在接下来的几个月中,市政府与废弃物管理公司共同提出了"蓝袋子"计划的设想。该计划要求城市居民将可再生废弃材料放进蓝色的塑料袋。这些袋子会与其他居民区垃圾（城市固体废弃物）一起被普通的垃圾车运走。垃圾车会对车上装载的垃圾进行压缩（以提高垃圾运输成本的利用率），然后再把它们倾倒在新建的"材料再循环与回收工厂"（Material Recycling and Recovery Facilities ［MRRF］）。工人要把这些蓝色塑料袋和其他普通垃圾袋拖出来，并对其内容物进行手工分类。装在普通垃圾袋中的可再生废弃物也会被从废弃物流中挑出来，以待手工分类。

再循环产业界的人士立即对这一设想表示了极大的愤慨，称政府在决策过程中没有考虑社会与环境方面的标准。芝加哥再循环产业联盟、非营利性的再循环中心以及再循环产业界的其他人士提出了以下几点批评。第一，政府之所以选择"蓝袋子"体系，是因为用这种方式开始一项计划是最为廉价的。业内的一份主要出版物总结道："采取垃圾袋混合/材料再循环与回收工厂的再循环计划的主要原因，是因为这种计划价格低廉。"（Solid Waste Management Newsletter, 1990）尤为重要的是，蓝袋子计划与废弃物管理公司现有的生产结构恰好吻合，几乎无须做出任何改变。废弃物管理公司的一位前任经理这样说道：

1991年，市政府派人到城市各地考察了我们的再循环处理方式，他们发现的一个情况就是许多地方都参与了路边废弃物处理计划，并且考察了这种计划的成本。路边计划的成本——因为你最后必须往同一条路线上派两辆垃圾车——大大超过了他们的预期。因此他们又考察了蓝袋子计划。他们的目的是尽可能把成本转到外部，或尽量减少成本。例如，决定在收集和分类过程中把城市固体废弃物与可再生材料放在一起处理，这主要是为了尽量减少成本。不需要配备新垃圾车，不需要设计新的路线，也不需要雇用新的运送员。[4]

废弃物管理公司采取的措施大部分都是为了削减成本。材料再循环与回收工厂本身就建立在已受到环境污染的土地上，因为这种地皮价格便宜。有一家材料再循环与回收工厂建在芝加哥市东南区的一座旧垃圾填埋场上。这个地区常被环境行动主义者称为"毒物圈"，因为这里遍布着各种制造污染的工业，当地居民几乎被排放有毒物质的工厂四面包围了起来。最后，材料再循环与回收工厂的厂房设计也只考虑了废弃物容量、垃圾车的装载卸货空间之类的问题。设计时根本没有考虑节约能源或生态保护方面的因素。厂房中没有配备采暖或空调设施。冬季时厂房里的温度非常低。到了夏季，气温、湿度、腐烂的垃圾、机器设备、工作人员，这些因素的综合作用让厂房里酷热难当。

第二，决策过程完全忽视了蓝袋子计划微乎其微的生态收益。在芝加哥再循环产业联盟的领导下，人们纷纷抨击蓝袋子计划是一场经济与生态噩梦。芝加哥再循环产业联盟的行政主管安·欧文向我们介绍了该计划只顾经济与政治利益的设计理念：

我认为，最能揭示市政府与废弃物管理公司之间关系的情况是……城市选择了这个计划，然后决定开始制订招标方案的冗长过程。在这个过程中,市政府就计划应包含哪些内容的问题举行了公开探讨;但至于这个招标方案究竟希望达到何种目的,市政府却有些含糊其辞。不过市政府对一件事却非常坦率:他们主张承包商应提供资金,以建设必要的设施。这一点就把当地许多可能有兴趣参与投标的小规模废弃物运输公司拦在了门外。然后市政府再进一步指出他们不会接受小规模的废弃物运输公司,因为他们无法确信这些公司有足以建设大型设施的资金来源。等到这些设施建好,它们的价格肯定会上涨——甚至翻番。

并不奇怪,蓝袋子计划并没有起到有效的作用。垃圾车对装载的垃圾进行压缩处理时,蓝袋子都被压破了,普通的垃圾袋也一样。垃圾袋被送到材料再循环与回收中心的时候都是湿漉漉的,可再生的材料也被污染了。有些材料污染得太严重,根本无法再利用。尽管如此,工人仍然面临着在垃圾堆里大海捞针地搜寻可再生材料的艰难任务。一袋被污染的可再生材料,可能使再制造过程中的一整批产品报废。因此,被污染的可再生材料的交换价值就要低得多。例如,可再生纸张有90多种不同的类型。如果纸张在再循环时没有经过分类,再制造商又准备用这批再生纸制造高质量的纸类产品,那么一整批产品都会出问题。芝加哥再循环产业联盟的一份内部备忘录强调说:

> 蓝袋子计划把所有的可再生材料都混在一个袋子里。再循环产业的代表称,这些材料中的大部分质量都很低下,难以供再循环使用。芝加哥主要的新闻纸采购商FCC纸

业公司曾指出，夹杂着碎玻璃的旧报纸会损坏生产设备。如果市政府无法出售这些材料，它们就会被填埋或焚烧掉，这完全违背了该计划的初衷。市政府与废弃物管理公司将无法以高价出售这些低质量的可再生材料，因此纳税人为此付出的总体费用可能会变得更高。

出于节约成本的考虑，废弃物管理公司也不愿雇用经过训练的工作人员或是放慢生产进度。废弃物管理公司利用了一个临时性的就业服务机构"补救环境管理"（Remedial Environmental Management），该机构有效地起到了临时工交换中心的作用。这种压迫性的生产关系与随之而来的低回收率，对公司的生产力造成了不利影响。芝加哥市与废弃物管理公司迟至1997年秋天发表的数据表明，实际得到再循环的材料（包括庭院废弃物）所占的比例平均只有5％或6％左右。

下面这段关于材料再循环与回收公司经营情况的综述，生动地体现了新计划造成的社会问题。这段综述的依据是我们在工人和工长们的家中进行的采访。他们和废弃物管理公司材料回收工厂中的其他工人一样，都是非洲裔美国人。

时间是上午7点钟。你是个黑人妇女。你站在一间巨大的工厂厂房里（足有400码长）。厂房里冷得要命，因为没有暖气。你刚走了1.5英里的路，因为没有公共汽车通往这家工厂；而你又太穷，买不起车。接下来的10到12个小时（你常常不知道到底有多长）你都得站在装配线前，分拣直接从垃圾桶里弄来的原始垃圾。你可能有劳动手套，也可能没有，所以你得小心一点。从装配线上送来的东西可能是：皮下注射器、死掉的动物、活老鼠、碎玻璃，说不定哪天还会有死婴或是碎尸。你看到过工友身上被溅满电池的酸液，或是拎起一只漏了的袋子，上面标着"有害生物物质"。你的一个工友这样说过："我不记得第一个被针头戳到的人是谁了……他当时给一支带血的针头戳到了。天知道那针头是什么人用过的。但愿那人没染上艾滋病，没染上甲肝或是乙肝……"这个工人后来又告诉我们，被针戳到的人比他的另一个工友幸运得多——那个工友拿起了一袋从装配线上传来的石棉。你干这种活的报酬是每天6美元，他们保证能雇用你89天。到了那时候你就会被解雇，因为加入工会等权益要从第90天起开始计算……

这段描述与上文中回收中心的情况形成了鲜明的对比。蓝袋子计划标志着再循环产业的一个新时代。

生态与社会根源的死亡：对回收中心的打击

不幸的是，芝加哥市政府对蓝袋子计划的支持，逐渐使得政府减少了对非营利性再循环公司的资助。芝加哥的蓝袋子计划变得越来越昂贵，它渐渐把基于社区的回收中心挤出了市场。从1996年1月1日起，市政府对非营利性再循环公司的资助减少到以往的25%。一年之后，市政府完全取消了这些资助。

非营利性的再循环公司——上城再循环公司和资源中心——每天都能感受到蓝袋子计划带给它们的负面影响。例如，非营利性再循环中心开始意识到，它们为芝加哥市公立学校提供的再循环服务导致了中心与芝加哥市政府之间的紧张关系。按照官方的说法,执行蓝袋子计划时,芝加哥市公立学校是否选择使用蓝袋子计划应由学校的校长来决定。但是在私下,市环境局(负责管理蓝袋子计划)的工作人员却"拜访"了几所高中的教师和校长。这些人对学校员工施加压力,迫使他们撤回与非营利性再循环公司签订的协议,转而采用蓝袋子计划。

最后,因为蓝袋子计划得到了一项新颁布的市政法令的支持,先前采用上城再循环公司计划的居民如果还想继续进行再循环,那么按照法令规定他们就必须支持市政府的蓝袋子计划。在各个回收中心,上城再循环公司的工人们抱怨说随着蓝袋子计划的实施,他们回收的可再生废弃物在逐渐减少。此外,市政府又通过了一系列法令,使得回收中心的工人难以随意翻拣小巷和垃圾箱里的可再生材料。这种情况就像是一句经典格言的翻版——"富人和穷人都不得在街巷的弃物中翻拣东西"。最后,工人们抱怨说当地的执法官员也在不断地找他们的麻烦。

芝加哥市一家私营城市再循环公司——资源管理公司的经理,对芝加哥再循环产业经历的转变是这样描述的:

> 今天的再循环——因为100年前的人们也会对破布、废金属和皮革进行再循环——不过……消费后废弃物的路边收集计划还是近期才出现的。我觉得这种活动最初是由非营利性组织发起的,这些组织希望把世界变成更适于人们生活的地方。(这些组织的人)并没有赢利的动机,他们发起这些活动只是因为自己的信仰。从这个意义上说,他们干得很不错。这些组织都没有充足的经济来源。现在发

生的情况,是最初的那个时期到商业参与时期的转变,因为再循环有经济利益可图。

通过减少支持、进而迫使他人采取同样做法的手段,芝加哥市和废弃物管理公司有效地破坏了非营利性的再循环产业。1997年,上城再循环中心被迫关门停业。资源中心仍在继续经营,但也举步维艰。资源中心的一位经理这样说道:"我们好歹还没散伙。"简而言之,他们的未来仍悬而未决。

三、探讨:针对生态现代化的三点批评

在本文的分析中,我们质疑了生态现代化理论的一个核心假设——生产过程的设计、实施和评估除了要以经济效益标准为基础之外,也越来越取决于生态标准。基于从美国再循环工业中收集的数据,我们提出了三点批评:

批评一

并没有充分的证据表明决策过程中的环境标准已经从经济标准中解放出来。在美国再循环产业的例子中,原有的社会与生态领域显然被狭义的经济领域压制住了。我们注意到,资本主义的强烈特征至少在两个方面影响着再循环产业的现代化进程:(1)市场标准有能力左右大局,即便是在公众强烈支持生态保护的情况下;(2)即便存在市场机会,生态利益也无法渗透到企业理念之中。

芝加哥当地的行动主义者没有放过这种颇具讽刺意味的现

象。芝加哥第四选区的阿尔德珀森·托尼·普雷克温克在当地的一家报纸上写道：

> 芝加哥市海德公园区的居民利用高质量再循环体系的历史已有近三十年。肯·邓恩的开创性努力让我们之中的许多人感觉到，我们已经开始了一项激动人心的运动……芝加哥的蓝袋子计划已经实施了一年半，在这个时候我们似乎应该审视一下该计划的效率究竟如何。蓝袋子计划的推行花费了大笔金钱。我的办公室里就有市政部门发放的蓝色塑料袋专用盒，每张办公桌都配了一个。市政府的工作人员每到节日就拖着一只巨大的蓝袋子气球招摇过市。各种媒体都在宣传关于蓝袋子计划的官方信息。但是，虽然我可以告诉你我所在选区的每一所小学的每一个六年级学生的阅读成绩，我对蓝袋子计划的了解却少而又少。官方的统计数字是，芝加哥市 10％ 的家庭加入了这项计划。我们不知道芝加哥的废弃物流中有多少比例受到了这项计划的影响。相比而言，资源中心在贝弗利——摩根帕克区的再循环比例已经达到了废弃物流的 26％，当地的参与者达到了 70％。如果 26％ 的再循环率需要 70％ 的公民参与，那么 10％ 的公民参与恐怕只能让芝加哥废弃物流的一小部分得到再循环。即便蓝袋子计划有官方的支持与大笔推行用拨款，这个问题仍令人担忧。更令人担忧的是，今年早些时候，芝加哥市环境局未向废弃物管理公司支付的费用达到了 482196 美元，因为该公司没有按照先前的承诺，对纸张、塑料和玻璃进行再循环（Preckwinkle, 1997）。

在关于生产实践的决策过程中,根本没有考虑生态标准。我们对再循环中心管理人员的采访表明,当时的体制促使人们使用了许多关于生态问题的"言论",却并没有展开多少"行动"。蓝袋子计划在真正实施之前,是被作为一项"绿色"计划兜售给公众的。各种媒体纷纷展开相关营销,芝加哥全市也发起了基于学校的教育宣传活动,这些都花费了大笔的金钱。[5]

但是,在蓝袋子计划的发展过程中,环境标准却对提高成本与降低效率构成了威胁,这使得坏境标准失去了政治和经济意义上的立足点。在计划早期关于垃圾车购买的简单决策中,就出现了这种环境标准带来的困难。决策者根本没有考虑是否应购买更为清洁的垃圾车。关于生产线的决策过程中又出现了同样的问题。人们决定采取更具效率的废弃物再循环方法,但这种方法只能带来质量较差的可再生产品。这一决策使得再循环材料减少自然资源使用率的能力大为减少,因为低质量的可再生材料就意味着再制造过程中需要添加更多的自然原材料,只有这样才能保证原材料的总体质量。最后,管理决策过程中也出现了同样的趋势——忽视职业危险与环境危险,这种做法让本来就不堪有毒工业负担的社区出现了更多制造污染的生产设施。[6]这种决策模式在整个库克县的许多废弃物处理公司中也一再重现。因此,政治与经济方面的考虑促使芝加哥市和废弃物管理公司采用了这样的一个体系:它能提供标准化的、方便的、低成本"高效率"的服务;它利用的规模经济效益能产生利润,并创造新的就业机会(只不过是高风险低收入的就业机会)。

上述探讨包含着我们对于技术选择的批评。决策过程中即使考虑到了生态原则,也只是因为这些原则能让公司实体节省资金；节省下来的资金很可能会被再次投入到提取自然材料或制造污染的生产过程中。对废弃物管理公司的案例研究再次体现了这种动态。蓝袋子计划并没有利用能尽量减少自然资源使用与环境负担的新技术。用来运送垃圾的交通工具都是又旧又脏的垃圾车。另外，废弃物管理公司本可以利用专门的垃圾车收集可再生材料，这样可以带来更多的就业机会，并制造出更清洁的可再生产品(也就是说，从源头把可再生材料与其他垃圾分离，而不是混在一起)、获得更高的市场回报。废弃物管理公司的工厂却没有采用更具技术效率的分拣方法，而是让低收入的不熟练劳动力在危险的高技术体系中工作。这种体系能产生价格低廉的再循环物流，但产生的物流却是"肮脏"而混杂的。工厂也没有采用技术上创新的分拣手段来控制待分拣的废弃物堆积量。堆积起来的废弃物会滋生有害生物，并且给工厂附近的社区造成潜在的公共健康问题。生产过程中唯一体现生态考虑的地方，就是工厂试图从垃圾流中提取出尽可能多的可再生材料。但促使工厂采取这种做法的原因，仍然是从废弃物中获利的首要经济动机。

批评二

再循环的现代化似乎只能取得极为有限的生态收益。审阅过本文的许多评阅人曾指出，尽管我们提出了批评，但像废弃物管理公司蓝袋子计划这样的城市再循环实践的确带来了一定的生态收益。情况确实如此，但这些生态收益是非常有限的。显然，自然资源的使用确实有所减少。蓝袋子计划回收了数百万磅的可再生材料，从而减少了生产过程中自然原材料的使用。

但是，与同一时期本可以实现的更符合生态原则的废弃物处理方式相比，芝加哥市目前这些有限的生态收益要少得多。另外，这些收益是以很高的社会代价换来的。

例如，蓝袋子再循环体系使得现有的再利用计划失去了市场。我们把这种现象称为"以损害质量后果为代价的数量收益"。另外，再循环的现代化使得工人更容易接触到环境危险，因为进行可再生废弃物分类的工人的工作环境越来越不安全，他们会接触到有害生物物质以及其他有毒物质。因此，再循环即便能减少自然资源的使用，也增加了工人面临的环境危险。

随着成本成为生产的驱动力，废弃物管理公司越来越不重视工作环境的问题。我们对受雇于废弃物管理公司蓝袋子计划的二十多名工人与管理人员进行了采访。他们讲述的情况，和19世纪美国和当代第三世界中的血汗工厂、炼钢厂、煤矿、纺织厂、屠宰场的工人描述的情况差不多。各种各样的健康与安全危险对工人构成了数不清的威胁。

人们往往认为，再循环分类中心并不是处理或生产有毒化学品的地方。但比起"清洁"的材料回收工厂，芝加哥处理混合废弃物的"肮脏"材料再循环与回收工厂的毒害情况要严重得多。因为家庭中的危险废弃物是无法管制的，再循环中心收集到的可再生塑料与金属容器中往往含有有毒废弃物的残留。正如一位工人所说，他会接触到"人们平时扔进垃圾筒的任何东西"。这些东西包括漂白剂、电池酸液、油漆、油漆稀释剂、墨水、染发剂，还有剃须刀片和易爆的家用物品。

再循环产业也没有对医疗废弃物进行有组织的处理。然而，材料再循环与回收工厂的工人每天都要处理这些东西。接受我们采访的几位工人曾被注射器或皮下注射针头戳伤。这种戳伤是材料再循环与回收工厂中最常见的、有可能致死的事故(Powell,1992)。被针头戳到的工人特别害怕被染上艾滋病。废弃物管理公司的一位前任管理人员后来揭发了工厂中的情况,他从体制角度对家庭垃圾中医疗废弃物日益增多的情况进行了这样的分析:

> 我们举个例子:就拿医疗废弃物来说……从整个医疗领域的角度来看,情况如今发生了变化。被允许住院治疗的病人越来越少。医院的大部分医疗项目(几乎是每一种项目)都可以在门诊进行——现在他们就是这么干的。这意味着人们要把各种各样的皮下注射针头、引流袋之类的东西带回家,再扔进垃圾桶。举个例子,有那么多糖尿病人——许多糖尿病人因为保险条款的限制不得不离开医院,他们觉得在家里可以得到更好的照顾。现在医院开始外派护士:他们通过这个网络让护士上门为病人服务。我知道这些,是因为我父亲不久前刚动过一次大手术。他说到了许多种注射药物……他用结肠造瘘袋已经有一段时间了。现在他的情况不错,还有护士上门服务,不过已经不用注射任何药物了。但我想说的是,有那么多人在家里合法地使用皮下注射针头——他们可以合法地注射医院开出的各种药物,而这些药物通常都是在住院时使用的。

我们后来采访的一位医疗行业从业人员证实,上述情况在医院里确实非常普遍。这样的结果在很大程度上是由于美国的个人医疗保障行业在不断进行结构调整。这些环境危险让围绕美国"医疗保障危机"的话语又多了一个令人不安的层面。我们的批评所针对的并不是医疗行业，而是再循环产业。从事再循环工作的工人之所以会遇到新的有害生物物质，是由于可再生材料与未经处理的垃圾混杂在一起，而垃圾中就含有这些来自医疗行业的有害生物物质。芝加哥蓝袋子计划的"肮脏材料再循环与回收工厂"之所以"肮脏"，医疗废弃物就是原因之一。我们需要明确指出：为了减少可再生材料的收集成本，废弃物管理公司和芝加哥市政府不惜用再循环产业工人的健康来换取蓝袋子计划的更高利润率。

再循环产业的工人也常常受到惊吓与压力的困扰。例如，一位名叫爱德华的前雇员讲述了发生在夜班期间的可怕事件：

> 我在工厂的主操作间上班。垃圾车会把没处理过的垃圾倒在这个地方。有一回一具女尸直接滚到了我面前的地板上……有个女工人晕倒了，大家全吓得惊叫起来。几个工人在40英尺长的通道上摇摇晃晃地转悠，看起来好像是给吓傻了。

后来，在同一家材料再循环与回收工厂的再循环生产线上，工人们接连两天发现了两具婴儿的尸体。亟需收入和工作保障的工人被迫在极其恶劣的健康与安全条件下继续工作，他们不仅面临着生理上的危险，也要承受心理上的压力。

最后，为了节约成本，废弃物管理公司没有在材料再循环与回收工厂中安装任何取暖或空调设备。在芝加哥的气候条件下，这意味着工厂在冬季往往会冷得要命，在夏季则会酷热难当。未经处理的垃圾散发出的恶臭常常让许多工人恶心呕吐，特别是在天气炎热的几个月。

批评三

除了上述两点批评之外，我们在本文中要强调的最后一点批评是：生态现代化关注的只是狭义的生态问题，却忽略了社会进程中其他同等重要的因素，例如对社会公平的关注。蓝袋子计划与其他再循环体系的发展轨迹，对社会公平造成了负面的影响。废弃物管理公司通过"补救环境管理"机构雇用临时工，并将医疗废弃物、城市固体废弃物与可再生材料混合处理，从而形成了一个劳动过程既危险又地位低下的体系。没有任何假期的工人每年大约能挣到12500美元（其中包括定期加班的补贴）——这只相当于1988年芝加哥市环卫工人年收入的一半。

第二，再循环的工作没有前途可言。让"补救环境管理"临时工公司参与雇用过程，似乎是为了确保大部分工人只能在厂里工作很短一段时间。即便工人得到的报酬很高，他们也无法在短暂的雇用期内改善家庭的经济状况。但是，就算工人能在工厂中工作，他们也学不到任何职业技能。虽然再循环公司的工厂是高技术体系，但大部分工作的技术要求都很低。因此，这些再循环工作既不能对社区起到支持（通过足以改善家庭状况的工资），也不能为工人的未来提供保障（通过提高人力资本的价值）。

最后，材料再循环与回收工厂的工作使低收入的少数族裔社群产生了怨恨情绪。材料再循环与回收工厂一直在利用高压的强迫性管理方式来维持正常生产。有几个工人曾向新闻记者提到工厂中恶劣的卫生与安全环境。结果,"补救环境管理"公司下发了一份备忘录,"严格禁止"雇员与媒体进行任何联系。该公司还明确规定,如果有人问及材料再循环与回收工厂的工作条件,工人都必须用"无可奉告"来回答。工人们遭到警告,"违反这一工作规定,将受到包括立即解雇在内的各种纪律处罚。"

不幸的是,这只是管理层有计划的剥削模式的开始。工人们常常抱怨受到工长和经理的骚扰,他们很少允许工人离开分拣生产线去上厕所。另外,管理者还随心所欲地实行强制性的加班。一位揭露工厂内幕的前任经理回忆说,"(管理者的)原则就是'踹他们的屁股'。这就是管理者亲口告诉我们的原则。这么肯定行不通。没什么奇怪的。"他接着又这样描述工厂的强制性管理方式:

> 没错,你知道在那些地方上班的人都应该打破伤风预防针。你知道的,因为空气里全是灰尘和细菌。你的腿要是撞到铁片上划破了……天知道会出什么事……(他们不给工人打预防针)……唉,还不是因为要花钱。问题是公司里有大把大把的钱在倒来倒去,但工人谁都沾不上边。他们才不会想到工人呢。上面的人有一大堆工厂应该怎么造的规定,可是一涉及工人的安全、培训、续聘,什么规定也没有……(某人的名字)是"补救环境管理"公司的现场督导。只要是情况不好——工厂的人全都开始闹事,或者是工资

发得不对（少发了或是算错了）——工厂里就会派来带枪的警卫。我不知道那帮人是不是警察，可他们看起来都像是街上的恶棍。那伙人就在食堂里坐着，不让工人砸窗户闹事什么的。

废弃物管理公司工人的待遇非常糟糕。他们常常需要集中精力与这些恶劣条件对抗，而无法专心干活。希望获得工作保障的工人还面临着其他障碍。废弃物管理公司材料再循环与回收工厂的一位前任经理在大学的课程论文中写道：

> 工厂让我们按小时工作，报酬也按照小时来计算。每年拖欠的工资达到18000到23000美元。我的工资条上标明的周工作时间是40个小时，可我每周的实际工作时间差不多是68到70个小时。我们工作的环境是这样的：没有暖气，没有热水也没有冷水，用过便携式马桶后连个洗手的地方都没有……大部分女工人都有正在上学的孩子，而且都是单身母亲。这些工人好像正符合媒体上描绘的那种典型的市中心贫困区黑人——为了挣钱什么都肯干。虽然我觉得他们并不是这样，但我们的上级却是这么想的。所以，上层管理人员对待他们的态度也受到了个人偏见的影响。我们的工厂位置比较偏僻，就算开车去也不方便。我们的工人中有一半上班时得走1.5英里，有的还不止。这一带没有公共交通。按小时计酬的工人如果要到学校去接孩子，我们的上级就会大为光火，都想把她们炒掉。

和许多在当前政治经济体系中处于边缘地位的工人一样，"补救环境管理"公司的雇员几乎没有另谋其他职业的机会。即使是大型公司的中层管理者也难免会遭遇裁员的厄运(Rifkin，1995)。再循环产业的工人在劳动力市场上处于特别不利的地位，因为他们的技术水平低，也没有团结起来进行协商的资本。这些工人不具备中等以上的教育水平，也没有工会来代表他们的权益，几乎不可能找到有意义的或收入良好的工作。虽然他们增加了被丢弃的可再生材料的价值，但他们自己却几乎没有获得任何真正的价值(人力资本、技能)。

我们注意到，这样的劳动与卫生状况，在走向现代化的整个美国再循环产业中也很普遍(Pellow，1998；Powell，1992)。查尔斯·斯图尔特·莫特基金会近期发布的一份报告称："这些工作岗位的状况往往都比较差。这些新的工作很少关注工作质量或职业阶梯的问题，因此它们不太可能为人们提供摆脱贫困的有效途径。"(Mott Foundation，1998)

四、结论：关于未来研究课题的建议

我们应如何解释城市再循环计划的发展轨迹？澳大利亚城市历史学家、社会民主思想家休·斯特雷顿(Stretton，1976)注意到，城市的环境改革计划通常都不外乎以下三种类型。

第一种改革是"富人掠夺穷人"。这种改革的环境收益，基本上都是通过强迫处于弱势地位的公民服从和参与而实现的。斯特雷顿告诫道，这种改革类型"到目前为止都是右翼的，我觉得任何社会进行这种改革都不会取得成功，甚至不应该尝试"

(Stretton,1976:15)。斯特雷顿把第二种改革模式称为"一切照常"。他称这种改革的特点是"在资本主义道路的中央稍向右倾,非常有可能实现"(Stretton,1976:15)。第三种模式则被他称为"问题与再次尝试",这种模式与斯特雷顿自己(包括我们)认可的社会民主改革比较接近。这种改革方式得到了许多关注再循环问题的非政府组织或社会运动组织的支持。斯特雷顿把这种改革描述为:"可能的策略:它规划的是最理想的未来,但这种未来最起码有可能在某些资本主义民主国家中付诸实践,因此它是我们奋斗的目标。"(Stretton,1976:16)

我们认为,美国出现的被人们视为进步的转变更接近斯特雷顿所说的"一切照常"模式,而不是"问题与再次尝试"模式,这种看法与我们先前的研究是一致的(Schnaiberg,1980,1994;Weinberg,1997a;1997b;Weinberg,Pellow and Schnaiberg,1996)。在我们看来,决定再循环发展趋势与再循环实践特点的深层动态,也代表了决定美国二战后面貌的政治与经济进程。

我们曾把这种动态的特点归纳为苦役踏车式生产。在这个模型中,资本主义生产的深层动力是市场行动者利用自然资源,并通过市场交换将其转换为利润的愿望。这些利润会通过购买用于生产的新实物资本的方式被重新投入到公司之中,从而进一步减少劳动成本,提高生产力。这种生产组织策略的基础是用稳定、有效且能创造价值的技术,来取代昂贵而不稳定的工人。在每一个阶段,利润会被用来购买用于生产的更多实物资本,而不是用来提高劳动力的素质、促进环境保护或增强社会的保障能力。在这种加速发展的每个阶段,经济与技术上的变化会提高生产的资本集约程度。这往往会导致就业吸纳能力的下降，使得生产机构总是需要稳定而可靠的自然资源投入，以"有效"地利用高成本的新技术。

这些动态代表着美国1945年之后政治经济结构变化的特征，甚至比大部分其他工业国家还典型（Longworth，1998）。推动这座苦役踏车的关键驱动力，是社区的政治经济交换价值利益的增长。交换价值指的是那些与市场交换有关的价值，造成它们变动的核心因素通常都是经济组织的盈利水平，以及这些组织中的公共投资者的股票价格水平（股息水平）。根据"苦役踏车式生产"范式的分析，拥有交换价值的能动者对社区中其他拥有使用价值的行动者发挥着越来越大的影响。因此，关于城市地区的几乎所有决定都受到了市场交换的支配（Logan and Molotch，1987；Zukon，1995；Squires，1994）。即便是社区生活中原来与市场活动无关的部分（如清洁的空气和水），也被转变成了市场上的商品。

这种情况对生态现代化理论而言又意味着什么呢？显然，我们的苦役踏车式生产模型与生态现代化理论的模型形成了鲜明的反差，至少在"生态领域已得到解放"的核心假设上是这样。我们认为，两种模型的强烈反差意味着我们需要通过更多的实证研究来考察一系列不同的生产变化。我们特别要指出的是，关于生态现代化的研究必须建立在数据的基础上，并考虑到决策过程的实际背景。这一点非常重要，因为不同的文化与政治历史在很大程度上可以解释生态现代化为什么在某些国家出现，却没有在其他国家出现。

关于生产中的生态标准问题，有一个很有趣的历史观点。为了考察生态会计系统，当代的一些环境保护主义者曾进入私营公司开展研究。他们发现这些公司往往非常关注"闭合式体系"与尽可能减少废弃物的问题。许多环境保护主义者和学者错误地认为这种关注是因为近年来实业家具备了生态意识。不过，大部分工业部门一直都很在意"后勤管理"（housekeeping）与尽可能减少废弃物的问题，但这并不是为了获得生态使用价值：工业部门只是希望尽量减少这些阻止它们获取更高经济交换价值的障碍。一位钢铁工业的管理者这样对我们说："在我们看来，废弃物就是你本可以用来挣更多钱的东西。"从广义上说，我们认为再循环产业部门之所以要支持蓝袋子计划，是由于它们始终在关注节省填埋空间等与废弃物成本最小化有关的问题。

本文探讨的现象仍然留下了疑问，因为它也含有许多需要研究的实际层面。我们并不能随时了解到公司或政府的决策过程，或者说我们只能在事后了解这些过程，只能根据公司或政府行动者的非专业评论来重建政策制定过程中的动机，而这些行动者也只是在对过去的情况进行猜测。我们采访的行动者往往并没有参与实际的决策过程。如果要从理论上作出生态领域已经从经济领域中解放出来的判断，就必须以更翔实的实例为基础——这些实例应能如实反映在上述背景下作出的具体决定。

过去几年来，学者们开展了越来越多的翔实案例研究。这些成果能让我们更好地梳理上述问题（Mol, 1995, 亦可见 Gille, Sonnenfeld 本书）。我们呼吁研究者加强对这类案例研究的整理与比较。这些案例研究最有可能帮助我们避免易犯的错误——在只了解生产结果的情况下臆测生产的决策过程。

这些案例研究也可以集中探讨某种类型的决定。越来越多的公司声称自己关注环境问题，对此我们并不怀疑。[7] 但是，我们所不了解的却是另外两个情况：

（1）公司的这些说法在多大程度上是营销策略或是企业文化的看法？

（2）目前的市场究竟能在何种程度上支持这类行为？

出现危机的时刻最适于探讨这些问题。我们曾在其他著述中指出，在资本主义的体制框架下采取生态措施，将导致公司产生尖锐的危机（Weinberg, 1998）。通过公司在这些危机时刻做出的反应，我们就可以深入了解公司的企业义化。有些支持生态现代化理论的人往往会说，生态现代化本身就是一种结合"经济生态化"与"生态经济化"措施的双赢理论（Frijns et al., 本书）。相反，我们需要的并不是一种适用于双赢状况的社会学，而是能用于零和时刻的社会学。在需要做出艰难决定的时候，公司、产业和政府部门将如何反应？与"双赢"的理论取向不同，零和时刻的观点承认利益各方之间确实存在真实的、固有的冲突。我们认为，忽视这些差异往往会导致类似蓝袋子计划的决策。

围绕生态现代化的日益激烈的争议很有思想启发性。这些争议吸引了越来越多的国际环境社会学者，他们就理论与实践方面的核心问题进行了探讨。从许多方面来看，我们认为这种争议能够创造出环境社会科学应该支持的那种跨学科对话与国际对话。

注　释

1. 许多关于生态现代化的早期论述都不是用英语发表的。我们为读者提供的资料来源并不是这些早期的论述，而是现代的、更易于阅读的文献。对生态现代化理论的历史感兴趣的读者,可以在这些资料来源中找到全面的评论(尤其是 Mol,1995;Spaargaren,1997)。

2. 在美国国家环境保护局(USEPA)几年前提出的废弃物管理"减量、再利用、再循环"三级体系中,再利用是第二等级。进行废弃物再利用的往往是小型企业,例如设有再利用部门的回收中心,或其他注重社会生态问题的企业。

3. 尽管这种体系确实能对更多的废弃物进行再循环,但它往往无法生产出高质量的产品;因为这种体系的工作条件假如更人性化一些,是有可能生产出高质量产品的。高质量体系确实存在于非营利的再循环企业以及由政府资助的再循环企业之中,它们特别强调社会、经济与环境目标之间的平衡。

4. 芝加哥市本来就有进行消费后固体废弃物处理的设施,因为废弃物管理公司几年来已经为当地提供了固定的废弃物运送服务。这家处理工厂拥有垃圾车队、几座中转站和填埋场。

5. 从理论上说,我们认为资本主义的活跃性可以用来解释再循环公司的行为。公司很少会由于在生产决策中推行环境标准而获得竞争优势;在通常情况下,公司在公共关系方面的收益仅来自于它们公开宣称的东西。蓝袋子计划的历史——广义上说是再循环产业的历史——无疑证明了这一点。

6. 我们注意到,这是美国环境下的管理决定的典型现象。在美国,许多关于绿色问题的言语都已经形成了正式的术语:环保设计、可持续发展、责任关怀、好邻居,等等。大多数环境运动(例如"建设具有环境责任感的经济")都是由大型公司自愿发起的非强制性活动。这些公司之中有许多曾对野生生物栖息地造成严重破坏,或是剥削工人(具体而言,许多石油与化学品公司就属于这一范畴)。例如,废弃物管理公司向旗下工厂所在的每一个社区保证,该公司会成为他们的"好邻居"——公司鼓励当地社区居民通过"社区协助委员会"参与工厂的事务。

7. 但是,虽然许多石油公司公开宣称它们关注环境问题,并设立了环境部门,这些公司私下里仍然在削弱环境保护的力量。"埃克森·瓦尔迪兹"(Exxon Valdez)号油轮在阿拉斯加漏油的灾难性事件的后续处理过程最戏剧性地体现了这一点。尽管埃克森石油公司宣称它将清理泄漏的石油和当地环境,该公司却积极展开了法律诉讼,拒绝向受到影响的工人与居民支付赔偿款(Hirsch,1997)。另外,该公司和其他大型石油公司在里根政府时期还曾设法削弱环境法规(Gramling and Freudenburg,1997:81-82),这为后来的灾难性生态事故埋下了伏笔。

参考文献

Brown, Phil and Edwin J. Mikkelsen (1997 (1990)), No Safe Place: *Toxic Waste, Leukemia, and Community Action*, Berkeley, CA: University of California Press.

Carless, Jennifer (1992), *Taking Out the Trash: A No-Nonsense Guide to Recycling*, Washington, DC: Island Press.

Cohen, Maurie J. (1998), 'Ecological Modernisation: A Response to its Critics', paper presented at roundtable, American Sociological Association, San Francisco.

Franklin Associates, Ltd. (1996), *The Future of Solid Waste Management and Recycling: Multi-Client Study*, Nov., draft.

Gonos, George (1997), 'The Contest over "Employer" Status in the Postwar United States: The Case of Temporary Help Firms', *Law and Society Review*, Vol. 31, pp. 81-110.

Gould, Kenneth A. (1993), 'Pollution and Perception: Social Visibility and Local Environmental Mobilization', *Qualitative Sociology*, Vol. 16, No. 2, Summer, pp. 157-178.

Gould, Kenneth A., Weinberg, Adam S. and Allan Schnaiberg (1995), 'Natural Resource Use in a Transnational Treadmill: International Agreements, National Citizenship Practices, and Sustainable Development', *Humboldt Journal of Social Relations*, Vol. 21, No. 1, pp. 61-93.

Gould, Kenneth A., Schnaiberg, Allan and Adam. S. Weinberg (1996). *Local Environmental Struggles: Citizen Activism in the Treadmill of Production*, New York: Cambridge University Press.

Gramling, Robert and William R. Freudenburg (1997), 'The Exxon Valdez Oil Spill in the Context of U. S. Petroleum Policies', in

Picou, Gill and Cohen [*1997: 71-91*].

Hirsch, William B. (1997), 'Justice Delayed: Seven Years Later and No End in Sight', in Picou, Gill and Cohen [*1997: 271-303*].

Kitschelt, Herbert (1986), 'Political Opportunity Structures and Political Protest: Anti-Nuclear Movements in Four Democracies', *British Journal of Political Science*, Vol. 16, pp. 57-85.

Landy, Marc K., Roberts, Marc J. and Stephen R. Thomas (1990), *The Environment Protection Agency: Asking the Wrong Questions*, New York: Oxford University Press.

Logan, John R. and Harvey Molotch (1987), *Urban Fortunes: The Political Economy of Place*, Berkeley, CA: University of California Press.

Longworth, Richard C. (1998), *Global Squeeze: The Coming Crisis For First-World Nations*. Skokie, IL: NTC/Contemporary Books.

Melosi, Martin (1981), *Garbage in the Cities: Refuse, Reform, and the Environment, 1880-1980*, College Station, TX: Texas A&M University Press.

Mol, Arthur P. J. (1995), *The Refinement of Production. Ecological Modernisation Theory and the Chemical Industry*, Utrecht: van Arkel.

Mol, Arthur P. J. (1996), 'Ecological Modernisation and Institutional Reflexivity: Environmental Reform in the Late Modern Age', *Environmental Politics*, Vol. 5, No. 2, pp. 302-323.

C. S. Mott Foundation (1998), *Jobs and the Urban Poor*, Detroit, MI.

Moyers, Bill (1992), *Global Dumping Ground: The International Traffic in Hazardous Waste*, Washington DC: Seven Locks Press.

Pellow, David N. (1998), 'Bodies on the Line: Environmental Inequalities and Hazardous Work in the U. S. Recycling Industry', *Race, Gender and Class*, Vol. 6, pp. 124-151.

Pellow, David N., Weinberg, Adam S. and Allan Schnaiberg (1995), 'Pragmatic Corporate Cultures: Insights from a Recycling Enterprise', *Greener Management International*, Vol. 12, Oct., pp. 95-110.

Picou, J. S., Gill, D. A. and M. J. Cohen (eds.) (1997), *The Exxon*

Valdez Disaster: Readings on a Modern Social Problem, Dubuque, IA: Kendall-Hunt.

Portnoy, Kent E. (1991), *Siting Hazardous Waste Treatment Facilities: The Nimby Syndrome*, New York: Auburn House.

Powell, Jerry (1992), 'Safety of Workers in Recycling and Mixed Waste Processing Plants', *Resource Recycling*, Sept.

Preckwinkle, Toni (1997), 'Doubts Abound about City's Blue Bags', *Hyde Park Herald*, 4 June, p. 4.

Ragin, Charles, (1987), *The Comparative Method*, Beckley, CA: University of California Press.

Rifkin, Jeremy (1995), *The End of Work: The Decline of the Global Labor Force and the Dawn of the Post-Market Era*, New York: G. P. Putnam's Sons.

Schmitter, Philipe and Gerhard Lehmbruch (eds.) (1982), *Patterns of Corporatist Policy-Making*, Beverly Hills, CA: Sage.

Schnaiberg, Allan (1980), *The Environment: From Surplus to Scarcity*, New York: Oxford University Press.

Schnaiberg, Allan (1986), 'The Role of Experts and Mediators in the Channeling of Distributional Conflict', in A. Schnaiberg, N. Watts and K. Zimmermann (eds.) *Distributional Conflicts in Environmental-Resource Policy*, Aldershot, England: Gower Press, pp. 363-379.

Schnaiberg, Allan (1994), 'The Political Economy of Environmental Problems: Consciousness, Coordination, and Conflict', in Lee Freese (eds.), *Advances in Human Ecology*, Vol. 3, Westport, CT: JAI Press, pp. 23-64.

Schnaiberg, Allan (1997), 'Sustainable Development and the Treadmill of Production', in Susan Baker, Maria Kousis, Dick Richardson and Stephen Young (eds.), *The Politics of Sustainable Development: Theory, Policy and Practice within the European Union*, London and New York: Routledge, pp. 72-88.

Schnaiberg, Allan, Weinberg, Adam S. and David N. Pellow (1998), 'Politizando La Rueda De La Produccion: Los Programms De

Reciclaje De Residuos Solidos En Estados Unidos', *Revista internacional de sociologla*, Nos. 19-20, pp. 181-222.

Sheehan, Helen E. and Richard P. Wedeen (eds.) (1993), *Toxic Circles: Environmental Hazards from the Workplace into the Community*, New Brunswick, NJ: Rutgers University Press.

Simonis, U. E. (1989), 'Ecological Modernisation of Industrial Society', *International Social Science Journal*, No. 121, pp. 347-361.

Solid Waste Management Newsletter (1990), 'Chicago Announces 1991 Recycling Plan', Office of Technology Transfer, University of Illinois Center for Solid Waste Management and Research, Vol. 4, No. 12, Dec.

Sonnenfeld, David (1998), 'Contradictions of Ecological Modernisation: Pulp and Paper Manufacturing in Southeast Asia', paper presented at the American Sociological Association Meetings, San Francisco, CA.

Spaargaren, Gert (1997), 'The Ecological Modernisation of Production and Consumption: Essays in Environmental Sociology', dissertation, Wageningen Agricultural University: Wageningen.

Spaargaren, Gert and Arthur P. J. Mol (1992), 'Sociology, Environment and Modernity: Ecological Modernisation as a Theory of Social Change', *Society and Natural Resources*, vol. 5, No. 4, pp. 323-344.

Spaargaren, Gert and Arthur P. J. Mol (1995), Book Review of Michael Redclift and Ted Benton, *Social Theory and the Global Environment*, *Society and Natural Resources*, Vol. 8, No. 6, pp. 578-581.

Squires, Gregory (1994), *Capital and Communities in Black and White: The Intersection of Race, Class, and Uneven Development*, Albany, NY: SUNY Press.

Stretton, Hugh (1976), *Capitalism, Socialism and the Environment*, New York: Cambridge University Press.

Szasz, Andrew (1994), *EcoPopulism: Toxic Waste and the Movement for Environmental Justice*, Minneapolis, MN: University of Minnesota Press.

United States Environment Protection Agency (1996), *Characterization of Municipal Solid Waste in the United States*, Washington DC.

United States Environment Protection Agency (1997), *Characterization of Municipal Solid Waste in the United States*, Washington DC.

Weinberg, Adam (1997a), 'Legal Reform and Local Environmental Mobilisation', in Lee Freese, (ed.), *Advances in Human Ecology*, Vol. 6, Westport, CT: JAI Press, pp. 293-323.

Weinberg, Adam (1997b), 'Local Organizing for Environmental Conflict: Explaining Differences Between Cases of Participation and Non-Participation', *Organization and Environment*, Vol. 10, No. 2, pp. 194-216.

Weinberg, Adam (1998), 'Distinguishing Among Green Businesses: Growth, Green and Anomie', *Society and Natural Resources*, Vol. 11, pp. 241-250.

Weinberg, Adam, Schnaiberg, Allan and David N. Pellow (1998), 'Ecological Modernisation in the Internal Periphery of the USA: Accounting for Recycling's Promises and Performance', paper presented at the Annual Meetings of the American Sociological Association, San Francisco, Aug.

Zukon, Sharon (1995), *The Cultures of Cities*, Cambridge, MA: Blackwell Publishers.

欧洲经济一体化与生态现代化
——芬兰的农业环境政策与实践

佩卡·约基宁

本文借助芬兰农业的案例研究,探讨了欧洲经济一体化与生态现代化的问题。有人认为芬兰出现了趋向生态现代化政策的总体性转变,本文通过考察该国过去三十年来体制结构、话语与政策实践中发生的变化,对这种假设进行了分析。关于芬兰农业环境政策的研究结果存在某些矛盾。一方面,芬兰确实出现了与生态现代化理论相符的转变迹象,尤其是在政策话语的领域。另一方面,从注重体制与实践的角度来看,证据表明芬兰的农业环境管理只发生了一些微小的变化,甚至是基本维持原状。我们发现,从农业环境政策的角度来看,芬兰对欧盟规定的反应存在问题:芬兰农业因进入欧洲市场而经历的过渡阶段阻碍了(至少是暂时阻碍了)该国始于20世纪80年代末的生态现代化政策进程。

　　本文的前几稿曾作为会议论文,提交到1998年7月26日至8月1日国际社会学协会环境与社会研究委员会(RC-24)在加拿大蒙特利尔召开的第十四届世界社会学大会"生态现代化——理论与实践"分会,以及1998年9月10日至12日在芬兰赫尔辛基大学举办的生态现代化国际研讨会。两次研讨会上的同行、阿瑟·莫尔以及本文的匿名评阅人都对前几稿提出了宝贵建议,本文作者谨向他们表示感谢。

引　言

　　农业在西方是一种不断缩减的产业。处于高度现代化、集约化与合理化阶段的西方农业导致了许多社会问题，例如长期生产过剩、农业结构变化产生的社会效应，以及严重的环境影响。由于这些社会问题，我们需要不断对政策进行调整。从目标层面看，政策上的调整可能是理性而有效的，但它们通常建立在协调不同利益的基础上，因此往往会导致实施上的困难，具体到实践层面时也只能产生微小的变化。1992年，欧盟的共同农业政策改革提出了将环境政策与农业市场和收入政策相结合的想法。通过从为农民提供价格资助到直接偿付的部分转变，这种想法得到了具体实施。另外，共同农业政策下设的独立农业环境计划，对各成员国可能采取的农业环境措施作了界定。

　　1995年，芬兰和奥地利、瑞典两国同时加入欧盟，并开始了适应共同农业政策（包括欧盟的农业环境规定）的过程。但是，欧洲经济一体化对芬兰农业的生态转向造成的影响从根本上说是较为复杂的。近年来，芬兰显然出现了农业环境政策的转变。证明这种转变的实例有：1995年，芬兰全国环境支出的47%被用作农业环境补贴(Statistics Finland,1998b:9)。不过，尽管芬兰被誉为欧洲的环境政策先行者之一（尤其是在完善的国内政策这一方面），深入考察芬兰农业环境规定的发展过程就会发现，这些规定中也有一些内容实际上减缓了该国农业的生态现代化进程(Andersen and Liefferink,1997)。

　　本文借助芬兰农业的案例研究，探讨了欧洲经济一体化和生态现代化的问题。有鉴于芬兰出现了趋向生态现代化政策的总体性转变的假设,本文考察了过去三十年来芬兰农业污染控制的体制结构、话语与政策实践中发生的变化。本文所得出的实证结论的基础,是关于芬兰农业环境政策的官方文献资料的定性分析,以及与目前芬兰农业环境政策制定者的访谈[1]。另外,我们还借鉴了几项早期研究中的资料(Jokinen,1995,1997;Niemi-Iilahti and Jokinen,1999)。

作为社会学理论与环境政策分析框架的生态现代化理论

环境社会学家通常会探讨"生态现代化"概念的三个相互关联的基本含义(例如 Mol,1995)。第一,生态现代化理论被视为一种社会学理论,它将环境问题与有关工业/后工业社会及其实现环境改革的条件的一般性探讨联系在了一起(Spaargaren and Mol,1992;亦可见 Blowers,1997;Cohen,1997)。在这个层面上,生态现代化理论似乎呈现为一种替代性社会理论,成为了贝克的风险社会理论(例如 Beck,1992)、新马克思主义理论(例如 Schnaiberg and Gould,1994)、绿色政治理论(例如 Goodin,1992)等社会理论以外的另一种选择。第二,在环境社会科学研究中,生态现代化理论被用作环境政策分析的理论框架(例如 Hajer,1995;Weale,1995)。第三,根据莫尔的观点(Mol,1995),从实践和规范的角度而言,生态现代化理论似乎也是一种应该能取得成功的环境政治策略。

正如莫尔和索南菲尔德所指出的(Mol and Sonnenfeld,本书),随着基于生态现代化视角的研究日益增多,相关的理论探讨也在不断扩展,涵盖的问题也越来越广泛。但是,这种趋势也意味着我们更难确定生态现代化在理论与概念上的核心。尽管生态现代化的理论非常多样化,但生态现代化这一概念从本质上是与现代性理论紧紧联系在一起的(Spaargaren and Mol, 1992;Mol,1996)。人们认为,社会中的生态变化进程("解放生态理性")必然要通过持续、积极而反思性的体制重构来进行,必须利用现代科学技术与经济动态。因此,对于现代社会的大多数核心体制而言,这种"源自环境危机的现代化"似乎就意味着"学习的过程"(亦可见 Hajer,1996;Macnaghten and Urry,1998)。

  前文已经指出,在环境社会科学研究中,生态现代化的概念也被用来从历史和实证的角度对环境政策的"新"范式进行分析与描述,而对这一概念的诠释也产生了越来越大的差异。当然,有一些诠释方式是非常狭义的,例如施耐伯格的诠释(Schnaiberg,1997)。他对生态现代化与"工业生态学"概念进行了比较,后者被定义为"一种重新设计的形式,目的是减少苦役踏车式生产造成的环境破坏"(同上 76)。但是,如果用这种方式来定义生态现代化,那么不同行动者在环境政策(即"环境政治"的水平)中所起的作用就会被忽视。贝克等人提出的概念(Beck et al.,1997)则引起了更多关注,他们将生态现代化概念置于可持续发展的背景下。在这种情况下,生态现代化被等同于"强势的可持续发展"。生态现代化的特征有:认为环境保护是经济发展的前提条件、更多的国家干预、符合环境规则的市场、本地自给自足的程度高,强化的再分配政策,等等。

哈耶尔（Hajer）在一段常被引用的描述中指出，20世纪80年代早期出现了一种宽泛的环境问题观点（被称为生态现代化范式），并开始主导西欧与环境问题和政策策略有关的思想（亦可见Blowers,1997）。生态现代化范式产生于这样的一个假设：环境问题是由工业社会的体制化失败造成的。但与20世纪70年代的激进环境保护主义思潮不同，生态现代化范式也认为这些环境问题可以通过现有的政治、经济与社会体制来控制。尤为重要的是，生态现代化范式如果想取得成功，就不能将环境政策视为一种零和博弈：成功的环境政策与持续的经济增长这两者是有可能同时实现的。有几项研究还得出了另一个主要结论：直接的国家决策层面以上的行动者（例如经济合作与发展组织、联合国、欧共体/欧盟）对环境规则的这种转向起到了重要作用（Hajer,1995;Weale,1995;Gouldson and Murphy,1996）。

实证研究表明，趋向生态现代化政策的概念与体制转变正在以许多不同的方式表现出来。哈耶尔（Hajer）指出，环境政策的制定过程中出现了重大的变化。生态现代化思想试图提出可供选择的创新性政策措施，并利用环境政策与经济发展两者之间的显著增效作用。因此，生态现代化的目标越来越注重将环境政策与其他政策领域相结合，尤其是那些与生产有关的领域（例如农业政策与能源政策）。经济政策措施也变得越来越重要；随着20世纪80年代社会中取消管制的总体趋势，环境控制的责任也部分由国家转移到了各个产业自身。但弗洛斯和莫尔（Frouws and Mol,1997）曾指出，我们仍应将环境政策中的经济措施视为传统国家管制手段的一种补充，而非替代形式。换言之，环境政策的范围在扩展的同时也得到了深化。另外，新的环境政策范式包括避免冲突(往往是国家与环境运动之间的冲突),以及鼓励更多的人(尤其是环境组织的成员与本地居民)参与政策制定的过程。

运用生态现代化观点分析农业环境政策的研究并不常见。不过,弗洛斯和莫尔(Frouws and Mol 同上)探讨荷兰农业核心体制因素的生态重构的研究却是个例外。他们发现荷兰农业体制实践的表层出现了许多进步。这些进步的具体表现有新的政策措施、有益环境的技术、食品生态标记、参与性地区规划手段,等等。但是,这两位作者也强调"还有很长的路要走"。农业环境政策的政治现代化仍处于起步阶段;在农民与社会之间建立"社会契约",这也只是为了巩固合法的生态结构调整而采取的一种未来发展方向(参见 Glasbergen,1992)。

农业的新组合主义结构——生态现代化政策的对抗力量?

政策行动者与政策网络的问题对于环境政治与政策的研究是至关重要的,因此它们对生态现代化观点来说也很关键(例如 Mol,1995)。另外,就本文探讨的主题而言,显然不应该将农业政策简单地理解为一种政策领域(在政策制定以及利益表达的形式方面)。相反,农业政策往往被视为组合主义结构与实践的例证,甚至出现过关于农业政策"例外论"的探讨(Grant,1995)。通过"政策团体"这一概念,组合主义政策制定与利益调解的理论观点在政策网络的研究方法中得到了进一步阐释(例如 Rhodes and Marsh,1992;Daugbjerg,1996)。理想的政策团体类型,指的是各压力集团与国家在政策制定的过程中保持着密切而体制化的关系。这种关系基本上不会受到议会控制与公众的影响。

一个政策团体的基本性质,与政策制定过程中的共识模式以及这些过程在方案层面产生的成果有关。爱泼斯坦(Epstein,1997)也曾关注过政策团体不受影响的特点,以及政策团体成员的稳定性与连续性。另外,他还指出了政策团体中进行的"双赢"博弈:国家行动者与利益集团的行动者都参与了政策资源的交换。为了维持封闭而共识的政策制定进程,团体中的成员在政策规划中倾向于采取渐进式的方法。同样,问题的去政治化与方案的区域化能够将持不同意见的行动者排除出政策制定的过程。总而言之,在农业政策研究中运用政策团体这一概念,指的是国家农业机构与农民联盟(即农民的利益组织)的共同利益。农业政策团体是一种自治、稳定而闭合式的体制结构,我们可以利用它来解释农业环境政策的特点(例如 Garner,1996)。

农业政策与其他政策领域之间的区别是否在逐渐淡化,这是一个值得关注的问题(例如 Just,1994;Grant,1995)。同样,我们是否会在农业环境政策制定过程中发现新的行动者团体立场,也是值得注意的(例如 Frouws and Mol,1997)。不过,目前我们可以得出这样的结论:生态现代化观点与农业政策团体概念(这一概念最强调新组合主义的政策制定样式)对农业环境制度的认识有着相当大的区别。首先,对生态现代化进程而言,农业环境政策制定过程中的公开性是必需的;政策团体观点却认为农业政策团体的意图恰恰与此相反。根据生态现代化政策制定的理想模式,环境目标与农业政策的目标应该相互结合。农业政策团体观点却认为在探讨这些问题时应实行严格的区域化与分别对待(或者将环境因素淡化到农业政策之中)。另外,如果依靠生态现代化方法,农业环境政策甚至有可能产生激进的变化;而基于政策团体方法的农业环境政策则会相当稳定。最后,基于生态现代化的政策结构调整会产生有利于环境的解决方案,而源自农业政策团体的环境规定往往会带来注重农业技术或维护性的解决办法[2],它们所支持的主要是收入与生产的目标。

芬兰农业环境政策的形成

农业现代化与环境记录

芬兰社会的现代化使其产业结构产生了相对较晚却十分迅速的转变,社会转变为以服务业为主的形态。现代化导致的农村地区人口减少于20世纪60年代末达到顶峰。因此,农业的作用也逐渐发生了改变。就纯粹的经济意义而言,农业在当今芬兰社会中的重要性相当微小(见表1)。在提倡合理化、大幅提高生产率的国家农业政策的影响下,这种变化日趋明显,尤其是在20世纪60年代到90年代的时期。农场的数量减少了,而在当今欧盟农业政策的背景下,这个数量还将进一步减少。与此同时,农场的平均面积却在增加。但是,芬兰农业的两个重要特点却保留了下来。第一,芬兰的农业以家庭农场经营为基础,这种经营方式得到了注重乡村地区活力的农村政策的支持。第二,芬兰的农业向来以保持自给自足为重,因此该国的农产品主要都流入了国内消费的领域。

表1　1960年至1995年芬兰农业结构的变化

年份	在国内生产总值中所占的百分比	在总就业人数中所占的百分比	农场数量	可耕土地（千公顷）
1960	10.7	28.7	331263	2654
1970	6.9	20.3	297527	2667
1980	4.3	10.8	224721	2563
1990	3.2	6.9	199385	2545
1995	1.7	6.1	169707	2146

资料来源：芬兰统计局(Statistics Finland, Statistical Yearbooks of Finland)。

芬兰的生产主要以畜牧业为基础，奶牛养殖与牛肉生产在农业产品中占了将近一半。1995年，芬兰的农业用地仅占土地总面积的8%，国内有99960家营业的农场（即从事农业生产的农场），每个农场的平均可耕土地面积为22公顷(MAF,1996c：22-3)。但是，这些表示全国水平的数字并没有反映出农业生产的全貌，因为芬兰（国土面积在欧盟位列第五）国内存在极大的地区差异。芬兰的集约化农作物生产集中在该国的南部和西部，在这些地区的众多村镇中，农田面积占土地总面积的30%到50%。这些地区的农场平均面积（30公顷）与大农场的比例（13%的农场面积超过50公顷）都高于该国的其他地区(MAF同上)。

农业的环境记录以及施加在这种记录上的政策压力，无疑与某些内源性因素紧密相关，特别是现代农业生产的完全机械化、化学品使用与集约化。但是，环境记录与政策压力也取决于农业的相对地位（也就是说，农业在各种人类活动造成的污染总量中所占的比例）。以芬兰的水污染管理为例，人们关注的重点向来集中在纸浆与造纸业上（例如Joas,1997）。但在实际操作中,直到20世纪70年代,芬兰水事法庭颁发给工业产业的水污染排放许可都很宽松,其名义是为了促进经济增长、提高生活水平。过去二十年来,形势发生了巨大的变化:由于严格的环境政策规范和随之而来的环境—技术反应,工业向水体中的污染排放已大幅减少(例如 Statistics Finland,1998b:26-27)。

如表2所示,目前芬兰的农业是造成水污染的主要来源之一。近海水域和内陆地表水因农田耕作造成的富营养化尤其被视为严重的问题(例如 MoE,1995;Finnish Government,1998a)。1997年夏,波罗的海的芬兰水域[3]与芬兰内陆水体爆发了有史以来面积最广、持续时间最长的有毒蓝绿藻潮,这使得富营养化问题引起了芬兰公众的极大关注。

表2　1996年造成芬兰水污染的主要污染源*(吨每年)

	磷	氮
工业	290	3760
社区	250	14380
渔业	150	1180
养牛业	300	2900
种植业	1500-3500	25000-35000

*不包括自然冲积与空气途径造成的污染(沉降)。
资料来源:芬兰统计局(Statistics Finland,1998a:41)。

虽然与西欧农业最为集约化的地区相比,芬兰农业在整体上的集约化程度并不高,但芬兰农业还是给环境带来了其他压力。例如,农田中流失的硝酸盐、氨以及动物粪肥中产生的温室气体(甲烷)造成了局部地区的地表水污染问题(例如 MoE,1995)。另外,20世纪90年代期间提出的物种多样性概念使得自然保护具备了新的正当性(同上)。人们因此越来越关注物种与栖息地的减少,这些问题无疑是农业现代化进程带来的长期负面效果。例如,随着农业生产走向合理化与专业化,半天然的草地与牧草地(保持农业地区物种多样性所需的重要栖息地类型)也逐渐消失了。另据估计,芬兰有将近20%的濒危物种生活在农业环境之中(MoE,1997a:67)。

在上文中,我们探讨了农业"生态现代化"以理论为基础的特点。为了从实证角度厘清芬兰农业环境政策的形成、主要发展情况与转折点,我们需要对农业污染的鉴别与问题的定义进行分析,继而分析由此产生的政策与规则模式。根据政策研究的传统定义,"环境政策"这个说法指的是用来防止与纠正生态问题的目标与手段。我们认为应通过环境政策发展演变过程的社会学研究,考察因这些目的与手段的必要性、内容与控制权而起的争议(例如 Jokinen and Koskinen,1998)。环境政策的出发点,是不同的主要行动者对环境问题所持的各种定义与看法。进而言之,行动者提出用以控制环境问题的环境政治解决办法时,是以这些定义与看法为基础的。总的说来,我们探讨的领域中存在具有不同利益的行动者,他们所代表的国家、不同的经济集团与各种组织都试图控制农业环境政策的内容(同上;Weale,1995)。

我们的探讨划分为三个阶段(亦可见 Eckerberg and Niemi-Iilahti,1996;Jokinen,1995,1997;Niemi-Iilahti and Jokinen,1999)。它们分别是(一)"农业污染的问题无关紧要(20 世纪 70 年代初—1987 年)";(二)"农业同样是重要的污染源之一"(1988—1994 年);(三)"环境问题与农业的维持挂钩"(1995 年以后)。这三个阶段的划分是以农业环境政策中的话语变化和体制变化为基础的。但是,我们不能将农业环境政策视为一种具有明确界限的自主性次级政策。相反,正如上文中提到的政策网络理论家所强调的,农业环境政策的形成与农业和环境这两个部门之间的权力以及相互作用密切相关,因而也与农业政策和环境政策的总体发展有关。

20世纪70年代到20世纪80年代末:"农业污染的问题无关紧要"

和西方世界的总体情况一样,芬兰的20世纪60年代末也是环境意识与行动主义不断增长并走向激进的时期。除了应对日益严重的污染问题,环境保护主义者的主要目标之一是促进全国性的环境管理与立法,尤其是建立一个专司环境问题的独立政府部门(Rannikko,1996)。但是,芬兰环境政策始于20世纪70年代的体制化进程却很缓慢。1970年环境保护委员会发表的第一份报告,以及同年国家水事委员会(归农林部管辖)的成立,都是起步阶段的重要事件(例如 Joas,1997)。20世纪70年代之前的芬兰几乎没有农业环境政策可言,不过在第二次世界大战刚刚结束的时候,该国农业政策之中的几个领域——如农业生产、收入与结构性政策——就已经开始发展了(例如Granberg,1995)。

自20世纪50年代末起,芬兰农业中化学品的使用出现了大幅度增长(例如 Miettinen,1998)。例如,从1960年到1980年的最高峰,除莠剂的使用量增长了近7倍(Statistics Finland,1994:45)。同样,从1960年到1990年,化肥中氮的总量增长了4倍(同上44)。农业用杀虫剂对健康的损害确实曾引起人们的注意与探讨,但芬兰早期环境政策重点关注的问题却是快速现代化与生活水平提高造成的负面影响。换言之,工厂、城市地区与消费习惯在当时被人们视为污染与废弃物增多的主要原因。20世纪70年代期间,几个关注水治理问题的专门委员会——如首期全国水污染治理目标规划(National Water Board,1974)——认为农业是一种基本上不会造成污染的产业,农业对自然资源的利用方式是可持续的(例如 Jokinen,1995)。因此,芬兰农业环境政策第一阶段(一直持续到20世纪80年代末)的主要特点是:认为"农业污染的问题无关紧要"的观点占据支配地位。

就农业政策而言,这个阶段可以被视为农业政策团体的体制化"安全时期":农业产品的定价每年在农业领域内部进行,价格由农林部(Ministry of Agriculture and Forestry [MAF])和农民联盟协商决定。因此,收入问题和生产率的目标处在参与组合主义农业政策制定的行动者的控制之下。另外,在1983年芬兰成立环境部(Ministry of Environment [MoE])之前,农业生产率与农业环境的问题都归农林部管辖。我们可以对农业环境问题作这样的概括:在20世纪70年代和20世纪80年代初,农业政策团体的行动者所持的"农业"话语在农业环境话语与问题界定的领域中占支配地位(Jokinen,1997)。因此,这个时期没有出现将环境保护目标与农业政策问题(例如新出现的生产过剩问题)联系在一起的重大政策举措。

综合上述几个方面来看,这个时期的主要环境政策话语对农业污染问题持辩护态度,农业受到的环境政策压力也很小。从体制实践的角度来看,除了少数基于自愿原则的经济与信息举措,这一时期的农业环境管理规模仍然非常小。经济方面的举措有农场的水治理贷款,信息举措有关于环境保护的咨询服务与农业技术建议。

20世纪80年代末到芬兰加入欧盟:"农业同样是重要的污染源之一"

不过,到了20世纪80年代中期,芬兰对水污染问题的定义出现了明显的变化迹象。第一个变化迹象是农业水事管理专门委员会在1983年发表的报告中指出,芬兰南部和西部地区的某些河流受到的污染完全是农业造成的(KM,1983:66)。另外,芬兰水事管理常设委员会(负责筹备1995年前的水污染治理规划)1986年发表的报告在谈到农业对水体造成的负担时也采取了同样的出发点(KM,1986:42)。这种新出现的变化无疑首先反映出了事情"客观"的一面——越来越多的自然科学证据表明集约化农业对环境造成了影响。不过,这种变化同样预示着人们对农业较之于其他污染源的地位的看法发生了改变。另外,随着1983年芬兰环境委员会的成立,农业环境政策制定的动态也逐渐变得越来越复杂:作为政策领域中的新角色,环境委员会对农业污染的看法与农林部所持的观点有着极大的差异。

因此,从20世纪80年代中期起,芬兰农业环境政策第二阶段的基础逐渐形成:我们发现,自20世纪80年代末到90年代中期,农业被人们视为"同样重要的污染源之一"。在芬兰的1995年前水污染治理目标规划中(MoE,1988),我们可以看到这种新认识在官方和目标层次的最初体现。这项规划于1988年得到了芬兰政府的批准,其总体目标是要求社区、工业和农业以同等规模减少对水的污染。这是芬兰第一次确立减少农业对水体污染的具体目标。举例而言,该规划的一项宏伟目标是减少多达50%的磷排放量(同上)。

对农业领域而言,水污染治理的新目标是很难实现的,农民的利益组织则基本不接受这些目标,并认为它们提出了过分的要求,而且有失公允(Jokinen,1995)。20世纪80年代末,研究结果称农业是造成富营养化问题的主要因素,农民的利益组织对结果的正当性提出了质疑。人们要求提出农业污染的科学证据,以澄清这个具有争议的问题。芬兰为此成立了名为"农业与水质"的全面研究计划。由于该项目为多方联合资助(如农林部、环境部、农民联盟、芬兰的主要化肥制造商),研究的正当性也得到了加强。这项研究的主要结果是:农业在水体富营养化中所起的作用,超过了工业和社区影响的总和(Rekolainen *et al.*,1992)。

在"农业与水质"研究结果的基础上,芬兰的农业污染治理实现了一个重要的转折:农林部与环境部共同筹备了"乡村地区环境保护规划"(MoE,1992)。这项规划的重要性在于,农业与环境这两个领域的政策制定者关于农业污染问题的认识达成了相对共识,并首次以此为基础共同批准了一项计划。但是在另一方面,这项规划更多地照顾了农业政策制定者的倾向,因而并未提出任何新的治理观念。规划中提出的政策仍然以"软性"的信息型政策手段为基础,例如关于兼顾经济效益与积极环境影响的耕作方法(如避免过度施肥)的建议与咨询。因此,政策管理趋向"硬性"治理手段或经济措施的多样化发展就被忽略了。

总而言之,农业污染问题日益严重的认识(上文所述的两个委员会表达了这种认识)使得芬兰在1995年前水污染治理规划中提出了相当远大的目标。另外,随着20世纪90年代初新涌现的明确科学证据,关于农业和水污染之间关系的最为强烈的争议也逐渐平息。但就芬兰农业环境政策的模式而言,在目前我们探讨的第一阶段和第二阶段,制定政策的主要原则是相当一致的,即认为导致农业环境问题的活动主要属于个别农场层次的自主性农业技术决策领域,因此对农民自发行动的信任占据了支配地位。在1995年前减少水体中污染物排放50%的目标远远没有实现(MoE,1994),毫无疑问,这在很大程度上是由于缺乏全面的治理策略。

那么,我们应该用哪些因素来解释芬兰农业环境政策持续强调"软性"治理的趋势呢?不同的政策能动者在这种趋势中发挥了何种作用?在本文中我们认为,农业环境政策是通过各种截然不同的政策元素之间的相互作用形成的,这种相互作用取决于农业政策行动者与环境政策行动者力量的相对强弱关系。在解释20世纪90年代之前芬兰政策制定的第一、第二阶段的时候,"农业政策团体"的支配地位无疑应被视为最关键的总体因素(Jokinen,1997)。农林部与农民联盟历来控制着农业政策,它们在维持控制权方面有共同的利益,这也使得农业环境政策的原则能保持一致。简而言之,政策团体将水污染问题的严重程度定义为中等,强调这些问题是可以控制的,并且不愿接受任何出于环境政策原因的管理性干预措施。

对农业环境政策问题中的农业政策领域而言,显而易见的对抗力量包括国家环境机构与环境非政府组织(或类似机构)。巴特尔(Buttel,1995)曾指出,我们事实上正面临着20世纪世界农业的第二次巨大转变,即农业的"环境化"。环境运动与环境组织被视为这种转变的主要组成部分,因为它们的影响足以改变农业政策与实践。事实上,农业在几个西方国家中似乎已成为环境保护主义者攻击的主要目标之一(例如 Lowe et al.,1997;Frouws and Mol,1997)。

芬兰的情况则有所不同:环境保护主义者对农业污染并没有表现出太大的兴趣。作为芬兰体制化程度最高的环境运动,芬兰自然保护协会有时会表达它对农业污染的关注,例如在其官方政策宣言中(Jokinen,1997)。另外,在20世纪80年代末和90年代期间,来自该协会的一名代表往往会被选入筹备农业环境规划的政府工作组,这已经成为环境保护主义者对政策结果施加影响的主要途径。但是,与芬兰环境运动表现出的积极行动主义(如林业问题[Rannikko,1996])相比,针对农业造成的环境影响的反应却非常微弱。环境保护主义者对这个特定问题的忽视也在民意调查中得到了体现。虽然20世纪80年代末农业在水体富营养化中所起的作用超过了工业和社区影响的总和,1989年的一项民意调查却表明58%的芬兰人认为化工业、纸浆与造纸业是造成水污染的重要污染源(Suhonen,1994:141)。我们可以得出一个重要的结论:由于芬兰环境保护主义者对农业污染问题的态度相当消极,从实际角度强调这些问题的严重性的只有国家环境机构(即芬兰环境部)。

最后,区分农业环境政策第一阶段和第二阶段的总分界线,也与芬兰环境政策的总体变化有关。这种变化指的是20世纪80年代末,"可持续发展"这一乐观的概念渗透到了社会的各个领域,农业也不例外(例如 Macnaghten and Urry,1998;Jokinen and Koskinen,1998)。社会中的话语出现了迅速的转向：随着芬兰社会的"绿色化"（即环境价值观与环境话语的转变），农业政策制定者也在20世纪90年代初采用了环境话语，他们可以在重大的环境讨论中利用这种话语的概念(Jokinen,1997)。举例来说，农林部（如MAF,1992）开始进一步支持为农民提供咨询服务的组织（乡村中心协会），以求在"农业生态服务"（例如维持乡村风景资源的活动）思想的基础上建立新的环境任务。另外，农林部管理下的各研究机构对环境研究（例如"农业生态"与环境经济）投入了更多的资金。同样，农民利益组织的话语也出现了迅速的转变：从20世纪80年代末坚决否认农业环境问题，到强调农业"可持续性"对于国家的重要性（但也提出农业本应得到补贴）(Jokinen,1995)。由于人们预计到芬兰加入欧盟会带来经济上的变化，农民组织对农业环境问题所持的这种新态度也得到了加强。

适应欧洲市场："环境问题与农业的维持挂钩"

1995年芬兰加入欧盟是一个重大事件，对农业领域来说尤其如此。总体而言，加入欧洲共同农业市场对芬兰国内农业此前受保护的经济运行模式产生了直接影响，并改变了芬兰食品生产的基本特征。与1994年的水平相比，芬兰农业产品的市场价格平均下降了40%(Kettunen,1996)。芬兰政府认为对农产品收入的下降进行调节是至关重要的，其具体方式仍然是对国内的农民提供收入资助。

加入欧盟也标志着芬兰农业环境政策第二阶段与第三阶段之间的转折点，因为政策的主要原则在两个方面发生了转变。

第一,芬兰引入了以欧盟为基础的新颖农业环境计划,并接触到了多样化的农业环境管理手段。第二,芬兰的农业环境政策与芬兰农业为适应欧盟农业政策而作出的政治与经济调整紧密相关。基于第二个方面的转变,我们可以把现在的时期(第三阶段)称为"环境问题与农业的维持挂钩"的阶段。

欧盟关于农业的三项计划分别是硝酸盐指令(Nitrates Directive)[4]、"自然2000"自然保护网络("Natura 2000" nature conservation network)[5]以及2078/92规定(Regulation, 2078/92)[6]。除了这些新的过渡性计划,芬兰国内的环境政策也得到了进一步发展:根据新推出的2005年前水污染治理目标规划,农业应像其他产业一样继续减少对水体造成的污染(Finnish Government, 1998a)。这项规划设定的远大目标是使农业的磷与氮排放量降低"至少50%"(与1990年至1993年的平均值相比)。但是,与先前提出的规划一样,这项规划仅限于制定主要目标,却没有提出任何降低排放所必需的特殊措施。

由于芬兰全国水污染治理目标规划中提出的新污染控制目标实际上只是一种宣言,这些目标并没有招致多少批评(如来自农民组织的批评)。欧盟硝酸盐指令遇到的情况却恰恰相反。这项指令的主要目的,是减少并防止农业来源的硝酸盐造成的水污染。按照指令的要求,欧盟各国必须明确指出"易受流失硝酸盐污染"的地区(例如Brouwer and Lowe, 1998)。在芬兰,实施硝酸盐指令的筹备工作是在1996年至1997年进行的,由国家官员组成的一个工作组(大部分来自环境部,少数来自农林部)负责(MoE, 1997b)。值得一提的是,硝酸盐指令是芬兰政策领域引入的第一项重大制度性(指的是许可令、规则、禁令等)

农业环境计划。因此，指令的内容自然引起了环境部与农林部之间的争议，而农民组织则对农林部给予了强烈的支持。

引起争议的核心问题，首先是芬兰被定为"易受硝酸盐污染"的地区的范围[7]。环境部主张划定的范围很大，占芬兰土地总面积的18%、农场总面积的40%；而农林部则不愿将任何地区划定为易受污染区。其次，农林部对环境部基于芬兰硝酸盐规定提出的环境保护要求持怀疑态度。因此，农林部主张推行较为缓和的措施，以确保农民不致在没有资金补偿的情况下被迫执行这些措施——而这些措施原本能得到芬兰农业环境计划的高额补贴。芬兰就硝酸盐指令实施达成的最后决定显然更倾向于农林部的目标，因为最后采取的措施与农业环境计划相比更为缓和，而且没有划定任何"易受污染"的地区（Finnish Government，1998b）。

建立欧洲"自然2000"自然保护网络的目的，是为了通过监控、评估与保护栖息地的计划来保护自然资源。在芬兰，这个网络的实施却出乎意料地成为了20世纪90年代最具争议的环境问题。芬兰环境部于1996年至1997年开展的筹备工作很不成功：环境部接到了来自土地所有者的近14000份书面投诉，农民组织在土地所有者的发动过程中发挥了极大作用。反对"自然2000"计划的政治观点通常都强调这是一项"不合法"的"干涉主义"计划，而环境部的筹划策略之所以遭到批评，则是因为忽视了与相关土地所有者的协商工作。

但是，与"自然2000"计划引起的激烈冲突与巨大公众争议相比，这项计划（尽管涉及的区域占芬兰国土总面积的12%）本身取得的成就却平平无奇：在芬兰"自然2000"计划最终划定的区域之中，97%都是业已建立的保护区，它们是芬兰在先前的计划与决策中设立的(Finnish Government,1998c)。"自然2000"计划之所以引起了如此剧烈的冲突，其原因并不在于这项新颖计划造成的客观影响，而是由于该计划触发了芬兰农民历来对自然保护所持的批评态度，以及对欧盟的强烈政治抵制(Jokinen,1997)。1995年议会选举之后成立的广泛联合政府（包括左派、社会民主党、绿党、保守党）将代表农业利益的芬兰中心党排除在外，这更加强化了上述冲突。从狭义的政策领域观点来看，"自然2000"引起的冲突与硝酸盐指令不同，围绕前者的冲突显然与农业污染的控制问题没有直接关联。但在实际操作中，"自然2000"对于环境政策的整体合理性而言却是至关重要的；20世纪90年代末芬兰农民与环境权威之间的紧张关系再度升级，这项计划的影响也起到了重要作用。

芬兰当前政策阶段中最重要的新计划是被称为"1995—1999年芬兰农业环境计划"的全面农业环境补贴体系(MAF,1996a)。该计划以欧盟的2078/92规定为基础，但欧盟的规定并没有决定芬兰国家环境农业计划的形式与内容。芬兰的这项新计划没有采取强制性的行动，而是使各种不同措施都可以得到经济资助（例如 Baldock and Lowe,1996；Brouwer and Lowe,1998)。因此，芬兰农业环境计划的主要框架就可以与其"国家农业利益"相适应。1993年至1994年，芬兰政府（由乡村党派、芬兰中心党与保守派的国家联盟党组成）在与欧盟就入盟条约进行的协商中对"国家农业利益"作了界定。因此，我们就必须将芬兰当前的农业环境补贴视为其总体资助策略的一部分，这种总体策略的目的是补偿国内农民因产品价格下降（比照欧洲共同市场的价格标准)而受到的损失。更为确切的"国家农业环境利益"定义是在相关领域政策制定者的一次特别筹划过程中形成的:芬兰农业与环境部门的国家官员组成的工作组于1994年筹备了此项计划,以与芬兰政府的总体目标保持一致。我们将在下文中探讨这个筹划过程。

欧盟各成员国对欧盟 2078/92 规定的理解与实施方式存在着很大差异(例如 Baldock and Lowe,1996;Curry and Stucki, 1997;Brouwer and Lowe,1998)。我们在芬兰的计划中可以看出三条总体原则,它们并不是根据欧盟的规定得出的(Niemi-Iilahti and Jokinen,1999;亦可见 Miettinen,1998)。第一,芬兰的计划针对的主要是农田耕作造成的水污染问题。第二,与某些西欧国家制订的"环境敏感地区"计划不同,芬兰的计划并不以地域为目标:这项计划在芬兰全国都可以运用,适用于所有的芬兰农民。到 1996 年,芬兰 90%的农业用地都受到了该计划的影响(MAF,1996a)。最后,芬兰计划的总体费用非常高,这是第二条原则的必然结果。

具体而言,芬兰新农业环境补贴体系每年的总费用为 2.7 亿埃居[8](相当于 16 亿芬兰马克或 3 亿美元)*。这项费用是芬兰环境政策的主要财政来源:1995 年到 1998 年间,农业环境补贴占芬兰全国环境保护开支的 42%至 47%(Statistics Finland, 1998b:9)。另外,从芬兰农业政策的角度来看,这些补贴也具

---

* 埃居(ECU),"欧洲货币单位"(European Currency Unit)的简称,是欧洲共同体国家共同用于内部计价结算的一种货币单位,1979 年 3 月 13 日开始使用。1999 年 1 月 1 日欧元(EUR)诞生后,埃居自动以 1∶1 的汇价折成欧元。——译者

有显著的经济意义:芬兰环境补贴的价值相当于欧盟提供的共同农业政策资助与条件不利地区(Less Favoured Areas)资助。1998年,芬兰农民获得的共同农业政策资助约为16亿芬兰马克,获得的条件不利地区资助也有将近16亿芬兰马克。最后,由于1998年农业补贴占当年芬兰农民总收入的41%,而农业环境补贴又占所有农业补贴的18%,这表明农业环境资助具有很强的农业政策功能。

芬兰1995年至1999年农业环境计划的目的,是"补偿农民因环境保护或风景治理措施而造成的开支或收入损失,并保证农民在变化情况下的收入"(MAF,1996a:15)。这一计划在环境方面的主要目标[9],是在5年到10年内使流入水体的营养物质减少30%至40%(MAF,1996b)。人们希望该计划可以减缓水体的富营养化趋势(尤其是在波罗的海沿岸地区),而芬兰内陆地区的水质甚至有望得到改善。在实际操作中,农民必须采取某些环境措施[10],才能获得每年发放的资助(每公顷田地40埃居到900埃居[11]不等)。特别是在芬兰的东南地区(不属于条件不利地区资助的范畴),农民把环境补贴视为一种重要的收入来源;事实上,有20%的农民认为环境资助对于农业的未来[12]是必不可少的(Siikamäki,1996)。

当前政策的基础:农业污染问题的不同表达方式

如前文所述,芬兰已经开始使用新的农业环境规划与管理手段。但是,欧盟规则的实施(在20世纪80年代末到90年代中期这个较早的寻求共识时期之后)却导致了紧张关系与冲突的产生。这些冲突在环境核心机构、农业核心机构两者与农民组织之间表现得最为明显。为了进一步阐明芬兰农业污染控制在当前的进程,我们现在需要借助与芬兰农业环境政策制定者之间的访谈。

洛伟和瓦尔德(Lowe and Ward,1998;亦可见 Lowe et al., 1996)发现,在农业环境污染控制进程的内部,存在着两种相互冲突的对污染的看法。一种看法认为农业污染是技术问题,换言之,是一种"打破规则的形式"。相反,另一种看法却将农业污染视为道德意义上的可耻行为,是一种"环境犯罪"。这两种争执不下的话语之间的区别,指向了政策制定中的一个重要因素:对环境问题的定义与看法,构成了行动者要求的不同环境政策的基础。因此,洛伟和瓦尔德认为,第一种定义(污染是"农业面临的问题")产生了以农业为主导的解决办法,而第二种定义(污染是"农业造成的问题")则意味着以环境为主导的解决办法。洛伟和瓦尔德进一步指出农业行动者(指农业政策的制定者与顾问、农民)似乎采取了"相对污染"的概念(即对引起污染的生产背景表示理解)。而环境压力集团、广大公众和环境管制官员往往将农业污染视为一种"环境犯罪"。

在芬兰的案例研究中,我们采访的几位农业政策制定者提出了"相对污染"的主张。这种主张由两个方面组成,即优先考虑生产问题,以及批评主流的环境问题定义。在谈到第二个方面的时候,有些人对关于国内水污染原因的环境统计中的官方信息提出了批评意见。一位受访者[13]称:

> 水体的环境负担主要由农业造成,这个说法本身是正确的。但是,环境统计却对这个说法作出了错误的诠释,因

为统计中忽视了水质受到的实际影响。农业污染(与点污染源造成的污染不同)是在整个国家的范围产生的。因此,农业在大型水体中造成的污染实际上就会变得很微弱。

芬兰应对国际水污染问题承担的责任,也成了一个引起公众争议的问题。下文的引言(来自一位国家农业官员)就体现了这种争议:"假如我们谈的是芬兰湾地区的所有居民,那么我们也应该问一问,芬兰人在这个数字中占的比例有多大……在我看来,我们自己的事其实管得很不错。"必须指出的是,这种认为芬兰农业污染被夸大的看法虽然强调了国际因素,它所针对的主要还是国内的环境政策制定者。也就是说,这些人常常利用波罗的海的富营养化问题,为他们加强农业环境管理的要求辩护。

在本文中被理解为"相对污染"主张的另一个话题,是对生产活动的优先考虑。根据这种思维方式,有些农业污染无论在过去还是将来都是无法避免的。因此,农业生产实践的施行方式不应由环境行动者来作最后决定。农民的利益组织希望将农业环境问题与农场数量的减少联系起来(该组织的代表反映了这种观点):"乡村地区面临的真正环境威胁将是人文景观的退化,这是结束农业活动造成的后果。"

与农业政策行动者相反,环境政策行动者将现代化农业造成的环境影响视为一种严重的问题;按照前文引述过的洛伟和瓦尔德的说法(Lowe and Ward),这甚至是一种"环境犯罪"。不过我们必须强调一点:"环境犯罪"在芬兰的背景下只是一种形象的比喻,指的是问题的表达方式,完全与法律意义无关。这种表达方式优先考虑的是自然;受访者最为关注的水质和水生栖息地问题也反映了这种看法。因此,按照环境政策行动者的描述,农业对环境的影响(如上文列举的水污染与物种多样性的丧失)是不容置疑的:"沿岸地区的海洋底部完全没有生物存在,这确实是一种灾难。"所以,唯一合乎逻辑的结果就是要减少农业污染:"如果不减少水体的环境负荷,就不可能恢复水系的本来面貌。"

总而言之,我们的研究得出了与洛伟和瓦尔德(Lowe and Ward,1998)相似的结论:芬兰的农业环境政策制定者和专家在谈到农业污染问题时往往会采取两种不同的表达方式。在农业政策领域的代表看来,这类问题首先是"农业面临的问题"。但是自芬兰进入欧洲农业市场之后,他们将农业污染问题及其解决办法放在了更为广泛的背景之中,这体现了他们对维持国内农业生存与保持乡村地区活力的关注。另一方面,对国家环境官员和芬兰自然保护组织的代表而言,农业污染指的主要是"农业造成的问题"。因此,他们在探讨农业环境问题时就会以环境保护与自然保护为背景。

对农业污染的这两种不同表达方式,澄清了政策制定者对现阶段政策,尤其是对新农业环境补贴体系所采取的不同立场。在来自芬兰中央机构的受访者中,有许多人曾参与补贴计划的筹备工作。总的说来,他们都认为农业环境计划中含有明显的农业政策成分:环境资助是与芬兰适应欧洲农业共同市场的总体进程联系在一起的。但是,这种共识并不意味着他们对农业环境政策的现状都感到满意。他们对资助的条件与幅度有着不同的看法。农业行动者普遍对农业环境政策中对收入问题的重视感到满意。他们认为,由于保持国内农业生产是最重要的目标,提供高额环境补贴就完全是合情合理的。相反,环境政策行动者对农业环境资助中的某些政策却相当不满。总体而言,他们往往认为"环境资助"只应该用来推动环境保护这一个目标。因此在他们看来,不够重视有机农业与更先进的环境保护技术,这是当前芬兰补贴政策中的弱点。环境保护主义者强调,大规模的财政资助有悖于环境激励机制与"污染者买单"的原则。

当前农业政策与环境政策的摩擦减缓了体制改革

由于欧盟推行的共同农业政策,芬兰农业政策团体制定国内农业政策的机会已急剧减少。现在农林部的重点反而放在共同农业政策的实施上(不过,在全国实行欧盟的政策并不意味着该机构完全没有权力)。农民联盟正在适应传统型压力集团这个新的角色。从体制角度来看,芬兰农业环境管理当前阶段的特点是各领域政策的整合增强了。农业与环境领域的政策制定者不得不在中央、地区与地方这几个层次,就农业污染问题进行越来越多的合作。但是,就农业环境政策而言,农业政策制定者对政策资源的控制比环境政策制定者更加强有力:大型农业环境计划由农林部制定,而计划的管理、实施与控制则由地方性农业政策管区、乡村政策管区以及归农林部管辖的乡镇官员负责(MAF,1996a)。

农业政策制定者似乎对当前环境目标与农业政策结合的方式感到满意。在他们看来,芬兰农业环境政策制定的主线早在20世纪90年代初就已经确立,因此"欧洲一体化"进程并没有给芬兰带来任何重大的创新。欧盟的农业环境补贴计划只不过被视为一条重要的渠道，可以用来支持芬兰业已存在的有益环境的农业实践。下文中国家农业官员的一段话就体现了这种自视取得成功的看法。

事实上，就政策目标而言，我们应该将芬兰对欧洲2078/92规定的反应视为第一次全国乡村地区环境规划（1992年由农林部和环境部制定）以及相应的农业实践建议（1993年农林部制定的"良好耕作方法"）的延续。

农民很快适应了资助所要求的环境条件。这项规划使芬兰与欧盟的两种政策类型（农业政策与环境政策）取得了一致。另外，我们必须让农民接受这项计划，甚至是自觉自愿地接受它。因此，我们肯定应该将该计划视为一项巨大的成就。

与农业政策制定者不同，环境政策行动者对当前农业环境政策主要原则所持的态度相当矛盾。在他们看来，芬兰的补贴计划既取得了政策上的成功，也应该受到批评。对补贴计划的正面评价是从国际政策的角度出发的。环境政策行动者认为，芬兰对严峻的农业环境问题（即水污染）作出了显著的政策反应，这与许多西方国家形成了鲜明对比。但是从芬兰国内的角度来看，他们认为还需要大幅度地提高政策的有效性。简而言之，环境政策行动者的主张是：为了实现当前减少水污染的目标[14]，农业环境资助的条件（见注释10）应该设定得更严格，更有针对性。

初看起来，对于我们采访的农业环境政策制定者而言，主要的问题是在原则上就农业环境补贴的作用达成共识。关于农业环境补贴的功能,有两种相互矛盾的基本选择:把尽可能多的农民纳入补贴计划,或是尽可能提高得到补贴的农业环境措施的有效性。第一种选择必然会被视为带有偏向的收入资助,因此是一种典型的"以农业为导向"的解决办法。就芬兰的情况而言,发放大部分(80%)农业环境补贴(1995—1999年的规划)的明确理由,是由于人们认为相当缓和的措施与颇为丰厚的财政补偿会吸引大批农民加入,从而使大部分农民的环境意识与环境态度得到提高[15](MAF,1996a;参见 Miettinen,1998)。但是,环境政策行动者却认为这些补贴"就其成本而言并未收到明显效果"。后一种选择(根据有针对性的、先进的环境保护措施来发放补贴)则可以被称为"以环境为主导"的解决办法。在芬兰,补贴基金中的一小部分(20%)被用于这类资助。在农业政策行动者看来,这种资助"过于分散,因为它涵盖的措施太多"。

从根本上说,对农业环境管理的经济手段的不同看法,反映出了制定农业环境规定所面临的巨大困难,这个过程需要将对农业污染问题的不同定义,以及不同的组织理念与利益结合在一起。就芬兰的情况而言,我们发现农业政策与环境政策这两个领域都越来越关注农业污染问题,因此也都对农业环境政策的制定作出了贡献。但是,历来存在的利益冲突并没有消失。

最后,我们发现芬兰近期的农业环境政策制定过程中出现了某些微小的开放迹象。证明这种变化的例子有:1994年,芬兰的农业环境计划完全由国家农业与环境官员负责筹备(MAF,1996a)。1995年,芬兰为此项计划设立了后续工作组,来自农民组织、农民咨询服务机构与自然保护协会的代表也被任命为这个工作组的成员(MAF,1998)。另外,芬兰在1998年设立了负责筹备"2000—2006年芬兰农业环境计划"的工作组,其成员中也含有来自上述几个利益团体的代表。但是,就芬兰的情况而言,消费者组织的意见仍然没有在农业环境政策的制定过程中得到体现。

考察结果:向生态现代化的转变?

有鉴于芬兰出现了趋向生态现代化政策的总体性转变的假设,本文对芬兰农业环境政策的考察结果存在一些矛盾。一方面,自20世纪80年代末起,芬兰确实出现了某些与生态现代化理论一致的转变迹象。另一方面,从注重体制与实践的角度来看,我们得出的证据表明芬兰的农业环境管理只发生了一些微小的变化,甚至是基本维持原状,尽管芬兰目前正处于管理的过渡性阶段。

首先,芬兰的农业环境政策话语出现了不可否认的转变。随着关于农业污染问题的相对共识,以及20世纪80年代末社会话语与政治话语"绿色化"的总体趋势,芬兰社会中的不同行动者不再将农业环境问题视为"无关紧要",而是将其视为一种挑战。其次,我们可以看到芬兰对这种环境挑战作出了体制与实践上的反应。就生态现代化的一个核心标准(即各方政策的整合)而言,农业污染问题在芬兰农业政策制定过程中的体制化程度比以往更为深入,这主要是由于芬兰当前实行的大型农业环境计划。另一个问题是,尽管当前单纯从本领域出发的方法已有所改变,人们对农业问题与环境问题的重视程度仍然很不平等。自20世纪90年代中期起,芬兰出现了从信息型管理向经济型管理的显著转变。因此,生态因素与生产活动的联系越来越紧密,不过消费的"绿色化"迹象目前仅局限于推广有机农业的范畴。近年来,农业环境政策的制定过程中也出现了一些略为开放的迹象,这在芬兰1995—1999年农业环境计划(以及即将推出的2000—2006年计划)的筹备与后续工作过程中体现得最为明显。总而言之,芬兰出现的变化迹象可能会带来更为有效的农业环境政策与更有益环境的农业生产方式。

但是,也有迹象表明芬兰的生态现代化进行得很缓慢。第一,芬兰仍然没有考虑"污染者买单"的原则及其后果,这也是欧洲农业污染控制中的典型问题。第二,从技术创新的角度来看,新的"清洁"农业生产方法并没有在芬兰得到大幅度推广。相反,芬兰自20世纪80年代以来一直在强调"良好耕作方法"的重要性,这些耕作方法同样被视为"对环境无害"(换言之就是对现有的农业生产实践略加改进,并据此为它们贴上"生态标记")。就技术先进性而言,芬兰目前实行的1995—1999年农业环境计划中的主要措施也并不突出:例如,计划中的技术标准和区域式解决方案既没有新意,也不严格(见注释10)。最后,虽然20世纪90年代芬兰农业环境计划的筹备工作具备了一定的开放性,政策制定过程本身仍然是按照传统行动者的规则进行的。因此,在农业污染和更有益环境的生产方式的问题上,芬兰环境与消费者领域的非政府组织仍然和以前一样消极被动。[16]

那么,"欧洲经济一体化"给芬兰农业的生态转向带来了什么影响呢?正如我们在上文中强调的,农业环境政策由各种不同的政策元素构成。20世纪90年代初,在芬兰即将加入欧盟的时候,芬兰(尤其是国家环境机构)对欧洲的农场污染控制寄予了很大希望(Jokinen,1995)。按照芬兰环境部的预期,随着新的过渡性规则的推行,就可以在原有的沟通措施之外采取法律与经济手段,这也将大大提高环境政策行动者在农场污染控制中的地位。然而,经过对芬兰农业环境规定当前实际操作情况的考察,我们却得出了不同的结论:芬兰农业因加入欧盟市场而面临的过渡期,(至少暂时)减缓了该国始于20世纪80年代初的生态现代化政策进程。

这是由于担心(依然强大的)农业利益偏向于国内农业生存的顾虑,强化了"农业政策团体"的思维方式,以及仍旧归芬兰国内负责的政策议题中对问题的定义。欧盟规则(2078/92规则)的实施,使得农业环境规划(芬兰农业环境计划)成为了收入政策的重要组成部分。受乡村党派支配的芬兰政府也利用这一计划来缓和芬兰农民对环境政策的态度,特别是缓和他们对欧盟的强烈政治抵制。因此,作为"欧洲经济一体化"的后果,芬兰的国家农业政策行动者在农业环境管理的过程中变得更具影响力,甚至削弱了环境政策行动者的影响;但是,本来也应该导致体制转变的农业政策内部的"绿色化"(可能很强势),却被注重收入与生产的政策目标忽视了。

结　　论

本文探讨的重点是生态现代化与过去三十年来芬兰的农业环境政策,不过文中对芬兰目前始于20世纪90年代中期的政策"欧洲经济一体化"阶段考察得更为具体。我们发现,从农业环境政策的角度来看,芬兰对欧盟规定作出的反应是复杂的。因此,芬兰的情况对于欧洲的农业与环境而言有着广泛的意义。欧盟的共同农业政策目前对农业环境问题产生的影响是有矛盾的。共同农业政策中的某些农业环境措施产生了积极的效果。但是,它们在共同农业政策的总体框架中只占一小部分。在我们的研究中,芬兰的农业与西欧高度集约化的农业体系相比只能说是居于次要地位;从欧洲农业政策的角度来看,芬兰这个国家在取消本国农业政策之后似乎也处在了边缘地位。根据我们的观点,芬兰因共同农业政策的经济效果而采取的立场主要是反应性的[17],这也阻碍了可以促进农业生态转向的政策创新。

因此,芬兰农业与共同农业政策与欧洲市场之间的关系显然是一个单独的问题,它从环境角度而言是至关重要的(不过在新千年到来之际,共同农业政策本身也发生了改变)。究竟是把芬兰农业当前的时期诠释为一个简单的"适应阶段",还是像我们主张的那样,把它理解为一个更为重要和复杂的、通向新结构与新政策格局的过渡阶段,这仍然没有定论。无论如何,从"平行"的角度来看,农业为了环境而作出的变化不应只迫于外部压力,也应该有其内在的激发因素。另外,从"垂直"的角度来看,芬兰农业未来面临的挑战在于需要更多本国发起与执行的创新活动,而不是被动地回应"自上而下"的规则与要求。

就生态现代化的立场(尤其是国家与市场的作用)而言,我们的研究中有一个贯穿始终的问题:在探讨西欧农业环境问题(进而言之是芬兰的农业环境问题)的时候,是否应该将其与关于生产和消费的各种环境问题区别对待。我们认为,至少在某种程度上应该这样做。首先,欧洲农业即使在未来也将是一种以国家为中心(相对于共同农业政策而言)的产业,它将受到保护,并且不以单纯的增长为目的(与工业、能源与交通等其他产业相比),这显然对寄希望于市场机制(无论这种希望本身是否有依据)的想法构成了挑战。其次,我们在理解芬兰的农业环境政策时必须将其置于北欧的背景下。北欧的环境政策模型具有"合作与共识"的特点,这是由组合主义与"遵从规则"的文化背景决定的(Christiansen and Lundqvist,1996)。因此,芬兰的案例研究对于生态现代化观点的意义在于,如果国家在环境政策中所起的体制作用正处于过渡阶段,我们就应该对生态现代化议题作进一步的(审慎)考虑。

注　释

1. 本文中涉及的访谈是在1996年到1997年进行的,受访者有中央、地方与当地机构层次的政府官员和专家,以及农业利益组织和自然保护协会的代表。这些半结构性的访谈由佩卡·约基宁和阿妮塔·涅米-伊拉提负责进行(例如 Niemi-Iilahti and Jokinen,1999)。
2. 对待农业环境问题的态度不是基本否认,就是"有条件"的承认,其目的是换取补偿性的农业环境补贴。
3. 由于波罗的海的富营养化与海藻潮问题,国际社会已签署了几项保护海洋环境的国际协议(1974年的赫尔辛基公约;1988年的波罗的海环境部长宣言;1992年的赫尔辛基公约)。举例来说,1988年的波罗的海宣言要求在1995年前减少50%的污染排放量。许多国家的产业未能达到这一目标,其中就有芬兰的农业与渔业。
4. 欧洲经济共同体委员会指令(91/676/EEC)。

5. 欧洲经济共同体委员会指令(92/43/EEC)。
6. 这项规定的全称为"符合环境保护和乡村维护要求的农业生产措施"(Agricultural Production Methods Compatible with the Requirements of the Protection of the Enviornment and the Maintenance of the Countryside)。关于规定的具体细节,可见巴尔多克和洛伟(Baldock and Lowe,1998)等学者的文章。
7. 西欧国家采取的具体做法各不相同。有些国家(如奥地利、丹麦、德国与荷兰)将国内的所有领土划为易受硝酸盐污染的地区,而爱尔兰则称该国国内不存在这样的地区(Brouwer and Lowe,1998)。
8. 在1999年,1埃居大约相当于6芬兰马克或1.1美元。
9. 更准确地说,根据芬兰政府的决定,这项计划有四项总体环境目标:(一)减少对环境造成的压力,尤其是在地表水、地下水与空气这几方面,并减少因使用杀虫剂而造成的危险;(二)保护物种多样性,管理农业景观;(三)保护野生生物栖息地与濒危的动植物群;(四)以粗放的、有益环境的方式生产农业产品(MAF,1996a:15)。
10. 每个农场都可以获得资助,不论它们是否造成了水污染。这些补贴被细分为两个主要部分:"基本资助"与"特别资助"。约80%的补贴属于第一部分,20%属于第二部分。农民必须达到某些条件,才有资格获得基本资助(MAF,1995)。例如,每个农场都必须制订出环境管理计划;每公顷农田的化肥使用量不能超过规定限度;必须在农场邻近水体的地区沿岸设立宽度1至3米、种有植物的过滤带;在冬季,农场中至少30%的可耕土地必须覆盖植被。与基本资助相比,获得特别资助的条件显然更为严格,不过也更多种多样。符合特别资助条件的措施包括有机耕作或向有机耕作转变,农场中邻近水体的区域20年内完全不投入农业生产,等等。
11. 芬兰南部与西部地区得到的资助额度最高。根据农场采取的不同措施,资助额度也有很大差别。
12. 1999年,"2000—2006年芬兰农业环境计划"已经进入筹备阶段。
13. 下文中的所有引言都由佩卡·约基宁从芬兰语译为英语。
14. 当然,水污染排放的变化只有经过很长的一段时期(5年甚至20年)才能得到证实,即便到那时也很难确认各种不同的措施究竟产生了何种效果,更不用说农业政策与环境政策这两种不同政策类型的区别了。显而易见,自然科学中的不确定性让政策制定者有了作出不同诠释的空间。

15. 在1996年,芬兰90%的农田地区已经受到了这项计划的影响,这使得该计划的后续工作组得出了以下结论(MAF,1996b:30):大批农民支持此项计划,这证明农民的环境态度出现了积极的变化。但在我们看来,这种趋势表明的是农民需要补贴,而且补贴对他们来说很有吸引力,而不是说农民的环境态度出现了极为迅速的转变。

16. 尽管芬兰农业的环境影响已经达到了引起"官方"重视的严重程度,芬兰环境保护主义者对此仍然持明显的消极态度(除了崭露头角的动物权利行动主义),这是很难解释的。当然,芬兰农业在结构上就是小规模的,因此人们也不清楚个别农民应对环境承担怎样的责任,这可以说是芬兰环境保护主义者缺乏行动精神的主要原因之一(Jokinen,1997)。此外还有一些明显的政策因素,如芬兰农林部希望将环境保护主义者纳入农业环境政策进程的正式"合作关系"之中,但分给他们的代表名额却非常少。另外,芬兰环境组织一直将战略重点放在林业问题上,这种重视必须取得成效。不过,为了深入分析这种现象在文化、社会、政治与环境方面的相关原因,我们还需要展开进一步的研究。

17. 情况确实如此,尽管芬兰目前正试图在欧盟中推行"北部范围"的概念。这个概念关注的是欧盟北部国家特有的问题,如芬兰较短的生长期(但与农业环境问题没有直接关系)。

参考文献

Andersen, M. S. and J. D. Liefferink (1997), 'Introduction: the Impact of the Pioneers on EU Environmental Policy', in Andersen and Liefferink (eds.) [1997: 1-39].

Andersen, M. S. and J. D. Liefferink (eds.) (1997), *European Environmental Policy: The Pioneers*, Manchester: Manchester University Press.

Baker, S., Kousis, M., Richardson. D and S. Young (1997), 'Introduction:

The Theory and Practice of Sustainable Development in EU Perspective', in Baker, Kousis, Richardson and Young (eds.), *Sustainable Development: Theory, Policy and Practice in the European Union*, London: Routledge, pp. 1-40.

Baker, S., Kousis, M., Richardson. D and S. C. Young (eds.) (1997), *Sustainable Development: Theory, Policy and Practice in the European Union*, London: Routledge.

Baldock, D. and P. Lowe (1996), 'The Development of European Agri-environmental Policy', in M. Whitby (ed.), *The European Environment and CAP Reform: Policies and Prospects for Conservation.*, Guilford: CAB International, pp. 8-25.

Beck, U. (1992), *Risk Society: Towards a New Modernity.*, Wiltshire: Sage.

Blowers, A. (1997), 'Environmental Policy: Ecological Modernisation or the Risk Society?' *Urban Studies*, Vol. 34, Nos. 5-6, pp. 845-871.

Brouwer, F. and P. Lowe (1998), 'CAP Reform and the Environment', in F. Brouwer and P. Lowe (eds.), *CAP and the Rural Environment in Transition. A Panorama of National Perspectives*, Wageningen: Wageningen Pers, pp. 13-38.

Buttel, F. H. (1995), 'Twentieth Century Agricultural-environmental Transitions: A Preliminary Analysis', *Research In Rural Sociology and Development*, Vol. 6, pp. 1-21.

Christiansen, P. M. and L. Lundqvist (1996), 'Conclusions: A Nordic Environmental Policy Model?', in P. M. Christiansen (ed.), *Governing the Environment. Politics, Policy and Organization in the Nordic Countries.* Arhus: The Nordic Council, pp. 337-363.

Cohen, M. J. (1997), 'Risk Society and Ecological Modernisation: Alternative Visions for Post-Industrial Nations', *Futures*, Vol. 29, No. 2, pp. 105-119.

Curry, N. and E. Stucki (1997), 'Swiss Agricultural Policy and the Environment: An Example for the Rest of Europe to Follow?', *Journal of Environmental Planning and Management*, Vol. 40,

No. 4, pp. 465-482.

Daugbjerg, C. (1996), *Policy Networks under Pressure: Policy Reform, Pollution Control and the Power of Farmers*, Aarhus: Aarhus University.

Eckerberg, K. and A. Niemi-Iilahti (1996), *Implementation of Agri-environmental Policy in the Nordic Countries*, Vassa: University of Vaasa.

Epstein, P. J. (1997), 'Beyond Policy Community: French Agriculture and the GATT', *Journal of European Public Policy*, Vol. 4, No. 3, pp. 355-372.

Finnish Government (1998a), *Decisions on the Programme of Goals for Water Pollution up to 2005*, Helsinki (in Finnish).

Finnish Government (1998b), *Decisions on the Implementation of the EC Nitrates Directive*, Helsinki (in Finnish).

Finnish Government (1998c), *Decisions on the Natura 2000 Network in Finland*, Helsinki (in Finnish).

Frouws, J. and A. P. J. Mol (1997), 'Ecological Modernization Theory and Agricultural Reform', in H. de Haan and N. Long (eds.), *Images and Realities of Rural Life*, Assen: Van Gorcum, pp. 269-286.

Garner, R. (1996), *Environmental Politics*, Guildford: Harvester Wheatsheaf.

Glasbergen, P. (1992), 'Agro-environmental Policy: Trapped in an Iron Law: A Comparative Analysis of Agricultural Pollution Control in the Netherlands, the United Kingdom and France', *Sociological Ruralis*, Vol. 32, No. 1, pp. 30-48.

Goodin, R. E. (1992), *Green Political Theory*, Padstow: Polity Press.

Gouldson, A. and J. Murphy (1996), 'Ecological Modernization and the European Union', *Geoforum*, Vol. 27, No. 1, pp. 11-21.

Granberg, L. (1995), 'A Break in Agriculture. From Peasant Value to Welfare Rationality', in L. Granberg and J. Nikula (eds.), *The Peasant State*, Lapin yliopisto, Rovaniemi, pp. 71-87.

Grant, W. (1995), 'Is Agricultural Policy Still Exceptional?', *The Political Quarterly*, Vol. 66, No. 3, pp. 156-169.

Hajer, M. A. (1995), *The Politics of Environmental Discourse: Ecological Modernisation and the Policy Process*, Guildford: Oxford University Press.

Hajer, M. A. (1996), 'Ecological Modernisation as Cultural Politics', in S. Lash, B. Szerszynski and B. Wynne (eds.), *Risk, Environment and Modernity: Towards a New Ecology*, London: Sage, pp. 246-268.

Joas, M. (1997), 'Finland: from Local to Global Politics', in M. S. Anderson and J. D. Liefferink (eds.), *European Environmental Policy: The Pioneers*, Manchester: Manchester University Press, pp. 119-160.

Jokinen, P. (1995), 'The Development of Agricultural Pollution Control in Finland', *Sociologia Ruralis*, Vol. 35, No. 2, pp. 206-227.

Jokinen, P. (1997), 'Agricultural Policy Community and the Challenge of Greening. The Case of the Finnish Agri-environmental Policy', *Environmental Politics*, Vol. 6, No. 2, pp. 48-71.

Jokinen, P. and K. Koskinen (1998), 'Unity in Environmental Discourse? The Role of Decision-Makers, Experts and Citizens in Developing Finnish Environmental Policy', *Policy and Politics*, Vol. 26, No. 1, pp. 55-70.

Just, F. (1994), 'Agriculture and Corporatism in Scandinavia', in P. Lower, T. Marsden and S. Whatmore (eds.), *Regulating Agriculture*, London: David Fulton Publishers, pp. 31-52.

Kettunen, L. (1996), 'Adjustment of Finnish Agriculture in 1995', in L. Kettunen (ed.), *First Experiences of Finland in CAP*, Vammala: Vammalan Kirjapaino, pp. 7-25.

KM 1983:66 (1983), *Ad hoc Committee Report on Farm Water Management*, Helsinki: VAPK(in Finnish).

KM 1986:42 (1986), *Permanent Committee on Water Management: A Proposal for the Programme of Goals for Water Pollution up to*

1995., Helsinki: VAPK (in Finnish).

Lowe, P., Ward, N., Seymour, S. and J. Clark (1996), 'Farm Pollution as Environmental Crime', *Science as Culture*, Vol. 5, No. 4, pp. 588-612.

Lowe, P., Clark, J., Seymour, S. and N. Ward (1997), *Moralizing the Environment: Countryside Change, Farming and Pollution*, London, UCL Press.

Lowe, P. and N. Ward, N. (1998), 'Field-level Bureaucrats and the Making of New Moral Discourses in Agri-environmental Controversies', in D. Goodman and N. Watts (eds.), *Globalizing Food: Agrarian Questions and Global Restructuring*, London: Routledge, pp. 256-272.

Macnaghten, P. and J. Urry (1998), *Contested Natures*, London: Sage.

Miettinen, A. (1998), 'Finland', in F. Brouwer P. and Lowe (eds.), *CAP and the Rural Environment in Transition. A Panorama of National Perspectives*, Wageningen: Wageningen Pers, pp. 323-344.

Ministry of Agriculture and Forestry (MAF) (1992), *Agriculture 2000, the Revised Programme*, Helsinki: VAPK (in Finnish).

Ministry of Agriculture and Forestry (MAF) (1995), *EU Guide for the Countryside* (in Finnish).

Ministry of Agriculture and Forestry (MAF) (1996a), *The Agri-environmental Programme in Finland*.

Ministry of Agriculture and Forestry (MAF) (1996b), *Agri-environmental Programme 1995-1999: An Interim Report of the Follow-up Working Group* (in Finnish).

Ministry of Agriculture and Forestry (MAF) (1996c), *Farm Register 1995*, Helsinki: Hakapaino (in Finnish).

Ministry of Agriculture and Forestry (MAF) (1998), *Agri-environmental Programme 1995-1999: A Final Report of the Follow-up Working Group* (in Finnish).

Ministry of the Environment (MoE) (1988), *The Programme of Goals for Water Pollution up to 1995*, Helsinki: VAPK (in Finnish).

Ministry of the Environment (MoE) (1992), *Environmental Programme for Rural Areas*, Helsinki: VAPK (in Finnish).

Ministry of the Environment (MoE) (1994), *Environmental Programme for Rural Areas, An Interim Report of the Follow-up Working Group* (in Finnish).

Ministry of the Environment (MoE) (1995), *Finnish Environmental Programme up to 2005*, Forssan Kirjapaino (in Finnish).

Ministry of the Environment (MoE) (1997a), *Environmental Policies in Finland*, Helsinki: Edita.

Ministry of the Environment (MoE) (1997b), *Proposal for the Implementation of the EC Nitrates Directive in Finland*, Helsinki: Edita. (in Finnish).

Mol, A. P. J. (1995), *The Refinement of Production: Ecological Modernisation Theory and the Chemical Industry*. Utrecht: Van Arkel.

Mol, A. P. J. (1996), 'Ecological Modernisation and Institutional Reflexivity: Environmental Reform in the Late Modern Age', *Environmental Politics*, Vol. 5, No. 2, pp. 302-323.

National Water Board (1974), *The Principles of Water Management up to 1985*, Helsinki: VAPK (in Finnish).

Niemi-Iilahti, A. and P. Jokinen (1999), 'Three Years' Experience of EU Integration: The Case of the CAP and Agri-environmental Subsidies in Finland', in M. Joas and A. Hermanson (eds.), *The Nordic Environments: Comparing Political, Administrative, and Policy Aspects*, Aldershot: Ashgate, pp. 233-259.

Rannikko, P. (1996), 'Local Environmental Conflicts and the Change in Environmental Consciousness', *Acta Sociologica*, Vol. 39, No. 1, pp. 57-72.

Rekolainen, S. Kauppi, L. and E. Turtola (1992), *Agriculture and Water Quality*, Helsinki: Luonnonvarainneuvosto (in Finnish).

Rhodes, R. A. W. and D. Marsh (1992), 'New Directions in the Study of Policy Networks', *European Journal of Political Research*, Vol. 21, Nos. 1-2, pp. 181-205.

Schnaiberg, A. (1997), 'Sustainable Development and the Treadmill of Production', in S. Baker, M. Kousis, D. Richardson and S. C. Young (eds.), *The Politics of Sustainable Development: Theory, Policy and Practice in the European Union*, London: Routledge, pp. 72-88.

Schnaiberg, A. and K. A. Gould (1994), *Environment and Society: The Enduring Conflict*, New York: St. Martin's Press.

Siikamäki, J. (1996), *Suomen maatalouden ympäristötukijärjestelmän sisältö ja toiminta* (The Contents and the Implementation of the Finnish Agri-environmental Programme), Helsinki: MTTL.

Spaargaren, G. and A. P. J. Mol (1992), 'Sociology, Environment and Modernity: Ecological Modernisation as a Theory of Social Change', *Society and Natural Resources*, Vol. 5, No. 4, pp. 323-344.

Statistics Finland (1994), *Environment Statistics*, Helsinki: Tilastokeskus.

Statistics Finland (1998a), *Statistical Yearbook of Finland 1998*, Hämeenlinna: Tilastokeskus.

Statistics Finland (1998b), *Finland's Natural Resources and Environment 1998*, Helsinki: Tilastokeskus.

Suhonen, P. (1994), *Mediat, me ja ympäristö* (Media, Us, and the Environment), Tampere: Hanki ja Jää.

Weale, A. (1993), 'Ecological Modernisation and the Integration of European Environmental Policy', in J. D. Liefferink, P. Lowe and A. P. J. Mol (eds.), *European Integration and Environmental Policy*, London: John Wiley.

过渡型经济体

作为文化政治的生态现代化
——立陶宛公民环境行动主义的变革

莱奥纳达斯·林克维奇斯

本文对立陶宛自1957年以来公民行动者、官僚行动者与经济行动者三者之间的结构性张力与体制性学习过程进行了研究,详细阐述了作为文化政治的生态现代化概念(Hajer,1996)。本文特别考察了生态现代化论者的主张,即认为立陶宛的环境行动主义发生了变化,从20世纪70年代与80年代倾向群众运动、激进与冲突的取向,转变为20世纪90年代专业化、改良主义与注重共识的取向。本文作者发现,在研究涉及的整个时间跨度中,都存在着这两种形式的环境生态主义。文章指出,批判性、群众性、不妥协的环境运动很可能会与更为专业化、注重对话的运动方式继续并存下去,即便这些环境运动的表现形式仍将不断演变发展。

引 言

本文分析了立陶宛公民环境行动主义的表现形式在四个截然不同的历史时期的变化。立陶宛是东欧的过渡型经济体之一,不久前它迅速脱离了苏联的专制统治,重新确立了作为独立国家的地位,现在正努力朝开放、民主社会的方向发展。这四个历史时期是：

- 苏联统治下的国家社会主义时期(1986年之前)
- 改革时期(1986—1988年)
- 民族解放时期(1988—1989年)
- 重新成为独立国家、向市场经济转变的时期(1999年至今)

本文通过对话语策略、实践与文化张力的分析，指出立陶宛环境行动主义的组织形式与意识形态取向发生了转变：从苏联统治下的蛰伏期，到20世纪80年代末成为一种社会运动，再到20世纪90年代朝更为专业化的方向发展。本文分析中利用的数据来自半结构性访谈、间接来源以及参与者的评论。

本文用立陶宛环境运动的动态，与西欧和北美具有完善记录与理论总结的环境运动动态作了对比。比较时遵循的是由西方社会科学家(特别是阐发生态现代化理论的学者)划定的标准。

正如生态现代化相关著述中所指出的(Hajer,1995;Mol,1995;Spaargaren,1997)，和其他领域的行动者相比(特别是企业家和公共权威)，20世纪70年代环境保护主义者所持的态度与自我身份认同都是对抗性的。同样，埃德(Eder,1996)阐述的"环境运动被对手所盗用"概念意味着公民领域和经济领域或官僚领域之间始终存在着一种张力。另一方面，近期的实证研究结果与理论描述却指出，环境组织与其他领域行动者之间的张力已逐渐趋于缓和。例如，生态现代化的相关著述阐明了环境行动主义者跻身工业企业董事会与政府委员会，并参与新的以对话为基础的公共政策交流的方式(Hajer,1995;Mol,

1995)。如今,在注重共识的环境合作关系以及以当地《21世纪议程》为标志的体制实验中,行动主义者也起着重要的作用。

贾米森(Jamison,1996)发现,社会运动组织在试图实现因环境关注而生的公众目标的时候采用了新的策略,并且请学者、专业营销人员甚至是政治精英助阵(例如,世界自然基金会在广告中使用爱丁堡公爵的形象就说明了这种趋势)。这类例子表明,当代的环境组织逐渐具备了与20世纪70年代的群众性组织完全不同的新特点。新的体制发展、话语策略与实践的迹象,意味着当代的环境行动主义者倾向于改变与诸多环境科学与技术政策领域之间的对立状态。与此同时,贾米森(Jamison,1996)等环境社会学者也认为会产生新的群众性环境行动主义(亦可见 Szerszynski *et al*.,1996)。

本文的研究表明,在研究涉及的几个时期中,立陶宛环境行动主义者之间既没有泾渭分明的冲突,也不存在共识。立陶宛的生态现代化往往被描述为绿色运动与公共权威、企业家和学者之间的协作努力与张力的综合。本文认为,立陶宛的环境行动主义从一开始就兼具两种特征:一是注重对话与共识的趋势——常被视为生态现代化的一个特点(Mol,1995);一是群众性的、更为批判、更为激进的立场——这是20世纪70年代西方环境保护主义的典型特征。[1]

"政策领域"与"文化政治"是本文研究中的两个重要概念工具,我们在下一节中将进行简要介绍。文章后面的部分将较为详细地探讨立陶宛环境行动主义在四个时期中的发展情况。文章结论部分探讨了立陶宛这一案例研究对于生态现代化理论的意义。

政策领域与文化政治

针对环境运动和环境政策中公众参与情况的分析,探讨的是公民领域等其他政策领域中的行动者的相互作用。贾米森和巴克(Jamison and Baark,1990)在关于科学与技术政策的著作中区分了三种政策领域(或文化):官僚领域、企业领域与学术领域。这一分析框架在最近又有所扩展,纳入了第四个"理想类型",即公民领域[2]。(见表1)

表1 不同政策领域之间的文化张力

领域⇨ 重要特点⇩	官僚	经济	学术	公民
信条	秩序	增长	启蒙	民主
控制机制	计划	商业	同行评议	评价
精神特质	形式主义	企业家	科学	参与

资料来源:贾米森(Jamison,1997),林克维奇斯(Rinkevicius,1998)。

每个政策领域的特点由不同的信条(或目标、理想)决定。举例来说,政策领域奉行的信条是秩序,而经济领域奉行的信条则是增长。各个领域的控制机制的性质也各不相同。在官僚领域之中,规则建立在繁冗的筹划过程基础上。经济领域的基础,则是已被视为惯例的快速而能动的商业交易。

精神特质(或价值取向)同样是每个领域的特征。大部分公民型活动的基础,都是对民主参与和政策向公众监督开放的信心。在官僚领域占据支配地位的精神特质是形式主义,它对外部的形式性决策结构持排斥态度。在企业领域的精神特质中,经济行动者注重的则是有力、高效、明智而灵活的行动。

根据某些社会科学著述的观点(Eisenstadt,1968; Abercrombie et al.,1994),我们可以将政策文化与政策领域概括地称为社会体制或体制性范畴,因为这两个结构性实体必然结合了各种支配性的指导原则、信仰与规范,以及惯常的主流做法与组织形式。

文化政治

有的学者将"文化政治"这个说法定义为环境政策制定过程中各个话语联盟之间的文化张力(Hajer,1996)。贾米森和巴克(Jamison and Baark,1990)对政策领域的区分,以及对领域之间张力的关注,有助于我们详细阐述文化政治的概念。本文作者认为,这种文化张力与文化政治不仅仅来源于各方所持的不同意识形态——各方指的是生态现代主义者、认为生态现代化是维持"现状"的人,或者将生态现代化视为"技术专家治国论计划"的人。我们也可以说,导致(或产生)生态现代化文化政治的根源是不同政策领域的各种信条、原则、日常实践与价值取向。这些因素被纳入了不同的政策领域,因而产生了不同的"政策文化"。

从这种观点出发,我们可以用社会学理论对生态现代化进行分析,并将其理解为各种文化政治的争议过程;而生态现代主义意识形态的传播,则需要依靠由不同政策领域决定的人们的态度、信仰与实践。生态现代主义者认为,文化政治会导致社会中寻求对话与建立共识的新尝试,这些新尝试又会通过领域间的相互学习过程缓和张力,并且就可持续发展的目标和途径达致结论。

环境行动主义的转变,是这种结构与能动性的复杂变化过程中的一方面。对环境行动主义的文化政治的研究,则是继续发展生态现代化理论的课题之一。接下来,我们将要分析立陶宛环境行动主义在苏联时期的发展情况。

苏联统治下处于蛰伏状态的环境保护主义,1986年前

20世纪50年代到80年代期间,立陶宛处于苏联的统治之下。这个时期的特点是社会其他领域被官僚领域所侵占。当时立陶宛的大部分社会结构中都可以看到这种模式,不过官方意识形态强调的重点是推行工人阶级的集体民主统治。极权主义政权的压迫与官僚政治,对前苏联集团中各共和国的公民领域造成了最为深远的影响。

苏联统治时期立陶宛政治文化的特点是"两面性",即兼具表象和潜藏的两面(Palidauskaite,1996)。根据某些学者的描述,20世纪60年代到80年代期间的立陶宛是一个"公民社会几乎完全解体"的国家(Vardys,1993)。作为公民行动主义的一个特殊领域,环境保护主义也未能摆脱这种普遍模式。直到改革时期之前,苏联政权都在压制环境保护主义的产生,并防止其进入公众领域与公共话语之中。[3]

相反,在西欧和北美地区,20世纪70年代兴起的广泛公众环境争论和积极社会运动(公民领域)为环境保护主义态度与价值观在整个社会中的传播开辟了道路。社会运动创造出了传播

环境保护主义萌芽的临时公众空间(Jamison,1996)。这些社会运动以生态批评为基础,广泛宣传了建立另一种社会模式的思想,并阐明了新的价值观和认知兴趣(Eyerman and Jamison,1991)。不过,哪些因素对于这种新兴社会运动的巩固与动员最为重要,这个问题仍然存有争议(Yearley,1994)。

20世纪80年代中期,立陶宛社会进入了停滞阶段,至少社会生活的表层是停滞不前的。尽管如此,当时发生的重要体制变化表明立陶宛存在着蛰伏状态的环境保护主义。蛰伏环境保护主义的核心特点是,公共政府与经济领域中的某些个人坚持勇敢的公民立场,并采取了有益环境的行动。这些行动既不被公共话语或争论所注意,也没有得到新闻媒体的报道。蛰伏的环境保护主义并不像西方的环境保护主义那样,通过社会运动和运动组织来表达对生态问题的担忧。蛰伏的环境保护主义是立陶宛"两面性"政策文化的重要组成部分。这种政策文化表面上遵从由莫斯科下达的指令,但实际上却在地方层次对指令作了调整与改进。

蛰伏的环境保护主义取得了特别的成果:1957年,立陶宛成为了第一个建立国家自然保护委员会的苏联加盟共和国。立陶宛也是最早通过自然保护法的苏联加盟共和国之一(1959年)。1960年,立陶宛又成立了自然保护协会。这个协会是一个"公共"机构,但公共意义的程度非常有限,因为苏联政权设立了严格的意识形态与组织界限。上述法律和体制成就并不是苏联公共权威取得的,而是由杰出的个人通过非正式的关系网络、游说与私人交往取得的。这些人在国家官僚机构中身居要职,同时又具有重视环境的公民取向与精神特质。

这其中的一位人物就是曾任立陶宛国家自然保护委员会主席的维克托拉斯·贝尔加斯。从该委员会创立到20世纪70年代,贝尔加斯一直担任领导人。立陶宛自然保护领域的上述大部分成就,以及其他体制、法律方面的发展,在很大程度上都是贝尔加斯和其他几位官员积极行动的结果。他们能够提出想法、在苏联官僚机构的关键人物中搭建非正式的关系网络,并调动必要的资源。这样的行动者类似于我们在其他研究领域中所说的政策企业家(Giuliani, Rinkevicius and Sverrisson, 1998)。

苏联设于立陶宛的管理机构中的许多官员(共产党、部长会议以及立陶宛政府中的高层领导)都出生于第二次世界大战之前。这些人(或他们的父母)的社会化过程至少有一部分是在战前的乡村社群中进行的,而乡村社群构成了立陶宛社会的核心。许多在苏联时代支持有益环境的体制创新的人士,都具有生态中心主义世界观,这种世界观发源于立陶宛平民历来尊重自然的作用、强调与自然共存的泛神论文化(Kavolis, 1994; Rinkevicius, 1997)。

这种传统(更准确地说是泛神论与基督教的融合)是15世纪至16世纪在立陶宛产生的。它的原则是生态中心主义、保护主义、理想主义、浪漫主义、尊重自然,类似于沃斯特描述的回归田园传统(Worster, 1977)。在两次世界大战之间二十余年的独立时期,立陶宛仍然维持着这种传统,不过它逐渐被现代化进程改变了。即便是今天,我们还能在立陶宛农村的老人身上看到传统的泛神论特点。

当然,即便是身居要职的个人,要抵制五年计划的实施(包括苏联工业的迅猛扩展)都是很危险的。但是,在当时没有公众压力、环境社会运动也远未出现的情况下，立陶宛人却冒险中止了某些对苏联经济至关重要的工厂的建设，或是要求以其他方式重建这些工厂。例如，20世纪70年代与80年代在希奥利艾地区，重视环境的水质督察员（如卡斯特提斯·切哈维舍斯）就曾干预过卢科的乳品厂、帕文提斯的制糖厂等其他工厂的建设。[4] 在大部分例子中，环境问题都是第一次被融入工业企业的技术改造或升级过程。注重环境与公民参与的公务员，将此前基本被企业家忽视的问题提上了议事日程。

20世纪70年代和80年代期间，立陶宛逐渐建立了一项制度：环境督察员和其他公共管理人员有权审理每一个工业发展项目，并批准或否决厂区会给当地带来的变化。有的工厂（如卢科的乳品厂和艾尔尼亚斯的制革厂）不得不因此对其设施或具体设备进行重新设计与改造。

当时，某些工厂甚至在鼓励下研制出了我们现在所说的工业生态设施的原型。例如，阿克梅涅水泥制造厂研制出的闭合式污水处理与再利用系统不仅能处理工厂自身的污水，还能处理附近的新阿克梅涅市全部的家庭生活污水。所有的工业污水和家庭污水都被工厂收集起来，进行生物学处理之后供该厂的工业生产再利用。20世纪70年代和80年代期间，这个体系逐渐得到改建，并多次在莫斯科举行的全苏国民经济成就展中获得金奖。

在苏联统治时期的立陶宛，有许多例子表明人们把对环境的关注逐渐融入了企业家和设计工程师的日常实践之中。然而，努力追求将生态理性与国民经济现代化结合在一起的环境友好型工业建设的主体并不是社会体系（例如管理机构、市场力量或社会运动），而是注重公民参与的个人。新工厂的建设与现有工厂的改造，越来越多地与环境设施的建设结合在了一起。立陶宛在建设马热伊基艾炼油厂这类全国性重要工业实体的时候，当地的环境督察员每周四天亲临现场监督，确保工厂建设时采取了最大程度的环境防护措施。我们可以将这种情况视为不同领域（官僚领域、经济领域与学术领域）行动者之间开展对话的最早例证。

立陶宛共产党中央委员会书记、主管工业建设的阿尔吉尔达斯·布拉藻斯卡斯曾多次视察马热伊基艾炼油厂的施工现场。他和一位环境督察员、当地工程师与设计师共同对建筑工作的情况进行评估。马热伊基艾炼油厂的环境设施比生产设施提前近6个月完工。这个炼油厂的例子常被共产党领导等人誉为前苏联环境友好型工业建设的"典范"。

决策者和普通公民都能对工业与技术项目产生影响，这表明双方具有共同的重视环境的观点与公民立场。苏联统治时期，希奥利艾地区的卡斯特提斯·切哈维舍斯与考纳斯地区的拉波拉斯·瓦西利亚斯卡斯积极参与了工业场所的环境监测工作。在他们看来，为了克服机构障碍、实现在工业中进行环境改善的目标，仅靠公民立场与不妥协的态度是不够的。技术与法律方面的专业能力也非常重要，人们可以借此向国家官僚机构传递信息，让后者相信中止或改进某些工业项目无论从经济还是环境角度而言都是必需的。在上述两位受访者看来，环境督察员一定要勇敢、不妥协，具有很强的专业能力，而且还要"清白"——也就是说，没有丝毫贪污腐败的历史。

这些个人采取的某些行动可以被诠释为"反现代主义"，因为行动反映出的趋势并不是追求有益环境的工业发展,而是维持立陶宛基于前现代农业社会结构、传统和价值观的社会现状。有关贝尔加斯(国家自然保护委员会主席)的回忆录中的这段引文就说明了这种现象:

> 他勇敢地坚称:没有必要建立棉纺厂和炼油厂——立陶宛(是一个)农业国家。当国家计划在尤尔巴尔卡斯附近建立石油厂的时候,他坚决表示反对……:它将会淹没草场、污染涅曼河——这样的政策究竟会走向何方?(Zemulis,1996:10)

我认为,当今立陶宛之所以注重发展食物加工、纺织、木材加工等其他"轻型"与"可再生"的工业,而不是前苏联风格的重工业,很重要的原因之一就是在前苏联支配的政府与精英阶层内部,像贝尔加斯这样关心生态与社会问题的个人坚持了公民立场。

由于政策文化的这种"两面性"——表面上遵从莫斯科下达的指令,实际上却在地方对其加以调整和改善——立陶宛没有出现其他前苏联加盟共和国(包括白俄罗斯、拉脱维亚和乌克兰)中显著的自然与社会分化现象。立陶宛的大型工业并不像拉脱维亚和爱沙尼亚那样,集中在一个或两个最大的城市中。相反,立陶宛的地区性或地方性城镇中出现了许多新的工业企业,这为附近村庄的农民提供了就业机会,并且能防止来自俄罗斯和前苏联其他地区的工人大批涌入。这样就减轻了社会群体受到的干扰,而人们与原有社会关联和自然环境疏离的过程也不那么痛苦了。

另一方面,根据当地的自然与社会条件对工业化与城市化政策进行调整,这并不仅仅是蛰伏的政策文化(其特点是精英决策者与地方社群成员之间的非正式交流)所造成的结果。共产党与立陶宛政府的官方文献表明,当时也有一些官方的表面性政策反映了防患于未然的态度,它们针对的是与立陶宛工业等其他经济领域有关的环境与社会干扰。

上述文献的一个例子,是立陶宛共产党中央委员会和部长会议在1981年颁布的关于《限制大城市中的工业建设》的第303号法令。这一法令和其他相关文件正式传达了以下政策目标:停止维尔纽斯和考纳斯这两座主要城市中的工业建设;减少克莱佩达、凯代尼埃、马热伊基艾的工业建设;优先在乡村地区和阿雷图斯、泰尔希艾、陶拉盖、乌克梅尔盖、普伦盖这些小城市中进行工业建设。共产党领导、政府决策者以及隶属研究机构的规划人员希望这项法令能防止立陶宛的工业城市大片聚集。

和苏联统治时期的大部分政策文件与决定一样,这项法令对普通公众而言是接触不到的,也没有进行任何的公开探讨或监督。但这项法令以及其他文件的内容却表明,这类政策的制定者自有其信息交流以及从乡村社群获得反馈的途径。共产党官员、政府的决策者、研究者和规划者利用了各种不同的信息渠道,如探望生活在乡村地区的父母;帮农村的亲戚干农活、做家务;和仍旧住在家乡村庄里的同学朋友聚会,等等。周末的狩猎和远足钓鱼在苏联精英阶层和共产党官员中尤为流行。

通过上述以及其他的信息渠道,苏联决策者得以了解地方的社会与自然状况。因此,他们不允许关于工业化、城市化的决定对现有的社会群体造成剧烈的干扰,这种做法有助于缓和现代化对人们的根基以及与社会、自然环境之间关系的影响。

上文中只列举了立陶宛苏联统治时期复杂的现代化进程的几个例子。当时的现代化进程"平衡"了技术专家治国论意识形态、官僚主义的"指令—控制"决策方式以及谨慎的、防患于未然的政策,并且考虑了当地的社会价值和环境关注。除了立陶宛老一辈社会科学家用本国语言写的几篇文章以外(例如 Grigas,1995),关于这个领域的研究仍然很欠缺。

在苏联统治下,立陶宛社会的公民领域与其他政策领域相比处于弱势而次要的地位。但是在 20 世纪 80 年代中期,这一领域开始变得强大起来,并导致以政策为导向的体制与普通大众之间的交流出现了变化。本文的下一节将对这些变化进行探讨。

最早的论坛:改革时期的环境行动主义,1986—1988 年

20 世纪 80 年代中期,立陶宛的一批知识分子(知识界人士)告诫公众目光短浅、不负责任的科学技术决定会带来危险,他们可以说是最早传播这类信息的公众论坛。1986 年秋,在苏联改革(perestroika)和开放(glasnost)的初期阶段,莫斯科出版的《文学报》(Literaturanaya Gazyeta)发表了一封由二十多位著名作家、诗人、演员、画家、作曲家、建筑家共同署名的抗议信。他们之中有三名俄罗斯人,其他人都来自立陶宛。他们向公众发出警告,称莫斯科的技术专家计划在库罗尼安半岛附近开采

石油,这个半岛被誉为立陶宛波罗的海沿岸的一颗明珠。几周之后,立陶宛的主要文学报《文学与艺术》(*Literatura ir Menas*)也转载了这封抗议信。[5]

这封抗议信是立陶宛发起公众争论,并对有关环境的科学技术决定施加影响的首次公开尝试。通常情况下,这些科学技术决定都是由政府权威以传统的方式(没有任何公众评论或监督)作出的。立陶宛公民领域的行动者第一次利用大众传媒传递了引起社会环境忧虑的重要信息。抗议信发表于切尔诺贝利发生核泄漏6个月之后,那场灾难性事件更加重了公众对前苏联科学技术发展的担忧。

随着抗议信发表而产生的话语涉及了各种各样的象征、标志与论点。有些论点从历史、文化、神话、诗意、道德的角度出发,而且带着强烈的感情——这与沃斯特描述的回归田园传统也很相似(Worster,1977)。制定在波罗的海海滨开采石油的政策,这种做法体现了对社会和文化不负责任的态度,以及苏联帝国"中央与边缘"之间的疏离关系。抗议信中充斥着一种内在的、直觉的危机感,这与"风险社会"理论中探讨的感觉很相似(Beck,1992);它关注的是不受防范性、预防性公众监督与控制的科学技术发展的固有威胁。

上述的知识分子联盟不仅使用了回归田园式和生态中心主义的语言,还试图用官僚领域和经济领域行动者所熟悉的语言来提出自己的论点。这是一种理性的、注重数字的语言,以权衡经济与环境方面的成本和收益为基础。

当5000吨原油喷泻而出的时候,立陶宛共和国将受到以下损害:(1)治理污染所需的费用将达到1.55亿卢布;(2)渔业将蒙受近4000万卢布的损失;(3)沿海休闲地区遭受的经济损失将达到3800万卢布;(4)受污染地区的清理工作将耗资4900万卢布……这样的石油溢出将给共和国带来共约2.84亿卢布的损失。[6]

较之于20世纪60年代与70年代盛行的文化与道德语言(例如贝尔加斯所说的"它将会淹没草场和涅曼河[原文如此],将会污染波罗的海"),这封抗议信可能是立陶宛第一次采取不同的方式来表达环境关注。抗议信所传递的信息以非常具体的事实为基础,而表达时所使用的是今天被我们称为"成本收益分析"的语言,因此它可以归入生态现代化话语的范畴。抗议信表明,这一著名知识分子联盟体现出的立陶宛环境行动主义的文化政治,其目的不仅仅是批评对环境不负责任的公共政策,并公开表明信件签署者鲜明的环境保护立场。相反,从他们所选择的语言与信息传递方式中可以看出,立陶宛的公民行动者是在努力寻求一种建设性的解决办法,而不是试图采取激进、另类(非传统)、非建设性的立场——这种立场是对其他行动者的目标与做法的对抗或忽视。

这封抗议信有一个特别之处:签署信件的知识分子当中只有一位科学家。如果要从成本收益的角度阐述环境损害的问题,就必须让科学专家参与进来,尤其是那些能接触到当时被中央官僚机构封锁的重要信息的专家。目前我们所能获得的实证资料表明,当时来自不同领域(官僚、经济与学术领域)的关注环境的行动者之间存在非正式的沟通渠道。

抗议信中相当尖锐地指出，人们并不信任以莫斯科下达的指令为基础的指令与控制体系。立陶宛寻求去中心化、实现地方控制的尝试，与20世纪70年代西方国家环境保护主义者所传播的思想形成了呼应(Cotgrove,1982;Pepper,1994)。要求实现与环境有关的科技决策的去中心化，也就意味着要求进行摆脱莫斯科控制的更为普遍的去中心化，因此即便对于这些著名知识分子而言，发表这封抗议信也是迈出了极具勇气的一步。

> 我们认为，这种愚蠢的行为和对自然的公然犯罪是不可能在立陶宛加盟共和国发生的（斜体为本文作者所加）。首先，尊重自然的深厚传统已经在这片土地上植根多年，而在实施不成文的自然保护规定方面，立陶宛全国的态度也是非常协调一致的。但就这一具体事件而言，它并非完全取决于加盟共和国。[7]

这封抗议信不仅号召在制定与环境有关的科技政策时采取防患于未然的谨慎态度，也表达了提高国家主权的要求。它反映出"中央与共和国"（这是当时的说法）之间的关系出现了越来越多的矛盾。但是，这种主权要求是通过理性的（但很尖锐）生态中心主义语言表达出来的，即强调去中心化对于保护自然资源、避免代价高昂的环境灾难的重要意义。

由于这封抗议信，苏联暂时中止了技术专家在库罗尼安半岛开采石油的计划。签署抗议信的知识分子联盟中没有一人受到苏联政权压迫性体制的任何形式的惩罚，这也许是因为苏联当时已经进入了开放时期。20世纪90年代中期，不顾立陶宛政府和整个公民社会的强烈抗议,俄罗斯政府重新制订了计划,并开始在加里宁格勒一带的库罗尼安潟湖区实施开采。

1986年发表的抗议信,很可能是人们第一次利用环境相关信息来传播关于去中心化和立陶宛主权的政治号召。从那时起,立陶宛的环境保护主义始终结合了生态关注与国家主权思想这两个方面。虽然立陶宛当时处于开放时期,强大的极权主义界限还是使决策过程无法得到充分的公众民主监督。两年之后,这种极权主义界限被打破了。

公民环境保护主义与国家自由,1988—1989年

1988年到1999年间,立陶宛公民社会的重新觉醒与恢复国家主权的举措,是与绿色运动的萌芽与动员紧密交织在一起的。在立陶宛绿色运动发展的最初阶段——苏联解体的几年之前、西方国家的当代环境运动起步约二十年之后——立陶宛的环境保护主义者试图占据并控制自然保护这一领域(连同针对苏联"帝国主义"的抗议)。从这个过程中吸取的经验,对于立陶宛环境保护主义后来"对话与对抗并存"的发展阶段有着重要的意义。

立陶宛绿色运动的根源

在1988年到1989年的"歌唱革命"*期间,环境行动主义

---

* 指20世纪80年代末爱沙尼亚、拉脱维亚与立陶宛这三个前苏联加盟共和国为争取国家独立而发起的一系列运动。运动中多采取献花、合唱等非暴力方式,因此被人们称为"歌唱革命"。——译者

者与其他领域行动者之间的对话方式,与上文中提到的苏联时期潜藏的交流渠道有所不同。20世纪80年代末,立陶宛的年青一代组成了绿色运动的核心。这些年轻人不属于任何国家行政机构或管理机构,至少在运动的萌芽和动员时期是如此。萨乌留斯·格里丘斯、西格马斯·瓦西维拉、萨乌留斯·皮科瑞斯等人一直到将近三十岁的时候都始终领导着立陶宛的绿色运动,不过很少有年龄超过三十岁的领导人。许多年轻人通过所谓的自然旅游俱乐部等类似组织加入了绿色运动。

在苏联统治时期的立陶宛,保护自然以及历史文化遗产的活动是由自然旅游俱乐部、民间音乐团体等其他组织开展的,这些组织通常以各所大学和研究院为基地。在维尔纽斯大学、考纳斯理工专科学院、考纳斯农学院、医学院、理化学院等院校的学生和年轻教职员中,这些俱乐部相当流行。学生和其他年轻人借助这些俱乐部表达了他们对环境与文化的认知兴趣,其具体形式有组织夏季远足、到立陶宛乡村的老人中搜集民间歌曲和故事、在自然保护区和公园中组织保护主义活动、到为学生开展的工作夏令营中工作等。

立陶宛最早的大型绿色俱乐部(即我们今天所说的非政府组织在当地的原型)是在立陶宛三座最大的城市中成立的,即考纳斯的阿特加(Atgaja)俱乐部、维尔纽斯的赞米娜(Zemyna)俱乐部,以及克莱佩达的兹韦戎(Zvejone)俱乐部。这样的俱乐部从只有几名爱好者,逐渐发展到三十至五十人的规模。许多持类似取向的小型俱乐部也在其他城市以及小城镇和村庄中迅速涌现。这些俱乐部构成了新兴的绿色运动的核心,其中有许多是由原来的行动主义者和各种俱乐部(自然旅游、民间传说、保护历史遗迹)的成员建立的。

即使是自然保护这类"无害"的活动,也引起了苏联政权的疑虑。例如,在维尔纽斯和莫斯科共产党的高层看来,"国家公园"这个名称就带有政治含义。年轻志愿者到这些公园开展的远足活动同样也引起了疑虑。因此,1987年到1988年间第一批绿色俱乐部等其他非政府组织在立陶宛崭露头角的时候,共产党等统治机构对它们进行了"引导",让它们在体制上成为共产主义青年团(Komsomol)的附属组织。

这样一来,立陶宛最早的一些绿色俱乐部正式成为了共青团的附属组织;但就意识形态而言,这些来自群众阶层的新绿色行动主义者中很少有人信奉共产主义的信条。绿色俱乐部成为共青团的附属组织,这只是注重环境的公民行动者与国家官僚机构双方最早在组织上作出的让步之一。这种让步使新的群众性环境组织在改革与开放后期的苏联体制中获得了公共组织的正式地位,从而实现了合法化。

因此,通过旅游、文化俱乐部这些类似业余爱好的活动,未来的绿色行动主义者获得了重要的经验——如何追求具有"微妙"政治意义的目标,并避免与苏联政权产生公开冲突。绿色行动主义者之所以从一开始就采取了抗议与对话相结合的非传统做法,这也是一个重要的原因。

立陶宛早期环境运动的非传统特性

研究者在分析西方环境保护主义的时候,对这些运动的社会对抗性问题存在争议。有些生态现代化理论家(Hajer,1996;Mol,1995;Spaargaren,1997)指出,西方环境保护主义在发展的早期具有"非传统"的特性,换言之也就是"对立"的特性。这种特性体现在:环境运动及其推行者试图迅速改变主流的价值观与社会体制、号召采取非传统的生活风格与技术;环境保护主义者以激进的方式表达自己相对于西方社会其他成员的身份认同。这种自我区分和对立主义,在环境保护主义者对待企业家、政治—经济精英与国家官僚体制的态度中体现得最为明显(Cotgrove,1982;Hajer,1995)。其他学者对20世纪70年代西方环境保护主义的看法与诠释却与此截然不同。例如,认为环境运动、环境运动知识分子以及他们极具影响的著述表达出了"社会生态学的积极规划,而不是一味渲染毁灭与危机"(Jamison,1996:229)。

起初,立陶宛环境运动宣传的思想是"非传统的技术与非传统的生活风格"。但是"非传统"这个说法的含义却与20世纪70年代西方环境保护主义中的含义不同:"非传统"在西方环境保护主义中的普遍含义,是对工业社会中盛行的主流价值观与体制不再抱有幻想。相反,立陶宛的激进环境保护主义批评却是在环境与政治这两种意义上,反对苏联极权主义政府的"帝国主义"意识形态。因此,与20世纪70年代西方的环境保护主义运动相比,1988年到1999年间立陶宛环境运动的话语得到了更为广泛的社会认同。

立陶宛这一时期环境行动主义的导向,往往是对苏联的极权主义体制提出抗议或批评,不过这种批评被包含在关于特定社会、经济与生态问题的话语之中。因此,当时的公民行动主义中始终存在一定的对立主义态度。但这种态度与西方环境运动中的对立主义不同:西方环境保护主义者批评的是物质丰富与资本主义工业化,批评所针对的主体则是政治精英与企业家。在立陶宛,环境行动主义却无法以物质福利与资本主义生产方式这样的意识形态平台为基础。物质商品的匮乏在苏联是极为常见的,因此针对富裕社会的批评虽然对于20世纪70年代西方的环境保护主义极为重要(McCormick,1989),却并不适用于苏联。

下面这段关于世界观和宇宙论的声明,反映出了立陶宛绿色运动人士的"非传统"特点。绿色运动的一位知识分子在这段文字中表达了对待人与自然关系的回归田园式态度,并且构架了一种独特的话语联盟:

> 为了领会事物的实质,不仅需要理性、逻辑的认知方式,还需要以直觉、沉思的认知方式作为补充。在教条主义的科学家看来,绿色运动人士探讨的是漫无边际的神秘主义问题,但事实上他们只不过是跨越了范畴式思维的界限而已……我们了解正确生活方式的途径,不仅仅是科学和聚会,还有夜空中的繁星、民间歌曲、屈尔里奥尼斯的画作[8],以及孩子的眼睛(Karalius,1990:16)。

绿色运动人士关于自身作用的表述,也在话语层面强化了他们与社会其他成员之间的自我区分。

> 总体而言,我也认为绿色运动起着控制的作用——它控制的不仅是政府或特定的组织,还有总体上的自然保护……绿色运动人士会与别人合作,但他们对局面的控制

能力将超越一切控制"公众"的委员会[9](Balbierius,1989:4)。

这些来自立陶宛绿色运动领袖与思想家的声明,反映了绿色运动人士与其他领域行动者之间关系的变化趋势。在20世纪80年代末绿色运动发展的初期,他们所传播的就是这种趋势。接下来本文将探讨在立陶宛的社会运动出现激增之后,环境保护主义是否"被对手所盗用"(Eder,1996:203)的问题。按照上文中的声明,立陶宛绿色运动发展初期的趋势恰恰与此相反:环境保护主义者试图侵占并控制自然保护的领域。

绿色运动人士的这种强烈自信,以及通过各种引人瞩目的公开抗议活动展现出来的共同环境关注,对科学技术决定产生了很大影响。最为重大的影响有:停止伊格纳利纳核电站第三座反应堆的建设、暂缓克鲁奥尼斯水力发电站的建设,以及暂缓立陶宛波罗的海沿岸一座石油进口码头的建设。[10]

苏联时代立陶宛最早的环境组织在建立之初学习到了注重"策略"与对话的经验,这对于后来国家复兴时期环境运动在公众中传播其信息的方式有着重要的意义。本文的下一节中给出了"策略"与对话相结合的一些例证。

关于对话与对抗相结合的早期评论

1988年夏绿色行动主义者首次举行的大型集会吸引了来自社会各界的大批人士,特别是在考纳斯市。这些集会引起了人们的好奇心和认知兴趣;更为重要的是,集会让人们意识到公开对体制进行批评是可行的,意识到苏联的压迫性体制已不再像以前那样可怕。绿色人士组织的公开示威自发地演变成了针对苏联政权的抗议活动。环境批评中使用的许多象征和实例，同样可以用来批评社会主义的缺陷，并且为实现根本性的转变设定了策略。立陶宛社会各界人士都认同这种观点，因为它能够实现人们追求已久却始终被压抑着的国家自由与民主的理想。

继夏季集会取得成功之后，立陶宛的绿色运动于1988年秋组织了第一次全体大会。来自所有绿色俱乐部和一些学术机构的代表，以及以个人名义参加的与会者，都聚集到了凯代尼埃化工厂，这是立陶宛为数不多的重工业企业之一。从地理意义上说，这座化工厂坐落在立陶宛的中心；从政治意义和媒体报道的角度而言，它却处在相对边缘的地位。

绿色运动人士的第一次大会为什么不在维尔纳斯、考纳斯等地（最为活跃、最受关注的绿色俱乐部就设立在这些大城市）的会议厅里举行，而要设在外地？在1988年夏的第一次大规模生态抗议游行中，凯代尼埃的化工厂曾受到激烈批评，这次大会为什么又偏偏在这个化工厂举行？探讨这些问题，将有助于我们解释立陶宛环境保护主义的文化政治，以及公民行动者与经济、官僚领域的行动者之间那种既正式而又潜藏的联系。

面对这一宣扬"非传统"价值观、技术与生活风格、发展势头迅猛的新型社会运动，维尔纳斯的核心权威机构希望尽可能减少它在公众中的影响。因此，公共权威向绿色人士发出了非正式的建议，让他们在凯代尼埃召开大会。凯代尼埃是可以接受的，因为只要绿色人士的大会不在大城市举行，就不太可能引起过多的公众关注，也不致引起环境保护主义者的过激行动。可想而知，这对于环境保护主义者而言并不是最理想的选择，尤其是在引起公众关注与吸引尽可能多的拥护者方面。尽管如此,绿色行动人士还是做出了让步,而没有与官僚机构产生冲突。

在1988年的立陶宛,作为苏联极权主义政府基础的压迫性体制仍然很强大,而且掌握着权力。由于公开对抗有可能受到政府的直接压制,这种威胁自然是决定当时环境运动策略的重要因素之一。绿色运动人士把第一次大会的地点定在凯代尼埃,就可以视为这种不平等对抗的一个例证。

然而,受苏联政府压制的威胁,并不是绿色运动从和公共权威公开对抗转向调整与对话的唯一原因。另一个重要因素是公共权威已不再是铁板一块。官僚领域中的许多行动者不仅受到仍旧强大的政权的影响,也受到了公众舞台中的各种新价值取向与自由民主理想的影响,这些取向与理想从某种程度上说是由环境运动引入的。共产党机构、立陶宛政府、各市领导机构、工业企业上层领导中某些官员所持的这种公民取向,对于他们和绿色运动人士通过潜藏渠道进行对话是至关重要的。

选择凯代尼埃为大会地点,这一妥协很可能就是通过环境保护主义行动者和官僚、经济领域行动者之间的非正式"对话"而达成的。近期我们对绿色运动领导人萨乌留斯·皮科瑞斯和利纳斯·瓦伊纽斯的采访[11],就证实了我们关于当时对话和寻求妥协的动机的推测。这个例子以及其他的例子所表明的,不仅仅是绿色运动人士与公共行政官员和企业家之间存在非正式的交流渠道。它们还体现了一种趋势:企业家(如凯代尼埃化工厂的最高管理层)迫于环境保护主义者的压力,宁愿为环境保护主义者提供帮助(或取悦他们),而不愿意继续与他们对抗。

凯代尼埃化工厂的企业家不仅仅允许绿色运动人士在厂里

举行大会,化工厂的一些员工还参加了那次会议。虽然他们并不是来自群众阶层的行动主义者,但他们和其他与会者一样,也抱着注重环境的态度。凯代尼埃化工厂的一位高级管理者皮尔科斯卡斯先生在会上承认,管理层已经意识到工厂需要转而采取有益环境的生产方式,但苏联的经济体制却不允许他们按照自己的想法进行改良和转变。因此,帮助绿色运动人士的做法也可以视为企业家生态意识和公民立场的一种体现,而不仅仅是为了减少群众性批评带来的威胁。1989年夏绿色运动人士组织的和平游行期间,凯代尼埃化工厂允许他们在厂内工业废料(磷石膏)堆成的小山坡上举行了一场摇滚音乐会。另外,该厂还向绿色运动人士提供了大笔资金(约1万卢布),以支持他们的抗议活动。

1988年,约纳瓦的阿佐塔斯化肥厂为生态抗议游行提供了经济(1万卢布)、交通(公共汽车和卡车)等方面的支持,这是绿色运动人士与企业家之间既合作又冲突、压力与对话共存的关系的又一个例证。矛盾的是,在这次游行和后来的几次活动中,绿色运动人士针对这个化肥厂进行了相当激烈的抗议示威。他们积极传播信息,称阿佐塔斯化工厂对人和自然造成了严重的负面环境影响。因此,这是首先受到绿色运动人士严厉批评的企业家又一次反过来为环境保护主义者提供物质(以及话语)方面的支持。根据我们对绿色运动领导人的采访[12],当时化工厂的企业家表明自己也是注重环境问题的,并且采取了一些措施以减轻生产活动带来的负面环境影响。但这些企业家也承认,在苏联现存的尾大不掉、效率低下的政治经济体系之下,他们采取的措施收效甚微。按照企业家的解释,通过各种方式帮助绿色运动人士是为了表明自己的环境意识,尽管他们事先就知道自己的工厂会受到绿色人士的批评。

总而言之,1988年到1999年立陶宛出现的新社会环境运动在该国起到了重要的作用。它不仅暂时开辟出了一个公共空间(参见 Jamison,1996)、公开传递了重要的信息,也巩固了立陶宛的国家自由运动。这一运动通过环境保护主义批评表达了真实的生态关注,也对处于支配地位的苏联政权提出了抗议。在环境政策方面,这种运动为推行变革、实现公共政策交流的民主化创造了新的途径。它传递的信息必将导致新对话形式的产生,让人们相信公共参与具有建设性的力量,并承诺以一种新的、不危害环境的方式(以社会群体和共同的责任为基础)来改造国家的经济与技术发展。

过渡时期的环境政策,1990年至今

1990年以来,立陶宛的公民环境行动主义者在不断寻求与官僚领域和经济领域的行动者开展建设性的对话,即便在保持环境运动激进的、不妥协的压力时也同样如此。[13]随着立陶宛从苏联的一个加盟共和国转变为以市场为导向的独立国家,这一时期的环境政策也受到了起起落落的经济与政治转变的影响。这种局面使得立陶宛的环境保护主义走向了专业化,环境运动出现了新的组织形式,运动中的某些行动主义者和领导人产生了"多重身份"与身份危机,新的群众性行动主义也再次涌现。

高涨情绪的终结

无论是在普通公民还是环境保护主义者之中,高涨的情绪、自信和对公众参与的信心都逐渐减退了。环境行动主义者的激进活动变得不那么重要了;他们无法再广泛发动来自各行各业、可以代表整个社会的行动者。环境运动的领导人甚至曾明确表示,他们将尽量不采取会对各经济领域造成剧烈影响的活动,这主要是因为立陶宛社会面临着过渡时期的困难局面(Zemulis, 1995:11)。1990年3月11日立陶宛宣布独立后,莫斯科开始对该国进行经济与政治封锁,这种立场更加得到了强化。

然而,公共政策分析家、记者、科学家乃至整个社会都没有忘记绿色行动主义者在"歌唱革命"期间发起并领导的激进活动,而且把这些活动与过渡时期最初几年立陶宛的经济衰退联系在了一起。这种"令人不快的记忆"在1990年至1994年的困难时期最为盛行,当时立陶宛的供暖出现了短缺,用电、食品和住所的价格飞涨,人们最基本的需求都难以得到满足。社会中出现了责难绿色运动人士的声音,称他们的行动给立陶宛脆弱的经济与愈演愈烈的社会忧虑带来了负面影响。苏联统治时期的最后几十年中,立陶宛虽然也有许多商品供应不足,但整个社会从来没有出现过供暖、电力、廉价食品和住所匮乏的现象。由于满足基本需求的困难迅速增长,立陶宛的绿色运动人士成为了备受过渡期社会其他成员的责难的群体之一,但指责者并未对经济状况恶化的根本原因进行深入的分析。

当时立陶宛的广大民众之所以普遍对公众(非专业人员)参与环境科学与技术政策的做法持较为消极的态度,上述现象可能就是原因之一。环境行动主义者进行社会动员、把民主与可持续发展的思想引入公众舞台的积极作用逐渐被忘却了(Stoskus,1996:12)。人们记住的只是消极的一面,特别是绿色运动人士对伊格纳利纳核电站、克鲁奥尼斯水电站和波罗的海沿岸巴庭芝石油进口码头的干预。环境保护主义者给上述及其他环境敏感政策问题带来的影响,是强化人们对公众参与公共政策进程所持的消极态度与预期的主要因素之一(Rinkevicius,1998)。

立陶宛环境保护主义在这个时期吸取的另一个教训是:公民行动主义、集体身份认同、社会动员以及参与政策制定进程,只有在对整个社会而言至关重要的结构转变时期才具有意义。这些结构转变包括多年来追求的理想的实现,即立陶宛社会摆脱了极权主义政府的控制,重新成为了一个享有主权的民主国家。

立陶宛环境保护主义的专业化

后来,自1993年到1994年起,立陶宛的国家环境部门、市级行政管理机构、工业企业、学术机构和新兴商业企业中出现了明显的体制强化趋势。立陶宛发起了各种各样的外资援助计划,以支持污染控制和立陶宛工业更为清洁的生产方式;环境部门制定了经济政策措施,并开始大力推行;制定了国家环境战略,并采取了其他重要政策(Rinkevicius,1998)。

和西方国家一样,立陶宛的环境行动主义中也出现了经济、官僚和学术领域的重要性逐渐超过公民领域的迹象。本文在探讨这一问题时将尽量不使用"环境保护主义被环境运动的对手所盗用"的说法(Eder,1996:203),这么做有两个原因。第一,按照本文的理解,"盗用"指的并不是其他领域的行动者取代了注重公民参与的行动者的主动权或关键作用,而是环境意识在公共行政官员、企业家与学者之中的逐步传播。第二,官僚、经济与学术领域中的行动者采取的环境活动相对增多,并越来越引人瞩目,这与环境运动的专业化进程有着密切的联系。

立陶宛的绿色运动人士在环境政治与政策制定的过程中走向了专业化,这个过程与贾米森(Jamison,1996)所说的西方环境运动人士和组织专业性越来越强的发展轨迹是相似的。但是,从1988年的创始阶段起,立陶宛环境运动的话语与活动就始终具有相当强的专业能力与建设性的影响。

自1988年、1989年到20世纪90年代,立陶宛环境运动的行动者中不仅有注重公民参与的非专业人士,也有许多具备良好教育背景的人员,他们来自技术、自然科学和社会科学等多个学科。1988年到1989年间,伊格纳利纳核电站成为了公共议事日程上的关键问题。当时,绿色运动人士针对这个问题的话语策略和行动是由瓦西维拉等领导人制定的。瓦西维拉是一位核物理学博士,曾在苏联核物理领域的顶尖研究机构中工作过几年。除了瓦西维拉,20世纪80年代末立陶宛关于伊格纳利纳核电站的公众争论的领导人都是专业的物理学家、辐射学家、能源专家、数学家或生物学家。

1996年到1999年期间,立陶宛也出现了类似的群众行动主义与专业能力的结合。在这一时期,绿色行动人士试图关闭伊格纳利纳核电站的活动,都是由运动领导人瓦伊纽斯、布拉泽柳斯和皮科瑞斯在与立陶宛能源学院的学术专家(如马塔斯·

塔莫尼斯教授和他的同事)密切协商后再作出决定的。绿色运动人士聘请这些专家学者开展了全面的生态、经济与技术研究项目,以确定分阶段关闭伊格纳利纳核电站将会产生的真正影响。这项研究表明,关闭伊格纳利纳核电站所带来的社会冲击,并没有廉价能源支持者所描述的那么夸张。

这种协作努力和专业对话不仅在环境行动主义者和学者之间进行,还扩展到了银行家和金融机构的领域,包括欧洲复兴开发银行。1996年到1999年期间,立陶宛的绿色运动人士第一次协同合作,共同支持国际金融机构的政策。在立陶宛绿色行动人士和欧洲复兴开发银行争取获得立陶宛政府关闭伊格纳利纳核电站的承诺的过程中,一致的行动和对话对绿色行动人士和复兴开发银行双方都起到了帮助。

立陶宛环境保护主义者在试图减少受污染食品生产的活动中既进行了激进的抗议,也施加了建设性的影响,这可以作为证明绿色运动人士复杂特点的又一个例证:将激进的批评与建设性的影响结合在一起。绿色运动人士的这次批评针对的是公共权威和农业—商业机构。这些机构为了完成并超越五年计划而不择手段,结果导致农业生产中过度使用化肥,从而污染了蔬菜和牛奶产品:

> 立陶宛的绿色行动人士号召所有人抵制牛奶产品……只有采取全体一致的行动,才能震动农业—工业"巨兽"……我们为期两周的禁食活动,将使农业—工业怪兽的领导人从王座上跌回地面。禁食牛奶制品,以孩子们的名义!
> (Karalius and Lekevicius,1990:25-26)

这段引文体现了绿色运动人士激进的、不妥协的做法,以及他们向社会传递信息时的对抗性方式。这种做法的基础是公民的不妥协行为(即抵制与抗议),它与20世纪70年代出现在西方国家的早期新环境保护主义形成了呼应(McCormick,1989)。但是,上文中引用的最后通牒所包含的,并不仅仅是激进的、不妥协的声明与口号。绿色运动人士也提出了建设性的建议:"销售的食品应附有说明危险物质浓度的证书"、"根据食品的环境质量拉开价格档次"、"生产高质量的化肥",以及"应用农业科技措施"。[14]

因此,除了激进的批评之外,绿色运动人士也提出并传播了今天被我们称为生态现代化话语的思想。生态现代化话语的重要特点有:相信个人具有生态意识;相信消费者、产业与公共行政机构中的行动者在有充足的信息与经济激励的前提下,会采取对环境负责的行为;认为需要并且有可能改变主流的技术与经济体制。

有迹象表明立陶宛的政策制定者、学者和企业家很重视绿色行动人士传播的信息。例如,绿色行动人士关于亟需在各大城市建立废水处理厂的警告就逐渐被官僚领域所注意并接受。立陶宛政府宣布,把在五座大城市(维尔纽斯、考纳斯、克莱佩达、希奥利艾和帕兰加)建立废水处理厂作为全国的重点工程。这项工程成为了1994年立陶宛国家公共投资计划的关键内容之一。立陶宛环境保护部和多座城市的市政机构(考纳斯、克莱佩达、希奥利艾等)把相当大一部分的可用资金与外来经济援助投入到了废水处理设施的设计与建造之中。

组织与活动的新形式

自20世纪90年代以来,立陶宛环境保护主义的组织形式发生了变化:由群众性的绿色俱乐部转变为新的专业化机构,而环境保护主义者在不同社会领域行动者之间所起的中间人作用也增强了。例如,曾担任赞米娜绿色俱乐部[15]和维尔纽斯市阿特纳加瓦(Alternatyva)生态中心核心成员的阿图拉斯·阿布罗马维奇斯和艾达斯·维斯诺拉斯等人成立了一家环境咨询公司。20世纪90年代中期,这家公司成长为一家大型环境咨询与工程公司——波罗的海咨询集团。这是一家联合企业,集合了北欧地区最出色的同业者,如丹麦的克勒格尔公司、瑞典的鲁斯特公司和北欧地区进行环境筹资的财团——北欧环境金融公司。

通过波罗的海咨询集团,先前的环境运动主义者积极参与了废水处理厂的设计过程、对前苏联军事基地污染情况的评估,以及基地改造相关技术的开发与实施。[16]这样一来,这些曾是绿色运动批评与抗议的重点的领域,成为了先前的绿色运动成员找到新的专业身份和就业岗位的地方。

生态、经济与技术方面的革新,以及乌尔里希·贝克所说的"反思型理性化"(Beck,1994),逐渐改变了环境行动。例如,自1994年起,立陶宛的绿色运动联合立陶宛国家电视台(LTV)、环境部和城市建设部,举办了名为"我的家:生态、经济与节约"的家庭竞赛活动。这项大众参与的竞赛得到了本国与西方的各种行业以及商业企业的赞助。赞助者宣传的产品有隔热绝缘材料、更有益环境的产品与技术等,它们可以使家庭更理性地使用自然资源。

个体化与理性化的重要性,逐渐超过了抗议行动中的大规模群众参与。"非传统"、不妥协的意识形态,也在逐渐朝强调日常节约能源和物质的方向发展。例如,考纳斯的环境保护主义者(即阿特加绿色团体)成立了一个特别咨询中心,大力宣传家庭中的能源节约和生物交通途径(特别是骑自行车)。这个团体也积极参与了在考纳斯推行《21世纪议程》的一个合作项目的活动。通过与考纳斯市政机构的合作,绿色运动人士形成了新的社会协作与参与性尝试的核心。市议会各委员会举行的会议、立陶宛环境投资基金的董事会、环境部的环境策略咨询会议以及其他一些公共组织与私人组织,都会邀请绿色运动的领导人(尤其是团体的副主席利纳斯·瓦伊纽斯)参加。

克莱佩达的绿色运动人士(兹韦戎绿色俱乐部的成员)积极参与了学术活动和专业的环境研究。通过各种专业性的教育与研究项目(例如筹备面向儿童的生态教育项目),他们对解决波罗的海沿岸地区的生态问题做出了贡献。这项工作的开展并没有采取传统的"危言耸听式"方法,而是借助了专业的教育技巧,并通过创新而企业化的方式为项目筹措资金,这种方式是生态现代化的典型特征。例如,将各种不同的"利益共享者"纳入一个联合项目(如波罗的海保护联盟)之中,就是企业化方式的体现。由兹韦戎俱乐部绿色行动人士起草的全面而专业的申请书,也反映出了企业化的方式。他们借助这些申请成功地筹集到了资金,尤其是国外大型捐助机构的资助(如瑞典国际开发署)。

这些例子尽管很零散,但它们表明绿色人士活动(作为一种社会运动)的目标和形式在逐渐朝着专业化的方向转变。这些例子不仅体现了运动的专业化趋势,也表明它希望在自己开创的新兴"环境市场"(Eder,1996)中为绿色行动主义寻找一席之地。环境行动主义的这种形式与类型变化,也可以被视为生态现代化理论的总体趋势。

多重身份与身份危机

1989年,绿色运动人士曾几次尝试"策略地"促使中央与地方权威机构就考纳斯城市废水处理厂的类型与选址作出最终决定。这座废水处理厂被人们视为立陶宛的生态热点之一。由于对市政部门迟缓而官僚主义的回应感到不满,考纳斯当地的阿特加绿色俱乐部组织了一次绝食抗议,直到公共权威机构确定建设废水处理厂的位置。

这次抗议活动的领导者是阿特加绿色俱乐部的主席萨乌留斯·格里丘斯。在绿色运动人士组织绝食抗议的时候,格里丘斯不仅是运动的积极分子与领导人,而且不久前刚被考纳斯地区自然保护委员会(相当于国家级的自然保护机构)聘为高级督察员。绿色运动的另一位重要人物、绝食抗议的参与者皮科瑞斯也在不久前成为同一自然保护委员会的环境督察员。

环境行动主义者与运动领袖具有"多重身份"的例子还不止这些。1990年,绿色运动分化为了政治党派"绿党"和其他运动组织。由瓦西维拉(这位三十岁的物理学家曾对伊格纳利纳核电站提出激烈批评)领导的绿党在国民大会(Seimas)——立陶宛通过民主选举产生的第一届议会——中获得了6个席位。此后不久(1990年3月11日),国民大会即宣布立陶宛恢复独立。

相反，其他绿色运动组织却选择了与绿党不同的策略。它们瞄准的目标是市政选举而不是议会选举，并称自己采取这种策略的理由是为了从日常和实际的角度，参与解决最为尖锐的环境问题。[17] 在考纳斯举行绝食抗议两年之后，抗议的组织者格里丘斯成为了考纳斯市的副市长。格里丘斯是立陶宛第一位主管环境保护的副市长，而他主要负责的城市污水处理问题，仅仅几年前正是他本人领导的环境运动所批评抗议的目标。

绿色运动人士成为议会、政府与市政机构中的国家官员，同时又保持着公民环境行动主义者的"双重身份"，我们应该如何看待这种情况？我们可以将其理解为：环境保护主义在发展的早期阶段被纳入了社会主流之中。由此得出的结论是立陶宛的环境保护主义（某些形式的环境保护主义）与国家并不对立；也就是说，这种情况可以被视为环境保护主义的胜利（尽管是局部的）。

然而后续的事件却表明，认为环境保护主义被纳入主流的想法是不成熟的。格里丘斯不久之后（1992年）就自杀身亡。格里丘斯的好友注意到，他生前最后几周的情绪非常低落。格里丘斯所抱的环境理想和行动主义，不得不面对官僚与经济体系的残酷现实，这让他深感失望。官僚、经济体系大肆利用过渡期社会的体制缺陷，一味追逐目光短浅的利益。

1994年，随着左翼的民主劳动党在议会选举中赢得多数票，另一位具有"多重身份"的绿色运动领导人和积极分子皮科瑞斯失去了考纳斯地区环境保护局高级督察员的职位。解除皮科瑞斯职务的理由是他和新政府领袖（尤其是新任的环境部长）存在思想分歧。1992年成为立陶宛副总理的绿党主席瓦西维拉是又一个例子。瓦西维拉担任副总理之后不久就辞职了,因为他对公共政策与内部政治的进程感到失望,认为局面与自己在"歌唱革命"初期时的预想不同。

上述例子表明,曾领导绿色运动的行动者的"多重身份"往往是引起内部和外部张力与挫折情绪的原因,而不是环境运动纳入主流的途径。这些人选择了一条很艰难的道路——他们一方面要作为环境运动的积极分子,即相对于公共权威或商业企业而言的公民"局外人";与此同时,他们又是合法的"局内人",即公共行政机构或其他政府组织的雇员。基于现有的实证经验,本文作者认为环境运动人士和领导人成为各种公共体制中的公务员的实例反映的只是个人的职业发展轨迹,而不是环境保护主义在初期被立陶宛纳入社会主流的连贯进程。

新的群众动员的迹象

20世纪90年代的重要发展证明,"群众性运动并未消失"的说法是正确的。立陶宛出现了许多改头换面的老团体和新兴团体,它们对环境科学和技术政策持激进态度。1991年到1993年,克莱佩达市兴起了一个新的群众性团体。这个团体关注的重点是波罗的海沿岸石油进口码头的问题,主要由克莱佩达市的居民组成,领导者是当地的一位女性艺术家兼画家。组成这一新兴社会团体核心的许多人,并不是20世纪80年代末克莱佩达市兹韦戎绿色俱乐部的成员。

这个新的团体组织了多次反对建立石油码头的激进抗议活动。"旧"环境运动中的积极分子有时会对新的群众性运动给予支持。但是,来自考纳斯和维尔纳斯的环境运动"老将"参与较多的活动，却是对新石油码头的设计与选址进行专业性评估、在立陶宛政府层面开展游说，并与邻国拉脱维亚的绿色运动人士、学者和政府官员进行沟通。[18]

克莱佩达当地的新群众运动人士试图抵制关于石油码头的所有方案，但市议会中的立陶宛绿色运动人士却并没有简单地提出反对，而是试图为建立码头寻找一种建设性的、在生态、经济和技术方面可行的方案。他们的提议是在立陶宛的马热伊基艾炼油厂和拉脱维亚现有的文茨皮尔斯港之间架设输油管道。他们希望这一方案可以协调经济与生态两方面的目标。

立陶宛公共政策制定者没有理会上述方案，而是决定在立陶宛的领土上修建石油码头。这一决定显然受到了新兴政治—经济寡头统治集团的既得利益的影响，该寡头统治集团似乎与立陶宛和前苏联的犯罪组织有着某种联系（Rinkevicius, 1997）。在本书准备出版的过程中这一事件仍在进行，它表明新兴群众运动人士采取的行动目标和模式与20世纪80年代末构成环境运动核心的行动者一样，都是激进而不妥协的。

说明新群众动员情况的另一个例子，是1997年维尔纽斯市举行的一次大型公开集会。集会中的激进批评所针对的目标，是立陶宛恢复土地与森林个人所有制之后木材资源的急剧退化。这次抗议行动的组织者并不是由新兴的群众运动积极分子，而是现有绿色运动的核心成员。这表明绿色运动的专业化并不排斥该运动激进、不妥协的特性，而专业化与激进这两种看似截然不同的特性可以同时存在，并且相互充实。

绿色运动人士和关注环境问题的公民并没有提出禁止森林砍伐的要求。相反，他们采取的立场是节约，而不是保护主义。

这种立场主要植根于"理性利用自然资源"的实用主义范式,它与20世纪早期平肖提出的理念一脉相承(Wroster,1977)。但是,这次抗议行动的话语中也存在一些怀旧情绪:怀念过去和谐的农村社群、怀念在自然中生活与工作(或与自然和谐共存)的状态。因此,我们可以将这种环境话语和行动主义视为一种文化融合,它涉及了生态中心主义、尊重自然的态度与价值取向,以及环境保护主义中注重节约、实用和环境管理的潮流(参见O'Riordan,1981; Pepper,1994)。

受尊重自然的态度和价值取向引导的另一系列新兴群众性运动,关注的则是库罗尼安半岛上一座飞机场的扩建问题。这座供紧急情况下使用的小机场地处库罗尼安半岛风景胜地的内林加镇,是苏联时期修建的。20世纪90年代中期,立陶宛政府在经济利益的驱使下,试图为发展旅游产业扩建这座机场。绿色运动发起了一个由专业生态学者和经济学家组成的多学科调查组,以评估新机场可能对内林加脆弱自然环境造成的影响。

这些科学家以及立陶宛环境部为此事成立的特别委员根据调查结论,建议暂缓扩建机场。但立陶宛政府不顾这一建议,划拨了大量资金以继续开展扩建工程。这导致绿色运动人士于1999年5月在国民政府大厦前组织了一场极为激烈的抗议活动。绿色运动人士使用的口号与1988年到1989年间的运动一样,体现了激进与不妥协的态度。这次抗议集会的某些领导人也曾在20世纪80年代末领导过群众性运动,如皮科瑞斯和瓦伊纽斯。不过,也有许多年青一代的行动主义者参加了群众性抗议,这对他们来说可能是头一回。这次集体行动的规模无法和20世纪80年代末的历次大型集会(参与者最高达7万人)相比，只有二十至三十人参加抗议。但是，绿色人士的激进行动、公众的关注程度，以及对政策制定过程造成的影响都很重要。环境部作出了推迟机场扩建工作的承诺。

新的群众性团体似乎是围绕着单一问题发动起来的。无论如何，这些实际例证表明立陶宛的群众性环境行动主义并没有消失；立陶宛还将会和西方国家一样，出现新的社会群体与新型的激进运动（Szerszynski,1996;Jamison,1996）。这个过程是否会和环境保护主义的主流化平行发生，或者说是否会从中产生另一种"非传统"运动，就这些问题作出预测还为时过早。无论答案是肯定还是否定，这种新群众性行动主义的出现以及由它引起的文化政治，都可以被理解为生态现代化或当代社会生态转变的辩证逻辑的一部分。

结 论

从上文的探讨和实证经验中我们可以得出几个结论。立陶宛环境保护主义是一种复杂的现象。它不仅仅体现了针对主流社会价值观（物质主义、享乐主义、个人主义）和社会体制（推行集权化、等级制度和技术专家治国）的对立性怀疑与批评。环境运动从一开始就把现代主义的元素引入了生态对话之中，例如成本收益分析、科学知识、公共信息，以及与官僚、经济、学术领域行动者的建设性对话。绿色运动人士的话语策略和行动策略反映了一种综合：既有理性的、注重技术经济（生态—管理）的看法和价值观，也有浪漫主义和理想主义（回归田园）的看法和价值观。

立陶宛的公民环境行动主义，依靠的不仅仅是传统社会运动中典型的激进公开抗议活动，也依靠了绿色运动人士和企业家、学者、公共权威之间的正式与非正式网络。这一点在绿色运动人士与其他政策领域行动者的多次沟通与合作中得到了体现。具有"双重身份"的行动者也是这一特点的例证：环境行动主义者在公共权威和其他公众与私人组织中身居要职。这种"双重身份"的趋势在苏联统治时期也有所体现。

在生态意识和生态—社会行动主义的发展过程中，理性与理想主义/浪漫主义是否能够相容？在立陶宛绿色运动的整个发展过程中，我们都能看到这些不同的价值取向并存的现象。我们的分析表明，生态中心主义的信条与生态现代化信条提倡的"相信技术经济改革与体制学习"并没有本质上的矛盾。这两种意识形态潮流在立陶宛绿色运动人士的话语和行动中都可以看到。就经济、官僚和学术领域的行动者而言，绿色运动与他们的关系既不是完全对立，也不是只注重共识。立陶宛社会与体制变化的实际进程表明这两种趋势是共同存在的，也就是说它们的结合形成了独特的文化政治。在不同的情况和背景之中，一种趋势往往会胜过另一种。

就埃德描述的定义而言（Eder, 1996）（环境保护主义被环境运动的对手所盗用），"盗用"这个过程在立陶宛并没有那么界限分明。实际例证表明，官僚、经济与学术领域的行动者逐渐在环境改革的进程中占据了主要地位。如果说立陶宛确实出现了这种主动权的转变，那么绿色运动人士试图取得社会绿色化的领导权也发生在先。另一方面，除了某些个别情况之外，立陶宛并没有出现国家官僚或经济企业家将从环境保护主义者手中接管环境改革的责任与领导权的明显趋势。

确实显而易见的趋势是：倾向生态现代主义类型的政策革新、增进公众的环境教育和环境信息、在环境规定中采用经济手段、提倡工业的绿色化。虽然经济、官僚与学术领域的行动者在这些生态现代主义政策革新中起到了越来越积极的作用，环境运动组织与非政府组织在立陶宛社会的生态化进程中并没有退居到边缘或次要的地位。

公民环境行动主义者和非政府组织今后将在两方面发挥越来越大的作用：不仅是对经济、官僚与环境领域的行动者所采取的政策和做法进行批判性评估，还要提高公众的环境意识。根据我们对立陶宛环境保护主义的研究，该国的环境运动组织、非政府组织与具有个人魅力的新领袖应该会主动在不同领域的行动者之间架设新的沟通网络，并尝试公众参与环境科学和技术政策的新形式。

注 释

1. 我建议将这种现象称为"文化混合"。"文化混合"的形成与立陶宛环境保护主义转变的过程，可以被称为"文化政治"，这个说法沿用了哈耶尔提出的概念(Hajer,1996)。
2. "公民参与和环境科技政策选择"研究项目(PESTO project)中应用了这个框架。该项目涉及英国、意大利、荷兰、瑞典、挪威和立陶宛几国。
3. 关于"公共空间"与"公共话语"的探讨，可见埃德的文章(Eder,1996：204)。
4. 对卡斯特提斯·切哈维舍斯(1999年5月)和拉波拉斯·瓦西利亚斯卡斯(1999年4月)的采访。苏联统治时期，他们曾担任水资源与改良部在希奥利艾市和考纳斯市的地区机构的督察员，是两位颇具勇气的环境行政官员。
5. "Kiek gali kainuoti vieno munduro garbe"("荣誉价值几何?"),《文学与艺术》报,1986年11月15日(*Literatura ir Menas*, 15 Nov., 1986)。
6. 《文学与艺术》报,如前所引(*Literatura ir Menas*, op. cit.)。
7. 《文学与艺术》报,如前所引(*Literatura ir Menas*, op. cit.)。
8. Ciurlionis(1875—1911)——立陶宛最著名的画家与作曲家。他对于立陶宛社会和文化的意义,堪比西贝柳斯之于芬兰,或是格里格之于挪威。
9. "控制公众的委员会"指的是苏联指令与控制体系下的一个特殊社会机构,负责对各公众领域进行监督。
10. 我在收入《"公众参与和环境科技政策选择"论文集》(*Pesto Papers*)第一卷的文章中简略探讨过这几个事件。
11. 采访是在1999年4月进行的。
12. 同上。
13. 这种模式在立陶宛的许多事例中得到了体现,尤其是暂缓克鲁奥尼斯水力发电厂的建设、抵制农产品与食品加工业、停止建设伊格纳利纳核电站的第三座反应堆,等等。如前注所述,我在收入《"公众参与和环境科技政策选择"论文集》(*Pesto Papers*)第一卷的文章中简略探讨了这些事例。
14. 全文见卡拉留斯和林克维奇斯的著作(Karalius and Lekevicius, 1990)。
15. 这个知识分子中心的著名之处在于提出立陶宛的绿色思想、发动公众抵制伊格纳利纳核电站第三座反应堆的建设,等等。
16. 对波罗的海咨询集团主管阿图拉斯·阿布罗马维奇斯(1996年5月)和维尔纽斯市政府的阿尔维达斯·卡拉留斯的采访。他们都曾担任赞米娜绿色俱乐部的领导人(1997年10月)。
17. 与萨乌留斯·格里丘斯的个人通信(1990年5月)。
18. 我在此前发表于《"公众参与和环境科技政策选择"论文集》(*Pesto Papers*)第一卷的文章中探讨过这一事件的前因后果(1997)。

参考文献

Abercombie, N., Hill, S. and B. S. Turner (1994), *The Penguin Dictionary of Sociology*, London: Penguin Books.

Balberius, A. (1989), 'Lietuvos Zalieji: Tabu Isvarymas' (Lithuanian Greens: the Expulsion of Taboo), in *Mokslas ir gyvenimas*, No. 1.

Beck, Ulrich (1992), *Risk Society: Toward a New Modernity*, London: Sage Publications.

Beck, U., Giddens, A. and S. Lash (1994), *Reflexive Modernization: Politics, Tradition and Aesthetics in the Modern Social Order*, Cambridge: Polity Press.

Cotgrove, S. (1982), *Catastrophe or Cornucopia: The Environment, Politics and the Future*, Chichester: Wiley.

Eder, K. (1996), 'The Institutionalization of Environmentalism: Ecological Discourse and the Second Transformation of the Public Sphere', in Lash, Szerszynski and Wynne [*1996*].

Eisenstadt, S. N. (1968), 'Social Institutions: the Concept' and 'Social Institutions: comparative study', in D. L. Sills (ed.), *International Encyclopedia of Social Sciences*, Vol. 14, New York: Macmillan/Free Press, pp. 409-429.

Eyerman, R. and A. Jamison (1991), *Social Movements: A Cognitive Approach*, Cambridge: Polity Press.

Giuliani, M., Rinkevicius, L. and A. Sverrisson (1998), 'Making Participation Happen: The Importance of Policy Entrepreneurs', in A. Jamison (ed.), *Technology Policy Meets the Public (Pesto Papers 2)*, Aalborg University Press.

Grigas, R. (1995), *Tautos Likimas* (Nation's Destiny), Vilnius: Rosma.

Hajer, M. (1995), *The Politics of Environmental Discourse: Ecological Modernisation and the Policy Process*, Oxford: Clarendon Press.

Hajer, M. A. (1996), 'Ecological Modernisation as Cultural Politics', in Lash, Szerszynski and Wynne [*1996*].

Jamison, A. (1996), 'The Shaping of the Global Environmental Agenda: The Role of Non-Governmental Organisations', in Lash, Szerszynski and Wynne [*1996*].

Jamison, A. (1997), 'Introduction', in A. Jamison and P. Ostby (eds.),

Public Participation and Sustainable Development: Comparing European Experiences (Pesto Papers 1), Aalborg University Press.

Jamison, A. and E. Baark (1990), *Technological Innovation and Environmental Concern: Contending Policy Models*, Research Policy Institute, Lund University.

Januskis, V. (1990), *Gamta ir Mes: Ekologines Problemos* (Nature and Us: Ecological Problems), Vilnius: Mokslas.

Karalius, A. (1990), 'Zalioji Ideologija: Kodel Zalieji Zali?' (Green Ideology, Why the Greens are Green?), in *Kulgrinda*, Vilnius: Alternatyva.

Karalius, A. and E. Lekevicius (1990), *Lietuvos Zaliuju Keliamu Problemu Apzvalga* (An Overview of the Issues Raised by the Greens), Vilnus: Lithuanian Information Institute.

Kavolis, V. (1994), *Samoningumo Trajektorijos* (Trajectories of Consciousness), Vilnius: Vaga.

Lash, S. , Szerszynski, B. and B. Wynne (eds.) (1996), *Risk, Environment and Modernity: Towards a New Ecology*, London: Saga Publications.

McCormick, J. (1989), *The Global Environmental Movement*, London: Belhaven Press (Pinter Publishers).

Mol, A. P. J. (1995), *The Refinement of Production: Ecological Modernisation Theory and the Chemical Industry*. Utrecht: van Arkel.

O'Riordan, T. (1981), *Environmentalism*, London: Pion.

Palidauskaite, J. (1996), 'Lietuvos Politines Kulturos Raida Valstybingumo Atkurimo ir Itvirtinimo Laikotarpiu' (Development of Political Culture in Lithuania), Ph. D. dissertation, Kaunas University of Technology.

Pepper, D. (1993), *Eco-socialism: From Deep Ecology to Social Justice*, London: Routledge.

Pepper, D. (1994), *The Roots of Modern Environmentalism*, London: Routledge.

Rinkevicius, L. (1997), 'Lithuania: Environmental Awareness and National Independence', in A. Jamison and P. Ostby (eds.), *Public*

Participation and Sustainable Development: Comparing European Experiences (Pesto Papers 1), Aalborg: Aalborg University Press.

Rinkevicius, L. (1998), 'Ecological Modernisation and Its Perspectives in Lithuania: Attitudes, Expectations, Actions', Ph. D. dissertation, Kaunas University of Technology.

Spaargaren, G. (1997), The Ecological Modernisation of Production and Consumption. Essays in Environmental Sociology, Wageningen: Landbouw Universiteit.

Stoskus, K. (1996), 'Kada Lietuvoje Gali Atsirasti ir Ekologine politika?' (When Could Environmental Policy Emerge in Lithuania?), Vilnius: Lietuvos rytas, 31 June.

Szerszynski, B., Lash, S., and B. Wynne (eds.) (1996), 'Introduction: Ecology, Realism, and the Social Sciences', in Lash, Szerszynski and Wynne [1996].

Vardys, V. (1993), Lietuvos Politine Kultura ir Laiko Reikalavimai (Lithuanian Political Culture and Requirements of the Time), Kaunas: 'I Laisve' Foundation.

Worster, D. (1977), Nature's Economy: A History of Ecological Ideas, Cambridge: Cambridge University Press.

Yearley, S. (1994), 'Social Movements and Environmental Change', in M. Redclift and T. Benton (eds.), Social Theory and the Global Environment, London and New York: Routledge.

Zemulis, F. (1995), 'Zaliuju Vadas Tvirtina, Jog Zalieji Buvo, Yra ir Bus' (The Leader of Greens Maintains that There Were, Are and Will Be the Greens), Lietuvos rytas, 20 May.

Zemulis, F. (1996), 'Pirmasis Lietuvos Gamtosaugos Vadovas Tapo Legenda' (The First Lithuanian Environmental Manager Became a Legend), Lietuvos rytas, 20 Jan.

遗留的废弃物，还是被荒废的遗产？
——后社会主义时代匈牙利工业生态学的终结

茹饶·吉勒

近几十年来，研究环境问题的新途径(包括工业生态学和生态现代化)在最发达国家中颇为流行。本文以访谈和档案研究为基础，指出匈牙利早在国家社会主义时期就创立了针对工业废弃物的以生产为中心的预防性处理方法，这种方法与工业生态学很相似。具有讽刺意味的是，在国家社会主义垮台之后，匈牙利不但没有赶上西方国家在废弃物处理方面的先进水平，反而以私有化和市场化的名义取消了废弃物处理的机制和政策。因此匈牙利目前的主流环境话语认为，可以而且应该在没有国家协助的情况下实现社会主义之后过渡时期的环境目标——只要遵循市场规律就行了。由此产生的匈牙利环境政策体现了一种倒退，来自西方的以补救和末端治理为主的技术占据了主流地位。

引　言

"废弃物中的价值高达数万元"。"到目前为止，被 R. M. Works 接受的废弃物再利用建议总共已'节约三千四百万

本文探讨了 1948 年至今匈牙利废弃物处理观念的变化。

元'"。"重新利用废弃材料的新建议大批涌现"。你认为这些新闻标题是哪个国家在何时发布的？它们可能来自20世纪80年代或90年代的美国，报道的也许是陶氏化学公司在路易斯安那州的分公司实施了废弃物减量的计划(Nelson,1994)；也许是惠普公司"可再使用设计"的尝试(Paton,1994)；也许是通用、福特、克莱斯勒这几家汽车公司(Klimisch,1994)和美国电话电报公司(Sekutowski,1994)，它们开始按照"再循环"的原则设计产品。不过，这些新闻标题并非来自美国，发布的时间也不在20世纪80年代。它们发布于20世纪50年代初，来自当时的一个社会主义国家——匈牙利！这些废弃物减量和再利用的计划，为什么单单出现在"浪费"的社会主义制度下？它们是如何产生的？这些计划在1989年之后发生了怎样的变化？这些问题就是本文要分析的内容。

最近几年来，人们开始利用工业生态学这一新途径来解决最发达国家中的环境问题。工业生态学的倡导者称，只要给工业企业以充分的自由，它们就能够借助自愿采取的环境质量标准、绿色会计、生态设计等手段，将对环境的关注融入生产过程之中，并且对生产造成的环境影响进行自我监控。这样一来，工业与国家和管制之间的关系也会变得更积极，成为一种更强调平行与合作的关系。正如索科洛所说：

> 在工业生态学中，工业成为了政策的制定者，而不是政策的接受者。环境目标对工业而言并不是格格不入的，并不是工业经过一再抵制才勉强接受的东西。相反，这些目标就像保障员工安全和使消费者满意一样，是生产原则中

的一部分(Socolow,1994:13,斜体为本文作者所加)。

按照美国国家工程院院长罗伯特·M.怀特的说法,"工业生态学的目的是为了更好地解答一个问题:怎样才能将对环境的关注融入我们的经济活动之中"(White,1994:v)。

生态现代化理论的支持者也认为,最发达国家中的经济话语和经济实践已开始出现转变,而荷兰和日本两国是这种变化的先行者(Hajer,1995;Mol,1995;Spaargaren and Mol,1992)。生态现代化论者称,以前环境保护的主要目标是如何"安全地"转移生产造成的危险,环境政治强调的则是危险的分布情况;但现在环境保护的目的则是把污染排放和废弃物控制在生产领域内部。在工业生产的过程中就可以减少或防止污染排放,而工业的副产品也可以在生产的过程中得到再利用或再循环。现在人们认为,这种将关于环境的外部因素内化的做法有助于提高效率,甚至能激发技术创新。

工业生态学和生态现代化提议可以被视为西方提出的革命性途径,然而在半个世纪以前,一些社会主义国家发起的社会实验与这两种途径就有着惊人的相似。尽管这种社会实验并非完美无缺,其初衷也不是为了保护环境,但它确实具有某些进步因素。在东欧的社会主义垮台之后,这些进步因素却被人们所抛弃,逐渐湮没无闻。我之所以要对这段历史进行研究,是出于两个原因。第一,它可以帮助我们用不那么程式化、更符合历史背景和更基于实证的方式,来认识生态学和东欧后社会主义时代的转变之间的关系。第二,对于目前以生产为中心的环境保护主义努力而言,这种社会实验也有一定的教益。

本文中采用的事实依据,来自于1995年到1997年间我对匈牙利废弃物处理观念的历史进行的实地研究。[1] 在文中,我将首先阐述匈牙利在社会主义时代之初确立基于生产的废弃物处理观念的原因与途径。然后我将指出这种废弃物处理策略中存在的痼疾,以及人们为什么会认为这些痼疾在20世纪70年代和80年代的社会主义改良时期得到了解决。接下来我将阐述经过修正的以基于生产的废弃物处理策略在1989年之后被另一种分配策略所取代的经过。在这种分配策略中,公共话语的唯一合法主题就是废弃物的处理、倾倒与焚烧。最后,我对匈牙利目前的废弃物处理实践进行了评价,并总结了一些可以为工业生态学和生态现代化提议所用的经验。

国家社会主义时期:认为废弃物具有使用价值

认为中央计划性经济在体制上就是浪费的,这是一种由来已久的看法。浪费的趋势在这些经济体的记录中得到了证实:它们的物质密度与能源密度、废弃物排放与国内生产总值的比例比西方国家的同等指数高得多,往往超出了好几倍(Castoriadis, 1978; Filtzer, 1986, 1992; Gille, 1999; Goldman, 1972; Gomulka and Rostowski, 1988; Juhász, 1981; Kornai, 1980; Manser, 1993; Moroney, 1990; Nove, 1980; Reiniger, 1991; Simai, 1990; Szlávik, 1991; Ticktin, 1976, 1992)。[2] 尽管中央计划性经济有着浪费的恶名,仍有大量证据表明社会主义国家早在斯大林时代就已经建立了周详的废弃物登记、收集、分配与再利用体系。1951年匈牙利的一份政治宣传材料(称匈牙利

"根本不存在所谓的废弃物")得出的结论,准确地描述了这种废弃物处理措施背后的心态。

既有已被证实的浪费倾向,又对废弃物的处理持进步态度,这种现象也许有些让人难以置信。但是,如果我们了解1948年之后匈牙利新社会主义国家面临的经济与政治任务,以及人们必须在何种条件下完成这些任务,那么当时新出现的废弃物政策与处理策略看来就是一种合乎逻辑的解决办法。有一些任务是国家社会主义所特有的。当社会主义国家确立自身地位的时候,它必须将自己重新分配社会资源的能力扩展到整个国民经济的范畴。借助迅速而激进的国有化进程,社会主义国家征收了私有生产者的产业,并迫使这些人与原来受雇于他们的劳动者一起加入大型的国有或合营单位。这些单位中的雇员必须遵循符合强制性工业化发展速度的新工作制度。匈牙利工人党建立了一个等级森严的官僚体系,该体系通过每三年(后来是每五年)批准的法规式计划来进行经济管理。在生产方面,这些计划被细分为各种投入和产出的定额,并通过新的纪律机制得以实施。在这个新的体系中,每一个人乃至每一颗钉子都被考虑在内,并且只能根据计划预先规定的功能来加以利用。废弃物的生产当然也不例外。

不过,其他一些任务却是因为物资匮乏的状况而产生的。匈牙利社会主义国家不仅需要建立严密的权力体制,也需要具有一定的正当性。它必须有能力创造财富并促进经济增长;即使国家正处于战后的匮乏时期,也要让广大劳动者明确地感觉到这种增长。第二次世界大战后,匈牙利丧失了一部分蕴藏自然物质资源的领土,国家的生产能力有的被毁坏殆尽,有的则被作为付给二战战胜国的赔偿而运往别处。因此，厉行节约就需要采取重大而全面的措施。

匈牙利的计划制订者设计并建立了几个负责废弃物处理的机构。1950年，中央计划部成立了物资节约局，这个机构负责的各项任务中就包括开发工业废弃物再利用的途径。物资节约局成立后不久就关闭了，不过另一个废弃物处理部门——副产品与废弃物再利用公司（MÉH）（1951年和匈牙利的第一个五年计划同时开始运行）——却成为了匈牙利国家社会主义的常设特色机构。副产品与废弃物再利用公司必须按照国家计划收购某些企业的废弃物，再把它们转售给其他的企业。收购废弃物的范围非常广，包括金属、纸张、织物、电池、皮革、种子、干果，甚至还有动物骨头和人发。

1950年到1959年间，匈牙利中央计划部就废弃物的收集、储存、运输与废弃物资的价格发布了34条规定。中央计划部部长1951年签署的102.700号法令（匈牙利关于废弃物的第一条法律）规定，产生某几类废弃物的工厂必须将它们收集起来，并按照定额转送给其他工厂。"废弃物收集机构"（各部各委）必须每月向物资节约局提交报告，而且"在管制废弃物资的使用与交易过程中必须服从中央计划部和相关物资管理部门的指令"。后来制定的法律又规定了应将哪些废弃物运送到哪个工厂、如何计算废弃物的价格、如何处理暂时不受管制的废弃物资，以及对超计划完成废弃物收集工作的人应给予多少物质奖励。

匈牙利也对行政机构的其他部门进行了审查和调整，使它们能更好地适应废弃物再利用的要求。学术刊物上登载了大量关于废弃物利用的经济意义、废弃物统计与会计的论文（Bóka，

1953；Csupor，1954；Jávor，1953；Lelkes，1950；Pál，1953；Valkó，1951）。

不过，匈牙利的物资节约和废弃物回收并不仅仅是机构、行政管理人员和法律所考虑的问题。废弃物问题也成了发动匈牙利公众的一个关键。副产品与废弃物再利用公司和党内的各个机构组织了多次活动，号召人们在工厂、农业合作社、学校、城市和乡村中收集并再利用废弃物。各机构组织了"金属收集周"的活动；许多团体致力于废弃物的减量和再利用；收集废弃物的服务人员、青年组织和妇女组织大批涌现，他们主要利用业余时间来做这项工作。

这些活动的最高潮是高兹道运动。盖佐·高兹道是匈牙利最著名的一家金属冶炼厂的冶金工人，他发明了一种废钢再利用的新方法。他所设计的再利用方法和机器设备不需要重新熔铸钢材废料，而是将它们再次轧制成大片钢板。这种方法的目的不仅是节约物资和能源，也是为了减轻超负荷工作的炼钢熔炉的负担。匈牙利当时正急于发展重工业，而西方对匈牙利实行的某些金属的禁运造成了铁矿石的短缺。另外，去除劳动过程中的一个或多个阶段，在当时本来就被视为提高生产速度的好办法。因此，高兹道发明的这项"技巧"马上就引起了党内官员的注意。1951年，他们命令高兹道"发起"一项运动，将这种废弃物再利用的新方法推广到其他工业领域。

这个新方法与再循环不同，它强调的是在不做化学变化或重大机械变化的情况下，根据废弃材料原本的质量和功能对其进行再利用。

我们估计人造革厂工人贝洛·梅尔奇的创新也会产生重大效果。这项创新的精髓在于：以前厂里的等外品……只能在磨光工序中得到再利用，但经过创新之后，就连零碎的人造革也可以被缝制成大片。如果采用这一方法，每年能节约将近1.9万福林(Leather Workers' Union, 1951:4)。

因此，虽然在党看来高兹道的运动是一种加快经济发展的"技巧"，大部分工人都认为这项运动意味着收集废弃物，并利用废弃物来制造商品和零部件（这些商品和零部件以前是用新材料制造的）。在大多数情况下，某个工厂要生产的再循环商品并不在其计划之内，甚至是毫不相干。例如，一家冶炼厂开始利用皮革废料制造自行车用的小挂袋。国家一般不建议进行这种偏离计划的生产活动；但是，如果废弃物能够取代从西方进口的原材料，并且产生降低企业原材料要求的效果，偏离计划的生产活动就会受到鼓励，例如下面的情况：

在本月"点子日"提出的32项建议中，有21项针对的是废弃物再利用。由于我们回收了大量难以通过其他途径获得的锻铁，因此今年第四季度和明年第一季度的锻铁订单就被取消了(Iron Workers' Union, 1951:29)。

匈牙利的宣传材料和实际生产中也常常提到废弃物减量的问题，但它得到的重视程度远远不及废弃物再利用。废弃物的源头减量措施几乎完全都是重新设计金属板、皮革和织物的切割方式，或是改变这些原料的加工尺寸，以减少在剪裁过程中被丢弃的材料。

大部分废弃物都是在剪裁过程中产生的。甘茨造船厂制造的开关板盖子是利用钢板切割而成的。以前造船厂需要一个盖子的时候,就会在仓库中把一片钢板切成1平米大小的两块。为什么要这样?他们有一个错误的观念:剩下来的那半块钢板"比较好放"。后来他们意识到一整片钢板正好可以切割出三块开关板用的盖子,因为盖子的面积只有钢板的三分之一。这样一来,切割就不会产生废料了(Iron Workers' Union,1951:23)。

在党看来,高兹道运动是匈牙利比较受欢迎的生产协助活动之一;实际上,这个运动产生了大量的宣传材料,并引起了广泛的媒体关注。也许这是因为匈牙利普遍存在着中央节约计划所传播的新型文化,以及新工业劳动者的残留文化。这些工业劳动者从小就经历了长期的物资匮乏时代,因而形成了节俭的态度和创造节约手段的聪明才智。高兹道运动之所以备受欢迎,可能也是因为它增强了工人对管理者的影响力以及对劳动过程的控制权,虽说它也有利于党和国家监控物资使用的情况。

关于这场运动的一些说法(例如"废弃物再利用有成千上万种方式和可能性"、"聪明才智和创造性可以得到自由的发挥")不仅体现了组织者预期的"来自下层"的主动性,也表明人们认为废弃物的再利用是没有极限的。显然,社会主义早期的话语将废弃物视为一种有用的物资——废弃物不应该被转移出生产领域,而是应该被一次又一次地重新融入生产领域之中。这种看法并不是把废弃物视为"位置不当的事物"的道格拉斯式观念*，但它认为对废弃物应该进行一丝不苟的登记、收集、再分配和再利用。

社会主义早期废弃物政策的痼疾

高兹道运动和其他的一些经济行政措施造成了两种意料之外的后果。第一，废弃物资的再利用必须投入额外的原材料、能源和劳动力，而这些资源和大部分产品一样，也是短缺的。因此，收集来的废弃物常常堆在工厂的院子里腐烂生锈。计划制订者对这种做法很清楚，他们于1954年通过了一项法令，规定"高兹道运动中可以不经熔炼、粉碎等处理直接使用的废弃物，其堆放量以足够工厂处理90天的标准为限"（中央计划部部长1954年第2.500-21号令）。

但是，再利用（即便是具体化的措施）并不能防止废弃物变成垃圾。这些早期的再生产品通常不受人们欢迎，就连匈牙利社会长期的普遍匮乏状态也无法增加它们的吸引力。正如当时的一本小册子所言："他们也许会制造出一件无人需要的产品，可是事实上生产时所使用的废弃材料，本可以用来制造更重要、更为人们渴求的消费商品。"（Leather Worker' Union, 1951：12）因此，到1959年时没有销路的再生产品已堆积如山，匈牙利全国物资与价格局不得不推出打折的"高兹道运动价"。

---

* 指英国人类学家Mary Douglas(1921—2007)在 *Purity and Danger* 一书中提出的观点。——译者

高兹道运动和废弃物政策不仅未能有效地再利用废弃物，还强化了中央计划性经济生产的浪费趋势。认为废弃物可以通过无数种方式反复再利用的观念，导致社会中产生了反生产力的态度。高兹道对此提出了含讥带讽的批评："就算我生产出废品也没关系，因为做坏了的产品只要改动改动还可以拿去再利用。这就是高兹道运动的目的……"（Iron Workers' Union, 1951:8）。

另外，废弃物定额也带来了额外的刺激因素，促使工人和管理者在生产时保持更高的废品率。匈牙利的中央机构承认确实存在这个问题：

> 1956年，我们不再对生产非铁金属的各部门及其下属公司制订废弃物计划定额。也就是说，实际经验证明我们不可能针对运送者制订出技术上合理的、正确的废弃物运送计划定额。某些企业得到的废弃物运送定额高得离谱，这对他们造成了适得其反的激励效果；而其他企业的废弃物运送定额却很宽松，很容易就能完成（Országos Tervhivatal, 1960:1）。

"适得其反的激励效果"（即为了得到废弃物而制造废品）强化了中央计划性经济的几种趋势：浪费的生产方式、徒劳无益地消耗自然资源并破坏自然——消耗的资源换来的收益极少，甚至完全没有（Gille, 1997）。

不过，社会主义早期再循环尝试带来的负面环境效果还不仅仅是浪费资源。另一个意料之外的后果经过很长一段时间才表现出来。由于废弃物被视为一种有用的物资，国家就认为应该赋予其使用价值，并鼓励生产单位对废弃物加以再利用。废弃物不应丢弃，而是应该保留在生产过程之中，尽可能长地在经济中循环。即使某些废弃物再利用的技术条件还不完备，这在国家看来也只是暂时的问题，很快就会被技术的迅速发展与社会主义工人的聪明才智解决。因此，当时的匈牙利不仅摒弃了废弃物无用的观点，连废弃物可能造成危险的想法都不予理会。这种狭隘的观念，是由于国家削足适履地采用了废弃物处理中的冶金模式。一般说来，金属废弃物确实可以反复地再利用；即使它们生了锈，也不会对空气和水造成严重的污染。但是，处理化学废弃物时却必须采取更为灵活的态度，因为这种废弃物的再利用和再循环在技术上更为棘手，而储存起来的大量化学废弃物无疑是一种环境威胁。化学废弃物造成的问题需要政府采取更严格的源头减量措施，并建立可供废弃物安全处理和倾倒的场所。匈牙利政府当时没有把源头减量作为工作重点，因为废弃物的冶金处理模式表明所有废弃物都可以无限地再利用。销毁化学废弃物的请求遭到了政府理直气壮的否决，因为这种做法意味着抛弃次级原材料。

有一个例子能够证明这种态度造成的后果。1968年，布达佩斯化工厂开始生产一种除草剂介质——四氯芬，这种产品的废品率高达45%。该厂立即开始研究再利用的可能性，但任何一种方案都不能永久性地解决问题。尽管如此，化工厂高级管理层在与上级官员或科学机构商讨废弃物问题之后召开的多次通报会议上反复强调，废弃物再利用是首要的目标。1972年，化工厂的管理者决定将废料桶转运到在农村地区新开设的一家分厂。按照他们的说法,这次转运完全是出于暂时存放的需要:"在再利用之前,四氯苯的副产品必须存储在希道什分厂的废料桶中"(Budapesti Vegyimüvek,1972)。1978年,化工厂的管理者在已经确定废料倾倒地点的情况下仍然强调"我们必须继续研究再利用的可能性,并宣布为此开展一场竞赛。任何方案带来的收益只要能达到再利用者从布达佩斯到希道什的单位运输成本的一半,就会被采纳"(Budapesti Vegyimüvek,1978)。

到了20世纪60年代,匈牙利国内各地都堆积了大量不可再利用的废弃物,各家工厂不得不通过非法途径销毁它们。各地的政府官员纷纷提出抗议,称有人在委员会(当地政府)管理的倾倒区附近和填埋后已投入农业耕作的倾倒区非法倾倒废弃物。1967年,布达佩斯市议会执行委员会不得不承认:

> 就行政管理的角度而言,工业废弃物(销毁)的问题仍然悬而未决。国家建设法(OÉSZ)和布达佩斯城市规划法中都没有关于销毁工业来源的废弃物和垃圾的规定(Fövárosi Tanács Végrehajtó Bizottsága,1967:3)。

改良社会主义时期的货币化与环境保护主义化

上述意料之外的后果越来越多地得到了承认,政府推出高兹道运动折扣价、20世纪50年代撤销废弃物定额就是证明。但是,把废弃物视为有用物资的观念并没有消失。实际上,大部分与废弃物有关的机构仍然保持原状,收集废弃物的活动则成为了社会生活中的长期习惯。改革反而使人们对废弃物的用处形成了另一种不同的认识。

从20世纪90年代中期起,人们不再以使用价值的角度来看待废弃物的功用,而是转为货币价值的角度:废弃物是生产的一种成本。因此,废弃物减量和再利用的好处就在于能减少这种成本。我们可以看看以下两份文件中强调重点的不同。第一份文件发表于1951年。

> 很长一段时间以来,我们的党都把物资节约作为议事日程上的一项内容,不过自代表大会召开后党对此事尤为重视。党的领导人多次强调,在谈到物资节约时不应只把它视为减少生产成本的一种手段,而是应该把它视为在许多行业中实现计划的基本条件(Ember,1952:27,斜体为本文作者所加)。

第二份文件出自1981年的"废弃物与次级原材料管理计划"。匈牙利在20世纪80年代初实施了该计划与其他合理化计划,目的是为了应对全球市场燃料与原材料价格的飞涨。

> 对物质资源进行更为合理的管理,这是第六个五年计划的首要经济政策目标之一。这项管理计划是中央发布的第二项紧缩政策,其目的是希望用越来越多的废弃物来取代初级原材料,并开发、动用次级原材料再循环中的潜在经济资源。该计划把废弃物利用视为减少开支的一种途径;通过这种途径可以减少单位物质成本在生产总成本中所占

的比例(KSH,1988:10,斜体为本文作者所加)。

这种新话语真正的新颖之处是除了将废弃物的概念货币化,还承认了废弃物问题对环境造成的影响。新话语的进步因素在于保留了先前看待废弃物问题时以生产为中心的态度,承认废弃物问题会引起环境问题,并且认识到废弃物减量能改善环境状况。

在20世纪70年代初的匈牙利,人们认为废弃物再利用的预防性效果主要是可以减缓自然资源的消耗。但是在1976年之后,人们越来越多地通过防止废弃物污染的途径来追求废弃物回收的利益。为了实现这一目标,20世纪80年代期间匈牙利尝试将废弃物的再利用与经济考虑结合起来,这在许多新的政策措施中得到了证明。其中一项措施是提高废弃物的价格,这使得废弃物的收集和重新销售更有利可图。另一项措施是让工厂以使用新原材料的标准,重新核定再生产品的价格——目的是鼓励工厂大量使用废弃物材料。废弃物再利用成为了成本效益分析的对象;政府建立了各种基金,以激励工厂采用重视废弃物的技术。工厂在这些技术上投入的资金可以享受免税待遇;为此申请的贷款则可以降息25%。除了工厂,参加废弃物收集活动的个人(例如组织孩子们收集废物的老师,或是看门人)也可以得到专门的金钱奖励。

随着废弃物观念的变化,企业与国家之间的关系也发生了转变。除了由中央核算的废弃物定额,企业可以自行决定各种废弃物的处理方式(再利用、出售、处理或倾倒),而且还能得到上述经济刺激措施的鼓励。作为这种转变的必然结果,工业生态学的能动性也发生了改变。在国家社会主义的早期阶段,匈牙利鼓励广大工人重新设计产品和技术、发明废弃物再利用的方法;到了这个时期,这些任务被交给了具有经济和工程学专业知识的专业人员。在以前,废弃物的减量和再利用主要是对现有的产品设计和劳动过程进行微小而机智的调整;现在,废弃物减量和再利用成为了成本效益分析的对象,而且必须在进行高技术创新和大规模的现代化之后才能实现。这类投资的例子有很多,包括向西方购买塑料废弃物再利用的技术、购买轮胎再利用的设备、从浮渣(冶金生产中的泥状副产品)中提取金属的设备、对提取麦秆纤维素的工厂进行现代化改造,等等(Remetei, 1986)。

虽然1981年的"废弃物与次级原材料管理计划"并未实现其宣称的大量增加工业投入中次级原材料所占比例的目标(KHS,1988),该计划在开发危险废弃物的使用途径方面却颇为成功。在这项计划实施之前,危险废弃物再利用或再循环的比例为17%到18%(Society for Scientific Education,1980);而1982年这个数字已增长到21%,1986年又增长到了29%(Árvai,1990)。[3]

总而言之,20世纪50年代关于废弃物处理的社会主义话语确保废弃物融入经济之中(通过定额、分配规定等方式),20世纪80年代由废弃物的货币化与环境化观念决定的话语则确保预防性废弃物处理越来越多地依靠经济激励措施,以及先前排他性的行政管理手段。高兹道运动和社会主义早期"宏大"的废弃物政策也许并不一定符合"工业生态学"这个名称的定义。不过,匈牙利20世纪80年代的废弃物政策——以环境关注为中心、越来越强调经济手段而非管理手段——却很容易得到工业生态学倡导者的认可。因此,1989年的匈牙利正处于继续"追赶西方"的有利地位,至少在废弃物处理方面是这样。匈牙利有没有抓住这个机会?这是下一节要探讨的问题。

后社会主义时期的倒退——退回西方的旧有状态

1989年对东欧人而言是希望之年:他们不仅有望建立更自由的、没有匮乏的社会,也有望获得更为清洁的环境。在过渡时期,环境方面的改善怎样才能和更为重要的私有化和民主化进程同时实现,关于这个问题社会中存在着两种流行的话语。起初许多人都认为,市场化和私有化将自动改善自然环境的状况。20世纪70年代期间改革派经济学者就认为,更严格的预算限制以及企业在环境相关决定中更高的自主权——总而言之是自由的市场——将迫使企业以更节约、更谨慎的方式利用自然资源。[4] 这就是贯穿过渡时期之初的话语的想法。按照德雷泽克使用的术语,这种话语可以被称为"经济理性主义话语"。

但许多行动主义者和专家却希望,拥有凡勃伦*所说的"后来者优势"的东欧国家能够从西方资本主义的失误中吸取教训,在建立经济体系时从一开始就应该融入对环境的关注,而不是把它作为后来的附带考虑。如果采取这种发展途径,国家就必须起到更为积极的作用,至少政府和工业之间的关系要比经济

---

* Thorstein Veblen(1857—1929),美国著名经济学家、社会学家。——译者

理性话语所要求的程度更为直接。后来有一些决策者、西方机构和援助基金会也抱着这种希望。例如，1995年欧盟在关于前社会主义国家加入欧盟的条件的白皮书中宣称：

> 环境政策和内部市场是相互支持的。欧盟条约力图实现可持续发展和高度的环境保护，并且将环境方面的要求结合在其他政策的定义与实施过程之中。这种综合性方法将带来更具可持续性的社会与经济发展途径，它不仅对于环境本身至关重要，对于内部市场的长期成功也非常关键（European Union, 1995, quoted in Klarer and Francis [1997:39]）。

让我们遵循哈耶尔（Hajer, 1995）和德雷泽克（Dryzek, 1997）的做法，把这种话语称为"生态现代化"。上文所述的结合以莫尔的生态现代化理论为基础，它要求工业和国家保持一种更新的、较为平行的关系，要求公民社会和国家之间、公民社会和工业之间进行更多的合作，并采取类似工业生态学原则的新的政策态度。为了保持本文最初的重点，我将集中探讨最后一个方面的问题，即今天的匈牙利是否存在符合工业生态学的政策态度。

经济政策与环境政策相结合的做法，已经被许多东欧国家作为官方接受并倡导的改善环境状况的途径。就这种接受的程度而言，生态现代化（具体地说是工业生态学的途径）似乎取得了胜利。生态现代化的原则屡见于西方国家提出的各种书面建议之中，例如，1993年瑞士卢塞恩召开的环境部长会议上提交的《中欧与东欧环境行动纲领》，以及20世纪90年代前期瑞士联邦外交部为匈牙利环境保护与地区发展部筹备的一系列报告。

虽然就这些宣言来看,生态现代化(工业生态学)似乎已成为东欧成功转变为资本主义的另一种蓝图,但没有任何迹象表明匈牙利后社会主义时期的环境政策已经在朝这种更"进步"、更注重预防的环境话语的方向发展。事实上,就连一些美国与匈牙利专家提出的较为温和的建议——"对前政权为保护环境而建立的体制的有效性与不足之处进行评估,是设计新体制所必不可少的前提"——也根本无人理会(Bochniarz and Kerekes, 1994:13)。由于这种盲目的"一切重新开始"的态度,匈牙利放弃了通往预防性环境政策的道路,以注重环境的方式向市场经济和民主制度转变的希望破灭了。因此,目前匈牙利的发展状况更倾向于经济理性主义话语,以及补救性而非预防性的环境政策。

这种倒退是如何产生的?早在20世纪70年代,匈牙利的改革派经济学者就认为环境恶化是因为企业缺乏自主权,实际上这些学者也对20世纪80年代以废弃物货币化观念和经济激励为基础的环境政策造成了强烈的影响。1989年之后,改革派经济学者探讨的主要问题仍然是国家作用的急剧缩小,而各跨国机构(例如世界银行和国际货币基金组织)对这种目标无疑非常支持。在这些机构看来,所有的环境政策措施或体制都只不过是对市场运行的束缚,因此匈牙利的社会主义废弃物政策中也没有任何值得保留的内容。实际上,匈牙利关于废弃物的处理机构、研究项目和政策进程都被中止了。这种中止有的是有意识采取的行动,有的则是国家解体的必然结果。

这种解体过程的具体表现有:私有化、取消国家为环境目的而设立的基金、立法(或者是相关法律的缺乏或撤销),以及对国家环境部门的选择性重组。

私有化

私有化对废弃物处理的实践造成了多重的影响。成立近四十年的国家废弃物收集公司（副产品与废弃物再利用公司）的私有化就对其活动范围作出了根本性的限制，也就是说，仅限于废弃物资的范畴和供应者的圈子。其他公司的私有化则遵循这样一种模式：它们的新所有者不需承担任何旧有的或新出现的环境责任。匈牙利的《私有化法》起初甚至根本没有考虑环境责任的问题：直到1992年之前，私有化机构都向新的所有者作出了承诺，称机构将负责清除后来发现的任何环境危险。在一家公司的私有化过程中，清除环境危险的承诺带来的花费与公司的销售价格相等，结果国家没有从中得到任何收入（Allami Vagyonügynökség，1993）。另外，这种承诺的耗资与时间期限并不是根据第三方专家的评估而做出的，而是根据买卖双方讨价还价的结果。直到1992年，匈牙利才在一条法律（LIV 法的第35款）中规定，将要实行私有化的公司有义务制订补救该公司过去造成的环境破坏的方案。但是，这一法律规定对于部分私有化是无效的。最有利可图、最为清洁的工厂或部门往往都通过部分私有化转到了个人手中，而存在缺陷与环境问题的部分却仍然是国家的负担。因此，清除环境危害的费用只能由最出不起钱的单位来支付（Allami Vagyonügynökség，1993）。

取消国家基金

自由过渡的模式对每一项国家开支都持怀疑态度。环境开支当然也不例外。工业生态学的核心想法是在生产过程中通过更好的生产设计和有益环境的技术解决废弃物问题。但是在经济危机与贷款免除的情况下,这种想法不可能得到实施。匈牙利政府1981年发起的废弃物减量与再利用计划被取消,给予信用和补贴奖励的激励机制随后也在规范化的名义下被废除(Bakonyi,1991;Dworák,1991)。[5] 有的专家指出,1989年匈牙利错过了实施新经济措施的机会。

> 随着新税收制度的推行,匈牙利本来有可能在过去的直接补贴方式之外,建立一个以税收优惠(当然也有额外的税收)为基础的补贴与管理体系。这种体系与所有发达国家中成功应用的体系很相似。然而,政府最终确定的以税收优惠促进环境管理……和废弃物管理的范围却过于狭窄,范围的划定方式也致使促进措施取得了适得其反的效果,比如在废弃物再利用的领域。税收体系的情况也一样,政府并未运用其他的经济调节措施(贷款、利息等)来达到促进环境管理与废弃物管理的目的(Takáts,1990)。

由于上述失败,另一些专家不得不号召政府增加用于环境目的的国家基金(Kindler,1994)。

立法

立法领域也许最能体现出变化的方向。虽然匈牙利议会1992年制定的法律条款数量之多进入了吉尼斯世界纪录,该国的环境部仍然未能提出一项新的全面环境法(Bochniarz and

Kerekes,1994)。在参加法律起草的行动主义者和其他人士看来,这是工业院外活动集团故意采取的拖延战术。[6] 工业院外活动集团的利益在于不让私有化进程受到生态考虑的阻碍,并建立一种把环境问题视为附带内容的体制结构。[7]"议会环境保护委员会对这种僵局越来越感到失望,最后决定委托制订一份独立的草案",连环境部长都对此表示支持(Sajó,1994:38)。即便如此,匈牙利直到1995年才通过全面环境法。

就在全面立法遭到拖延的同时,旧有的规定也被取消了。最重要的是,匈牙利取消了几十年来一直采用的包装押金制度。借着市场突然开放与曾备受压抑的消费者购买欲大潮,可口可乐等西方公司把带有不可再生包装的商品引入了匈牙利。政府不再组织人们收集这些商品的包装,也不再为它们支付押金。这并不是匈牙利一国独有的现象。正如卡得雅克所说:

> 在押金退还制度方面,中东欧国家的普遍经验是:先前发挥良好作用的制度,在过渡时期却遭到了部分的破坏(例如瓶子和汽车电池的押金退还制度)(Kaderják,1997:169)。

比较符合以生产为中心的态度的措施,则是1996年匈牙利开始对燃料、轮胎、冰箱、制冷剂、包装材料和电池征收环境产品费(Act LVI of,1995)。[8] 如果是有益环境的产品,那么此项费用则会减半征收。征收费用所得的收入会被转入中央环境保护基金;据预计,这笔收入能占到1996年基金预算的一半。基金中的这部分款项专门用作减轻污染、废弃物回收与再循环方面的投入。不幸的是,预计在1998年初实施的新《废弃物管理法》草案却规定,将在新的再循环设施建立之后终止这个产品费体系。绿色运动人士对这一法律条款提出了强烈抗议(Bödecs,1997)。

匈牙利20世纪80年代的政策建立了一个监督体系,规定工厂必须提交物质流图表和物资平衡情况,从而使对工厂废弃物处理活动的评估变得轻松而透明。[9]1992年,提交物质流图表的规定被取消了。必须提交物资平衡情况(提交这一情况要容易得多)的工厂的范围也被大大缩小,而工厂如果想免除这一责任也很容易(Romhányi,1995;对Takáts的采访,1996年7月15日,布达佩斯)。这样的物质流图表对于实施工业生态学原则来说是极好的工具,因为它们既能反映物质使用效率低下的问题,也能反映出特定劳动过程中产生危险物质的具体环节。原有规定的一位设计者认为,这些措施构成的机制能迫使工厂自愿采取环境质量标准(类似于国际标准组织设定的标准)(Romhányi,1995)。但是,匈牙利后来却废除了这些措施,理由是生产机密与私有财产神圣不可侵犯。即便是政府各部对废弃物产生情况的调查,也遭到了新的私有工厂以同样理由提出的抗议。

另外,尽管社会主义制度下大部分时期的废弃物政策针对的都是没有危险的废弃物,特别是废金属,但目前匈牙利对这类废弃物也没有进行任何管理,这同样是倒退的一种表现。

环境部门的结构调整

在始于1989年的剧变时期,国家机器各机构或部门的结构调整与精简是不可避免的。但是,被列为大幅度精简对象的各部门中的规律却表明,行政管理的重点在朝着补救型的方向转变,国家则不打算再应对废弃物问题。环境和地区发展保护部的废弃物管理局经历了一系列的结构调整和精简,该局最终的状态表明它是环境部中受冲击最严重的部门之一。该局的一位高级官员称,工业院外活动集团极力促使政府在合理化与所谓的"综合性环境保护途径"的名义下,削弱这个局的力量。

这是因为工业废弃物存在许多问题,而这些问题的解决需要投入大量资金。各个集团的利益是在废弃物(处理、销毁、焚烧)市场中分一杯羹。但它们只想着从市场中谋取金钱,同时又不遵守任何规定。在需要许可令的时候,它们就直接去找大老板(而不是通过正规的渠道)。部里的(某些)废弃物管理专业人员成为了它们达到目的的障碍,因此一定得除掉这些人(匿名官员,1997)。

这种情况会造成非常实际的后果:被精简的部门无力进行废弃物法律的实施,面对国内外投资者关于建设废弃物处理设施的大量请求时也显得很软弱。由于没有法律的强制约束,匈牙利的废弃物处理产业飞速增长,这显然不利于废弃物的减量和再循环,并且最终导致工业生态化原则的边缘化。下一节将探讨这种边缘化造成的后果。

赶上还是清理:后社会主义时期反复无常的废弃物政策

历史似乎重演了:关于废弃物的新话语,又一次导致了浪费废弃物这种意料之外的后果。在匈牙利的国家社会主义时期，僵化的使用价值心态和废弃物定额促进了废弃物的增长。另外，人们在利用这些废弃物时并没有考虑实际的需求，因此它们最终都变成了垃圾。现在，废弃物又一次大量堆积起来。由于看不到再利用的前景，这些废弃物同样有可能转变为垃圾。政府机构中的废弃物再利用部门遭到了致命的打击，而所谓的环境服务部门（由负责废弃物处理、销毁和焚烧的行业组成）却迅猛增长。1994年的一次调查发现，提供技术服务（尤其是空气质量保护的工程与设计）和环境产品（尤其是空气质量保护和实验室服务所使用的产品）的公司约有400家（Dzuray，[1995]，Lehoczki and Balogh, [1997:163]综述）。

环境服务部门的增长虽然说并不是负面的发展，但两个情况却为这种增长蒙上了阴影。第一个情况是提供环境服务的公司中有许多所谓的"影子公司"，至少是没有许可证、不遵守废弃物倾倒规定的公司；它们从事非法倾倒时一旦被抓获，就会声称自己只能承担有限的责任。据估计，转移到这些公司手中的废弃物可能占匈牙利产生的危险废弃物的三分之一（Lehoczki and Balogh, 1997:144）。给欣欣向荣的环境服务部门蒙上阴影的另一个情况，则是这些公司所提供的都是末端处理的技术。这类环境投资[10]需要大量的启动资金，周转速度也慢；匈牙利目前资金不足，又取消了国家补贴，而且要求投资周转速度快的技术的呼声极高，因此这类投资不可能付诸实施（Székely, 1991）。

有些废弃物可能带来更高的利润，但周转速度慢，目前国家放弃了这类废物的再利用和销毁工作。这些不经处理的废弃物会导致危险废弃物的数量增加,从而造成破坏、污染环境,今后还将导致整个经济产生严重的问题(Dworák,1991:26)。

1992年以来的统计数据表明,匈牙利的废弃物产生量始终超出了废弃物的处理能力。[11] 1989年到1992年间,每年产生的危险废弃物中未经处理而堆积起来的比例从17%上升到了42%。[12] 人们越来越意识到,这样的做法等于是在制造经济和生态意义上的定时炸弹。虽然目前还没有相关的实际调查,专家们估计匈牙利非法倾倒场的数量自1989年以来一直在迅速增长。工业废弃物又一次在匈牙利堆积如山,被白白浪费,尽管这种现象的成因与以往不同。

上述情况让政策制定者感到了极大的压力,他们急于找到能迅速解决问题的办法——也就是说,这种解决办法应该使废弃物的倾倒和焚烧变得更为便利,而不是逐渐恢复那些鼓励废弃物减量和再利用的预防性政策措施。且不说"赶上"西方的预防性废弃物处理观念,匈牙利人假如能赶上本国未经处理、不加利用的废弃物的增长速度,就已经算是幸运了。

匈牙利废弃物的总产生量(尤其是危险废弃物)还在增长,这更加剧了废弃物大量积聚的问题。尽管人们预计废弃物的产生量会随着市场机制的重新确立而减少,继过渡期之初经济衰退造成的废弃物产生量减少之后,匈牙利复苏工业的废弃物产生能力正在迅速恢复(Lehoczki and Balogh,1997)。例如,卡得雅克和切尔迈伊的一项统计分析(Kaderják and Csermely,

1997)得出了这样的结论:匈牙利各产业部门的变化,减少了典型社会主义产业(主要是冶金业)所造成的环境破坏。但是,其他表现出很强增长潜力的产业(例如石油与塑料产业)现在却是造成污染排放增长的主要原因,今后也将会如此。在更为具体的危险废弃物方面,这两位作者也得出了类似的结论:"石油、制药、糖果和肉类产业将成为*越来越多的*危险废弃物的'生产者'"(Kaderják and Csermely,1997:27,斜体为本文作者所加)。上述预测以各产业目前的污染排放和危险废弃物产生情况为基础,它们警告人们不应坐等经济结构转变带来的所谓自动收益,并呼吁通过技术变化(如工业生态学提倡的技术变化)来实现废弃物减量的目标。

但是,旧有和新生废弃物的清理工作,很容易就能破坏匈牙利实施预防性政策的努力。促使人们进行废弃物减量和再利用的激励因素本来已遭到严重破坏,而在充斥着匈牙利的大量废弃物处理技术(这些技术是新出现的,但并不是所有人都能支付得起)面前,这些激励因素将彻底失去效用。就在专家和政策制定者凭空想象"双赢"政策规划与符合生态现代化理论的未来远景的时候,现实却转向了另一个方向。由于西方投资者越来越难以在已经饱和且更具环境意识的西方市场上出售垃圾焚烧技术,他们就抓住了向东欧市场扩展的绝好机会。

实际上,匈牙利很少针对从西方进口的废弃物处理设备或废弃物进行法律交涉。匈牙利的法律中并没有规定必须进口"能获得的最好技术";102/1995废弃物法虽然禁止从外国进口供处理的废弃物,但对供再利用的废弃物进口却未予禁止。不过,即便是根据匈牙利废弃物管理的新草案,"再利用"的范围也包括利用焚烧废弃物来获取能源(Bödecs,1997)。

吸引西方焚烧炉公司来到东欧地区的其他因素还有：堆积如山的废弃物让当地政府一筹莫展；西方为后社会主义时期的东欧地区设立了用于环境目的的基金，特别是长期低息贷款；当地关于焚烧炉的环境标准很宽松，而且实施不力；由于中东欧国家很快就要和欧盟实行环境法律接轨，这些国家必然需要购买大量的废弃物处理设备。一位投资废弃物处理设备出口业的美国银行家在回答东欧人是否有能力购买这些技术的问题时说："如果东欧人想成为欧洲大家庭中的一员，我觉得他们就别无选择"(Schwartz, Koehl and Breslau,1990)。[13]

匈牙利环境部的一位高级官员(此人要求匿名)描述了由此产生的废弃物处理公司疯狂涌入的情况：

> 西方人以为我们没有对环境影响作出评估的要求。后来他们通过那些小小的咨询公司了解到我们有哪些规定，这才大为震惊地发现自己无法获得许可，而且我们的环境部在这个问题上绝不通融。他们以为自己可以随心所欲地把任何东西卖到任何地方。他们以为可以把中看不中用的假货卖给我们！(匿名来源,1997)。

这种疯狂涌入影响到了整个中东欧地区。据估计，1988年到1996年间俄罗斯、波罗的海诸国、匈牙利、波兰、捷克共和国、斯洛伐克计划增加的废弃物焚烧能力高达1800万吨，这其中大约有93%是从西方国家进口的。[14]换言之，西方国家建议中东欧地区增加187处废弃物处理设施，设在匈牙利的就有10座。[15]

由于西方对协助建设废弃物回收的技术不感兴趣,大量焚烧设备造成的巨大压力今后很可能会导致这些国家重新采取补救性措施。

只要略为回顾一下匈牙利新闻媒体对废弃物问题的报道,也能发现这种观念上的变化。在国家社会主义时期,匈牙利有大量关于废弃物再利用可能性被人们发现并实施的报道,甚至有许多揭露"浪费废弃物资"丑闻的文章。而现在的匈牙利媒体上只能看到一种文章:废弃物在本质上就是消极而有害的,因此必须加以销毁。"废弃物交易:衰退'锈蚀'的市场"、"石棉废弃物丑闻"、"最佳解决方案是把垃圾发射到月球上去",这些都是很典型的标题。人们从来不会在报纸上看到关于导致废弃物产生的投资或废弃物再利用的政治斗争——关注废弃物产生的策略,已经被关注废弃物分配(废弃物的处理、倾倒与焚烧)的策略排挤出了公共话语之外。

私有财产神圣不可侵犯的观念也转移到了废弃物产生的领域。由于越来越多的废弃物是在私有工厂中产生的,公众或国家如果要监督工厂产生了哪些废弃物、利用废弃物制造了哪些产品、如何处理产生的废弃物,就会被视为对基本财产权的侵犯。应该在何处倾倒或焚烧废弃物,这些设施产生的经济收益应如何分配,公民在这些问题上也许有发言权,但他们永远无权质疑关于会产生废弃物的投资的"纯粹经济决定",也不能质疑这些副产品的处理方式。有少数人试图将争议范围扩展到废弃物产生的问题上,结果立刻就被扣上了"违背自由市场原则"(Bödecs,1996:ix)、"观念落后"(Báhidy,1996;Bödecs,1996)的帽子,或是被斥为提出观点时感情用事、不以"专业客观"为依据的"宗教狂热分子"(Báhidy,1996)。

造成匈牙利目前状况的原因,在于人们错误地理解了社会主义时期废弃物策略的范畴与实质。人们普遍认为社会主义时期的匈牙利对环境政策的实施漠不关心、行动不力,这造成了环境补救必须从零开始的错误印象。以前由国家权力部门与专业研究机构发起的大有希望的进步措施,却被抹杀、被遗忘了。从自由意识形态和国际货币主义利益的角度来看,社会主义时期的匈牙利鼓励废弃物利用、密切监控废弃物产生和危险废弃物转移的努力,只不过是对经济的另一种有害干预而已。

结　论

按照古老的匈牙利丧葬礼俗,死者的马也要和死者一同埋葬。就算马很健康也要杀掉,再埋到坟墓中陪伴主人。后社会主义时期的匈牙利也在进行一场类似的丧葬仪式。和党、中央计划以及国有制一起被埋葬的,是注重节俭和废物利用的讲求实际的心态,是唯物主义的文化。许多以废弃物减量和再利用为目标的政策措施、体制和法律就此消失。它们持续的时间虽短,却是进步而大有前途的。最能说明匈牙利目前的浪费心态的例证,就是人们毫不吝惜地抛弃了可以实现有价值的目标的老办法,完全不考虑今后继续运用的可能性。

在匈牙利1948年到1989年的社会主义时期,相关政策把废弃物视为有用的东西,并在生产过程中应对废弃物问题。20世纪50年代的政策以废弃物再利用为重点,政府通过废弃物定额和中央组织的废弃物再分配等行政手段,鼓励人们对废弃物进行再利用。20世纪80年代，废弃物被视为一种生产成本，因此废弃物的减量和再利用被视为提高效率的手段。这一时期的政策手段强调对废弃物生产者进行经济激励，具体措施包括信用、补贴、价格控制等。国家还鼓励具有经济和技术特长的专业人士参与进来，共同实现这些目标。在20世纪80年代，匈牙利的废弃物政策开始出现了变化：不仅将废弃物视为节约物资的问题，也将其视为一种环境污染问题。经济目标与环境目标相结合，强调预防，靠经济、技术专业知识和技术创新来实现经济与环境方面的目标，这些特点与生态现代化和工业生态学的目标高度一致。

匈牙利社会主义时期的这些努力，对于工业生态学和生态现代化在西方国家和后社会主义时期匈牙利的应用来说意味着三条经验。第一，对废弃物再利用和再循环期望过高，在文中分析的社会主义时期的几个阶段都造成了适得其反的效果。提高再利用与再循环废弃物的比例当然是值得提倡的目标，但正如匈牙利社会主义时期的例子所示，总有一些废弃物的再利用或再循环在技术上是不实际的，或者是没有必要。许多化学废弃物和危险废弃物就属于这种范畴。在这类情况下，就应该从源头对废弃物进行绝对减量，而不是相对减量。被西方工业生态学誉为成功范例的废弃物规划，关注的重点往往都是再循环的可能性；这种可能性会使人们认为废弃物产生是可以接受的，并且让废弃物政策偏离源头减量的方向。匈牙利的情况就是如此。

第二，匈牙利社会主义时期采取的措施（今天我们称之为工业生态学）表明，如果不解决造成生产浪费的深层经济、组织和思想文化原因,废弃物政策就会失败。在20世纪50年代的匈牙利,完成计划(尤其是紧凑计划[16])仍然被视为主要的目标,即便物资节约运动本身也是如此。人们没有认识到紧凑计划与生产浪费之间的联系。生产者为了完成紧凑计划,只有采取浪费的生产方式,这种经济逻辑最终破坏了物资节约与废弃物节约的努力。虽然20世纪70年代的计划变得宽松了,社会中仍存在普遍的匮乏现象,这不利于人们采取注重废弃物问题的生产方式。

由于中央计划性经济倾向于把生产和增长的目标置于效率之上,废弃物的再利用就经济意义而言往往是不利的,而且会把废弃物变成垃圾。20世纪80年代,效率成为了匈牙利废弃物政策宣扬的目标;但出于市场的决定因素,效率低下、浪费、带来环境危险的生产方式仍然继续存在——布达佩斯化工厂的例子就证明了这一点。这个工厂在中央组织的物资节约与提高效率运动中的表现很出色,该厂获得的许多奖项就是证明。但该厂对于四氯芬废弃物的问题却无所作为,只是通过20世纪70年代后期的现代化改造略为减少了生产中的副产品率,并且提高了产品的销售价格,以弥补废弃物处理的开支。国家需要硬通货,还要实现经济增长的总体政治目标,因此忽略了对浪费的生产方式的关注。

综合考虑废弃物产生的经济、组织、意识形态和文化原因,这可以说已经是西方工业生态学的特征。不可避免地,这种态度并没有使匈牙利把环境预防和经济目标结合起来,而是让前者服从于后者。赢利与增长始终都是最主要的目标。例如,从微观层次来看,关于废弃物减量与能源减量的提议通常必须符合某些要求,才能使相关投资得到回报(Nelson,1994)。针对宏观层次的评价则已经指出,西方工业生态学中存在着某些狭隘的观念。

> 幻想对工业产品和生产方式作出根本性的转变,却不审视人类活动和体制中的变化;仔细研究环境对变化作出反应的能力,却忽视人类转变消费模式的潜力,这种态度是不平衡的。技术变化会不断带来更高的效率,但仅靠这种改进是否就能弥补人类物质能源消耗不断增长的程度与范畴,这是值得怀疑的(Andrews et al.,1994:475)。

虽然生态现代化理论呼吁淡化赢利动机,并对这种做法作了纪实性的描述,但它还需探讨人们关注的另一个问题:增长必然对生态现代化所提倡和欢迎的结构转变与话语转变造成负面效果。

第三,在斯大林时期的匈牙利,公众对生产的控制(准确地说是对废弃物产生和再利用的控制)的缺乏导致了废弃物的不当使用,即利用废弃物制造多余的商品。目前认识到社会主义时期的环境政策与工业生态学途径存在相似之处的唯一一位学者——卡得雅克指出(Kaderják,1997),这两者之间实际上有一个关键的区别:国家社会主义制度中缺乏法治,而法治是实行西方工业生态学所必需的法律条件。民主的价值无疑非常重要,但我们必须警惕民主概念的断章取义的使用。卡得雅克与其他学者所关注的,只是用来保障私有财产神圣性、保障商业的规范性与可靠性的法治。他们并没有提到公民参与决策过程的权利这种情况下的法治——公民有权参与决定废弃物产生、收集和再利用中使用的技术，以及清理废弃物的方案。在我进行的采访中，专业人士往往把非专业公民抗议某些设施的行为等同于"过多的民主"或"愚者对智者的统治"，这种态度在新闻媒体中也很常见。

西方工业生态学的倡导者很少谈到公民社会的作用。这种沉默有可能把目前工业中仍大有希望的转变，导向哈耶尔所说的技术专家治国式的生态现代化。人们认为工业自愿采取的措施就可以改善环境，而这些措施反过来又应该符合传统的赢利目标。我们知道，这种赢利目标从来都不会允许公众的监督。皮尔斯（Pearce，1990）在分析"负责任的公司"这一概念（工业生态学的道德支柱之一）时就发出了这样的警告，并建议以下面的方式扩展"负责任的公司"与"政治公民权"概念的含义：

> 大公司称自己是"政治公民"，称自己是有社会意识、有用的社会成员……这些公司称它们会进行自我调控，这一点人们完全可以信赖……任何有意义的政治公民权概念都必须包括一种承诺：承诺致力于维持社区的生存能力，这也就意味着致力于在目前为社区带来（净）收益，并保证社区的将来……由于民主政治社区的成员有权参与政治进程，并承认其他成员同样拥有这种权利，即便它会对某些公司利益构成挑战（Pearce，1990：415，425）。

正如哈耶尔所说（Hajer，1995），生态现代化也可能朝另一个方向发展——公民社会在实施有益环境的生产变化与改善环境保护的体制方面没有发言权。他呼吁建立"反思型"的生态现代化,工人、居民和关注环境问题的公民在其中都可以发挥积极的作用。

如果我们的目标的确是实现民主型的生态现代化,我们就需要不断提出质疑:符合工业生态学或生态现代化原则的转变(无论它们有多么进步)究竟让谁获得了利益? 在20世纪50年代的匈牙利,国家建立周详的废弃物登记、收集与再分配体系的原因之一,就是要确立对资源的控制并不断强化这种控制,以及约束劳动者。20世纪80年代期间,提高废弃物处理效率的支持者包括经济改革家和急于摆脱国家控制的企业管理者。由于废弃物政策要服从这些人的利益,它们就未能符合物资节约和环境预防的要求。

在今天的匈牙利,皮尔斯号召的工业对公民和社区的承诺仍然不见踪影,因为人们认为所谓"向市场和民主的过渡"主要意味着市场的民主化。即便是对符合工业生态学和生态现代化原则的途径(这需要国家和工业在一定程度上的合作),人们也持怀疑态度。正如博赫尼亚什和凯赖凯什所说:

> 采取新的环境政策与经济政策,作为国家对新设计的经济体制的一种干预手段,这往往会遭到非常强烈的抗议。伴随着这种抗议的,往往是恢复共产主义时期的国家管制手段的煽动性言论(Bochniarz and Kerekes,1994:20)。

如果西方的工业生态学和匈牙利社会主义时期的"工业生态学"一样保持这种沉默,那么赶上西方的环境话语对匈牙利而言也就是一种要求过低的目标。事实上,"第三条道路"也许是最实际、最受欢迎的。要建设这条道路,就应该综合各种考虑,民主地从以下几个方面选择出有用的部分:国家社会主义时期以生产为核心的环境保护途径、西方工业生态学的技术与经济手段,以及上述"政治公民权"的扩展概念。生态现代化理论必须保持"反思性",并对全球不平等的现象保持警觉——西方环境意义上的可持续发展,而后社会主义时期的匈牙利却被迫离开了这条道路。现在行动,也许还不算太晚。

注　释

1. 我在1999年的一篇文章中提到过本文中的某些研究结果(Gille,1999)。
2. 这些记录只能证明浪费的一种定义,它与经济学的效率概念较为相似:单位生产中的废弃物产量。至于"浪费的消费方式"意义上的浪费(由废弃物/资本指数显示),则从未在这些记录中出现过。这也许是因为如果人们以这种方式来理解浪费,那么某些最发达国家的浪费程度将超过大部分社会主义国家(Gille,1999)。
3. 这些数据中并不包括赤泥*。相比较而言,1990年经济合作与发展组织的国家平均只能回收10%的工业危险废弃物。不过,匈牙利对危险废弃物的定义确实比今天经合组织的定义更加宽泛。
4. 关于改革派经济学者提出的环境问题解决办法的详细探讨和评价,可见德巴尔勒本(DeBardeleben,1985)和吉勒(Gille,1997)的文章。
5. 不过,有一年(1991年)匈牙利保留了20%的环境投资费用(并不一定全部与废弃物有关)。

---

* red mud,从铝土矿中提炼氧化铝之后产生的工业固体废弃物。——译者

6. 按照环境部一位高级官员的说法,目前匈牙利全面废弃物管理法的制定过程中也存在同样的障碍。
7. 安德鲁斯以捷克共和国和斯洛伐克为例,对私有化和环境保护结构调整过程中涉及的利害关系进行了分析(Andrews,1993)。
8. 自1992年起,匈牙利开始对交通用燃料征收产品费(Lehoczki and Balogh,1997)。
9. 一位前政府官员告诉我,这种措施是匈牙利的"发明",德国目前实施的措施只不过与它非常相似而已。
10. 例如废弃物分类、废弃物储存能力,以及某些废弃物再利用所需的技术。
11. 试图减少废弃物在工厂与临时存储地停留时间的法规根本无法遏制这种趋势。强制实行法律、国家出资建设临时存储地以作为公用事业公司,这些措施也许能暂时起到帮助,但解决问题的最终办法还是鼓励源头减量。
12. 这是我根据莱霍茨基和鲍洛格的著述(Lehoczki and Balogh)作出的估算。
13. 据估计,20世纪90年代前期东欧和前苏联地区环境服务市场的规模翻了一番(Trumbull,1994:8)。
14. 这是我根据绿色和平组织的数据(Gluszynski and Kruszewska,1996)作出的估算。
15. 另外,匈牙利1989年前修建的唯一一座现代化焚烧炉被卖给了一家法国公司。匈牙利的第一座现代化废弃物倾倒场也遭遇了类似的命运。
16. 经济学著述中用"紧凑计划"(taut plan)一词来表示国家社会主义制度下盛行的一种做法:计划制订者认为完成计划需要多少投入,就严格按照这个数量拨给企业。

参考文献

Allami Vagyonügynökség (State Privatisation Agency) (1993), 'A környezetvédelmi követelmények érvényesüléséröl az állami vállalatok privatizációja során' (On the Fulfilment of Environmental Requirements during the Privatisation of State Enterprises), *környezet és Fejlödés*, Vol. 5, No. 4, pp. 31-34.

Allenby, B. R. and D. J. Richards (eds.) (1994), *The Greening of Industrial Eco-Systems*, Washington DC: National Academy Press.

Andrews, Clinton, Frans Berkhout and Valerie Thomas (1994), 'The Industrial Ecology Agenda', in Socolow, Andrew, Berkhout and Thomas [*1994*: *469-477*].

Andrews, Richard N. L. (1993), 'Environmental Policy in the Czech and Slovak Republic', in A. Vári and P. Tamás (eds.), *Environment and Democratic Transition: Policy and Politics in Central and Eastern Europe* (Boston: Kluwer Academic Publishers), pp. 5-48.

Árvai, Józsf (1990), *Hulladékgazdálkodás* (Waste Management), Budapest: Budapesti Müszaki Egyetem, Mérnöktovábbképzö Intézet.

Bakonyi, Árpád (1991), 'Hulladékok és másodnyersanyagok hasznositása a gazdaságban' (The utilization of wastes and secondary raw material in the economy), *Anyaggazdálkodás és Raktárgazdálkodás*, Vol. XIX, No. 1, pp. 9-11.

Bánhidy, János (1996), 'Letter to Kukabúvár' *Kukabúvár*, Vol. 2, No. 2, p. 15.

Bochniarz, Zbigniew and Sándor Kerekes (1994), 'Deficiencies in the Existing System of Environmental Protection in Hungary', in Z. Bochniarz, R. Bolan, S. Kerekes, and J. Kindler (eds.), *Designing Institutions for Sustainable Development in Hungary: Agenda for the Future*, (Budapest: Környezettudományi Központ), pp. 11-22.

Bochniarz, Z., Bolan, R., Kerekes, S. and J. Kindler (eds.) (1994), *Designing Institutions for Sustainable Development in Hungary: Agenda for the Future*, Budapest: Környezettudományi Központ.

Bödecs, Barnabás (1996), 'szeméthegyen innen, termé kdíjon túl' (Before Waste Piles, Over Product Charges), *Kubabúvár Melléklet önkormányzatok számára* (Supplement for local governments), Vol. 2, No. 2, pp. vii-ix.

Bödecs, Barnabás (1997), 'A Hulladek Munkaszovetseyg javaslatai a hulladéktörvény szakmai koncepciójához' (The Proposal of the Waste Work Association on the Concept of the Waste Management Law), *Kubabúvár*, Vol. 3, No. 3 [Online.] http://www.zpok.hu/kukabuvar/.

Bóka, István (1953), 'A Gazda mozgalom szervezési kérdései' (The Organisational Questions of the Gazda Movement), *Többtermelés*, Vol. 7, No. 3, pp. 24-27.

Budapesti Vegyimüvek (Budapest Chemical Works) (1972), *Emlékeztetö 1972, augusztus 7. operativ vállatatvezetöi értekezlet* (Minutes, Operative Meeting of Management, 7 Aug. 1972).

Budapesti Vegyimüvek (Budapest Chemical Works) (1975), *Emlékeztetö 1975, július 14. operativ vállatatvezetöi értekezlet* (Minutes, Operative Meeting of Management, 14 July. 1975).

Budapesti Vegyimüvek (Budapest Chemical Works) (1978), *Emlékeztetö 1978, január 23. operativ vállatatvezetöi értekezlet* (Minutes, Operative Meeting of Management, 23 Jan. 1978).

Castoriadis, Cornelius (1978—1979), 'The Social Regime in Russia', *Telos*, No. 38, pp. 32-47.

Csupor, Lajos (1954), 'Anyagtakarékossági mozgalmak és feladataink' (Movements of Material Conservation and Our Tasks), *Többtermelés*, Vol. 8, No. 10, pp. 22-25.

DeBardeleben, Joan (1985), *The Environment and Marxism-Leninism: The Soviet and East German Experience*, Boulder, CO: Westview Press.

Dömötör, Ákos (1980), *A MÉH nyersanyaghasznositó tröszt története (1950—1980)* (The History of the MÉH Trust [1950—1980]), Budapest, unpublished ms.

Dryzek, John (1997), *The Politics of the Earth: Environmental Discourses*, Oxford: Oxford University Press.

Dworák, József (1991), 'Magyarország hulladékgazdálkodása' (Hungary's Waste Management), *Anyaggazdálkodás és Raktárgazdálkodás*,

Vol. XIX, No. 2, pp. 20-26.

Ember, György (1952), *Gazda-mozgalom a vasiparban* (The Gazda Movement in the Iron Industry), Budapest: Népszava, Szakszervezetek Országos Tanácsa Lap-és Könyvkiadó Vállalata.

Filtzer, Donald (1986), *Soviet Workers and Stalinist Industrialization: The Formation of Modern Soviet Production Relations*, London: Pluto Press.

Filtzer, Donald (1992), *Soviet Workers and De-Stalinization: The Consolidation of the Modern System of Soviet Production Relations 1953—1964*, Cambridge: Cambridge University Press.

Fövárosi Tanács Végrehajtó Bizottsága (Executive Committee of the Council of Budapest) (1967), *Jegyzökönyv az 1967, November 22-I ülesröl* (Minutes from the meeting on 22 Nov. 1967).

Gille, Zsuzsa (1997), 'Two Pairs of Women's Boots for a Hectare of Land: Nature and the Construction of the Environmental Problem in State Socialism', *Capitalism, Nature, Socialism*, Vol. 8, No. 4, pp. 1-21.

Gille, Zsuzsa (1999), 'Conceptions of Waste and the Production of Wastelands: Hungary since 1948', in W. Goldfrank, D. Goodman and A. Szasz (eds.), *Environmental Issues and World-System Analysis*, Westport, CT: Greenwood Press.

Gluszynski, Pawel and Iza Kruszewska (1996), *Western Pyromania Moves East: A Case Study in Hazardous Technology Transfer*, Greenpeace, URL: http://www.rec.hu/poland/wpa/pyrotoc.htm.

Goldman, Marshall I. (1972), *The Spoils of Progress: Environmental Pollution in the Soviet Union*, Cambridge: Massachusetts Institute of Technology.

Gomulka, Stainslaw and Jacek Rostowski (1988), 'An International Comparison of Material Intensity', *Journal of Comparative Economics*, No. 12, pp. 475-501.

Hajer, Maarten (1995), *The Politics of Environmental Discourse: Ecological Modernization and the Policy Process*, Oxford: Clarendon

Press.

Iron Workers' Union (1951), *A Gazda-mozgalom a vasiparban* (The Gazda Movement in the Iron Industry), Budapest: Népszava.

Jávor, Andor (1953), 'Az "Egyéni Megtakarítási Számla-mozgalom" fejlödése' (The Development of the Individual Savings Account-Movement), Többtemelés, Vol. 7, No. 4, pp. 28-32.

Jócsik, Lajos (1977), *Egy ország a csillagon* (A Country on the Star), Budapest: Szépirodalmi Könyvkiadó.

Juhász, Adám (1981), 'Az anyagtakarékosság lehetöségei és feladatai az iparban—Tézisekk' (The Potentials and Tasks of Material Savings—Theses), in *Az információ 1981, évi helyzete—Az anyaggazdálkodás helyzete és fejlesztésének irányaii* (The Situation of Information in 1981: The Situation and Direction of Development of Material Savings) (The abbreviated version of talks given at the ninth itinerary congress, Szolnok, Hungary).

Kaderják, Péter (1997), 'Economics for Environmental Policy in the Central Eastern European Transformation: How Are the Context and Textbook Prescriptions Related?', pp. 157-176.

Kaderják, Péter and Ágnes Csermely (1997), 'Direct Impacts of Industrial Restructuring on Air Pollutant and Hazardous Waste Emissions in Hungary', in P. Kaderják and J. Powell (eds.), *Economics for Environmental Policy in Transition Economies: An Analysis of the Hungarian Experience*, Cheltenham: Edward Elgar, pp. 15-38.

Kindler, József (1994), 'Evaluation of Economic, Social and Political Preconditions for a Successful Implementation of the Institutional Reform', in Bochniarz, Bolan, Kerekes and Kindler [*1994: 119-151*].

Klarer, Jürg and Patrick Francis (1997), 'Regional Overview', in Klarer and Moldan [*1997: 1-66*].

Klarer, J. and B. Moldan (eds.)(1997), *The Environmental Challenge for Central European Economics in Transition*, Chichester: John Wiley.

Klimisch, Richard L. (1994), 'Designing the Modern Automobile for

Recycling', in Allenby and Richards [1994: 165-170].

Kornai, János (1980), *Economics of Shortage*, Amsterdam: North-Holland.

KSH (Központi Statisztikai Hivatal—Central Bureau of Statistics) (1988), *Központi fejlesztési programok. A melléktermék-és hulladékhasznosítási program 1987. évi eredményei* (Central Development Programs. The By-product and Waste Reuse Program), Budapest: Központi Statisztikai Hivatal.

Leather Workers' Union (1951), *A Gazda-mozgalom elmélyítésével segítsük elö ötéves tervünk sikerét* (Let's Foment the Success of our Five-year Plan by Deepening the Gazda Movement), Budapest: Egyetemi Nyomda.

Lehoczki, Zsuzsa and Zsuzsanna Balogh (1997), 'Hungary', in Klarer and Moldan [1997: 131-192].

Lelkes, Gábor (1950), 'Az anyagtakarékosságról' (About Material Conservation), *Többtermelés*, Vol. 4, No. 10, pp. 15-19.

Mándi, Péter (1951), 'A pártszervezetek feladatai az anyagtakarékosság terén' (The Tasks of the Party Organs on the Field of Saving Materials), *Pártépités*, Vol. 4, p. 15.

Manser, Roger (1993), *The Squandered Dividend: The Free Market and the Environment in Eastern Europe*, London: Earthscan.

Mol, Arthur P. J. (1995), *The Refinement of Production: Ecological Modernisation Theory and the Chemical Industry*. Utrecht: Van Arkel.

Moroney, John R. (1990), 'Energy Consumption, Capital and Real Outputs: A Comparison of Market and Planned Economies', *Journal of Comparative Economics*, Vol. 14, No. 2, pp. 199-220.

Nelson, Kenneth (1994), 'Finding and Implementing Projects that Reduce Waste', in Socolow, Andrews, Berkhout and Thomas [1994: 71-382].

Nove, Alec (1980), *The Soviet Economic System*, London: George Allen & Unwin.

Országos Tervhivatal (Central Planning Office) (1960), *Tájékoztató [a KGST-nek]* a *Magyar Népköztársaságban az ócska színefém és hulladékgyüjtés megszervezésének megjavításával és a másodlagos színesfémkohászattal kapcsolatos kérdésekröl* (Report [to the COMECON]) on the issues of organising and improving the collection of scrap non-ferrous metals and of the metallurgy of scrap non-ferrous metals in the Hungarian People's Republic, 19 Sept. 1960, XIX-A-16-u, Box 32/a, Topic 5, Document Number 2-00188/1960.

Pál, Károly (1953), 'Takarékoskodjunk az anyaggal' (Let's Economise Material Use), *Többtermelés*, Vol. 7, No. 4, pp. 18-22.

Paton, Bruce (1994), 'Design for Environment: A Management Perspective', in Socolow, Andrews, Berkhout and Thomas [*1994: 349-357*].

Pearce, Frank (1990), '"Responsible Corporations" and Regulatory Agencies', *Political Quarterly*, Vol. 61, No. 4, pp. 415-430.

Reiniger, Róbert (1991), 'Veszélyes hulladékok' (Hazardous Wastes), *Anyaggazdálkodás Raktárgazdálkodás*, Vol. XIX, No. 6, pp. 1-7 and Vol. XIX, No. 7, pp. 14-19.

Remetei, Ferencné (1986), 'A hulladék és másodnyersanygok programjának eredményei és tapasztalatai 1981—1985' (The Results and Experience of the Waste and Secondary Raw Materials Programme 1981—1985), *Ipari és Épitöipari Statisztikai Éresitö*, Vol. 1986, Dec., pp. 465—481.

Romhányi, Gábor (1995), Interview, Budapest.

Sajó, András (1994), 'Legal Aspects of Environmental Protection in Hungary: Some Experiences of a Draftsman', in Bochniarz, Bolan, Kerekes and Kindler [*1994: 35-44*].

Sarlós, Mihály (1952), *A vashulladék begyüjtés kérdései* (Issues of Iron Waste Collection) (Report for internal use of the National Planning Bureau). XIX-A-16a OT box 446, main group number 25, no file number, Új Magyar Központi Levéltár.

Schwartz, John, Koehl, Carla and Karen Breslau (1990), 'Cleaning Up by Cleaning Up', *Newsweek*, 11 June, pp. 40-41.

Sekutowski, Janine C. (1994), 'Greening the Telephone: A Case Study', in Allenby and Richards [*1994*: *171-177*].

Simai, Mihály (1990), 'Környezetbarát fejlödésünk' (Our Environment-Friendly Development), *Valóság* Vol. 1990, No. 9, pp. 1-10.

Society for Scientific Education (1980), *Környezetvédelmi elöadói segédanyag* (Textbook for Environmental Protection), Budapest: Tudományos Ismeretterjesztö Társulat.

Socolow, Robert (1994), 'Six Perspectives from Industrial Ecology', in Socolow, Andrews, Berkhout and Thomas [*1994*: *3-16*].

Socolow, Robert, Andrews, C., Berkhout, F. and V. Thomas (eds.) (1994), *Industrial Ecology and Global Change*, Cambridge: Cambridge University Press.

Spaargaren, Gert and Arthur P. J. Mol (1992), 'Sociology, Environment and Modernity: Ecological Modernisation as a Theory of Social Change', *Society and Natural Resources*, Vol. 5, No. 4, pp. 323-344.

Székely, Attila (1991), 'Az ipari hulladékgazdálkodás helyzete és problémái (The State and Problems of Industrial Waste Management), *Anyaggazdálkoddás és Raktárgazdálkodás*, Vol. XIX, No. 12, pp. 22-27.

Szlávik, János (1991), 'Piacosítható-e a környezetvédelem?' (Is Environmental Protection Marketisable?) *Valóság*, Vol. 34, No. 4, pp. 20-27.

Takáts, Attlia (1990), 'A hulladékok káros hatása elleni védelem jogi, müszaki és gazdasági szabályozása' (The Legal, Technical and Economic Regulation of Protection Against the Harmful Effects of Wastes), in J. Árvai (ed.), *Hulladékgazdálkodás* (Waste Management), Budapest: Budapesti Müzaki Egyetem, Mérnöktovábbképzö Intézet, pp. 140-145.

Ticktin, Hillel (1976), 'The Contradictions of Soviet Society and Professor Bettelheim', *Critique*, Vol. 6, Spring, pp. 17-44.

Ticktin, Hillel (1992), *Origins of the Crisis in the USSR: Essays on the Political Economy of a Disintegrating System*, Armonk, NY: M.

E. Sharepe.

Trumbull, Mark (1994), 'Global Cleanup Spots Find Revenue-Hungary US Firms at the Door', *The Christian Science Monitor*, Vol. 86, 24 March, p. 8.

Valkó, Márton (1951), 'Gazda-mozgalmi és újító hetek a Rákosi Mátyás Müvekben' (Gazda Movement and Innovation Weeks of the Mátyás Rákosi Works), *Többtermelés*, Vol. 5, No. 12., pp. 23-24.

White, Robert M. (1994), 'Preface', in Allenby and Richards [*1994*: *v-vi*].

发展中国家

生态现代化的矛盾
——东南亚地区的纸浆与造纸业

戴维·A.索南菲尔德

越来越多的研究著述表明,我们已进入了一个典型体制转变使社会的广泛环境转变(包括制造业的根本性结构调整)成为可能的时代。到目前为止,生态现代化理论探讨的主要都是发达工业社会。很少有研究考虑到该理论在新兴工业国家中的适用性。本文基于作者对20世纪80年代和90年代初东南亚地区纸浆与造纸业的研究,探讨了这一理论的适用性问题。东南亚地区的纸浆与造纸业提高了效率、减少了废弃物排放,并且在向更清洁的生产方式发展。与此同时,这些行业并没有达到生态现代化理论的一个重要标准——生产的非物质化。东南亚地区纸浆与造纸生产中的"超物质化"反而促进了发达国家实现非物质化的过程。本文得出的结论是:新兴工业国家以出口为导向的大规模现代经济部门中确实存在着生态现代化的态势,但中小型企业的生态现代化情况却更为复杂。这种局面对生态现代化理论构成了严重的挑战。

本文较早的一个版本曾作为会议论文提交到美国社会学协会1998年8月在旧金山召开的年会。阿瑟·莫尔、拉贾·拉希亚、保罗·热莱、露西·雅罗什以及《环境政治》杂志的几位评阅人对本文的前几稿提出了宝贵建议,本文作者谨向他们表示感谢。作为本文基础的实地研究得到了以下各方的支持:澳大利亚—美国教育基金(富布赖特委员会);加利福尼亚大学全球冲突与合作研究所;斯威策基金会;澳大利亚国立大学;加利福尼亚大学圣克鲁斯分校。越南文朗大学环境技术与管理中心、泰国朱拉隆功大学社会研究所、华盛顿州大学、加利福尼亚大学伯克利分校为本文写作提供了有利的环境。本文中提出的观点只代表作者本人的意见。

引　言

"生态现代化"是一个相对较新的概念,它是德国社会学家约瑟夫·胡贝尔于 20 世纪 80 年代初创造的(Spaargaren and Mol,1992;Mol,1995;Hajer,1995)。简单地说,生态现代化可以被视为带有绿色转向的工业结构调整。胡贝尔对生态现代化颇具诗意的描述则是:"肮脏而丑陋的工业毛毛虫蜕变为生态蝴蝶。"(Huber,1985,Spaargaren and Mol 引用 [1992:334])哈耶尔(Hajer,1995)把生态现代化定义为"一种话语,它既认识到了环境问题的结构性特征……但又认为现有的体制可以将对环境的关注纳入其中"。

作为一种社会变化的理论,生态现代化意味着我们"进入了一场新的工业革命,它要求按照生态原则对生产、消费、国家实践和政治话语进行彻底的结构调整"(Mol,1995;Hajer,1995;亦可见 Mol and Spaargaren,本书)。作为一种"规范性理论"或"政治计划"(Spaargaren and Mol,1992;Mol,1995),生态现代化理论主张通过"协调生态与经济"(Simonis,1989)以及"超工业化"而非"反工业化"(Spaargaren and Mol,1992)的途径来解决环境问题。

目前,人们认为生态现代化理论主要适用于发达工业国家,这是因为实现绿色化工业结构调整需要一些前提:"例如福利国家制度、先进的技术程度……国家调控的市场经济……以及……普遍的环境意识。"(Mol,1995:54)生态现代化理论也可能"越来越适用于新兴工业国家"(同前 55)。现在,探讨这方面问题的最早的实证研究才开始显示出结果(参见 Frinjins et al.,1997;Mol and Frijns,1999;Hengel,1998)。

20世纪90年代初,印度尼西亚、马来西亚和泰国的纸浆与造纸工厂采用了环境技术。本文基于对这些工厂的研究[1],试图探讨生态现代化在新兴工业国家中的适用性。目前人们越来越关注生态现代化方面的学术著述,尤其是关于非物质化、南北平等以及中小企业作用的问题。

付诸操作

要考察生态现代化理论在新兴工业国家中的适用性,首先是要从形式上对生态现代化的概念作出界定,并将其付诸操作。有很多学者做过这种工作。早期的学者关注的是环境表现方面取得的实际改善。例如,保卢斯(Paulus,1986 西莫尼斯引述[Simonis,1989:347])曾指出:"生态现代化注重的是预防、创新,以及趋向生态意义上的可持续发展方向的结构变化……它需要依靠清洁的技术、再循环和可再生资源……。"

耶尼克等人(Jänicke,1989:100)指出了生态现代化的一个重要前提:"生产中资源投入的减少,将导致污染排放量、废弃物乃至成本的减少。"哈耶尔(Hajer,1995:25-26)从生态现代化早期的著述中总结出了三个基本概念:

- "让环境恶化成为可以计算的"(尤其是在金钱意义上);
- "环境保护是……一种'正和博弈'";
- "经济增长与解决环境问题在原则上是可以取得一致的"。

根据上述观点和其他著述，我们可以认为生态现代化在技术与物质方面有三个直接目标和两个终极目标：短期目标是废弃物的减量与清除、资源的回收与再利用、非物质化[2]；长期目标是节约资源与清洁的生产。[3]

后期的学者关注的则是生态现代化的机制与广义的社会动态。例如，莫尔（Mol,1995:39）指出，实现生态现代化的重要目标既需要"生态经济化"（通过对自然资源进行货币估价、征收环境税、制定市场刺激措施等手段），也需要"经济生态化"（通过重新规划生产、增进工业的协同处置*[工业生态学]）、促进超工业化。[4]

莫尔（Mol,1995:58；亦可见 Mol and Spaargaren,本书）进一步考查了环境转变的体制与社会范畴，指出生态现代化具有以下特点：国家从自上而下的调控性干预，转向与工业进行协商；非政府组织起到重要作用，包括直接与工业进行互动；政治全球化与经济全球化起到支持作用；"反生产力"式（"小即是美"、合作社等）政策途径的重要性降低。

综合来看，生态现代化的这些技术与物质方面的目标、机制和体制，为我们评估该理论在具体情况下的适用性（包括新兴工业国家）提供了一个有用的出发点。本文的分析试图解决两个问题：近年来印度尼西亚、马来西亚和泰国的纸浆与造纸业的"生态现代化"达到了何种程度？这些变化是如何发生的？

---

* co-processing，指工业中利用废弃物作为原材料或能量来源，替代自然矿物资源和自然石油资源。——译者

环境改革

作为全球十大工业之一，纸浆与造纸业造成的环境污染问题几十年来始终是全世界关注的重点。20世纪70年代期间，公众与环境管制的注意力都集中在纸浆与造纸业造成的空气污染上，包括典型的"臭鸡蛋"气味（二氧化硫）。近年来，该产业在制浆和漂白过程（尤其是木纤维制造的纸浆）中使用氯的问题引起了广泛关注。20世纪80年代中期，造纸业中氯的使用被证实与剧毒化学物质二噁英的产生有关。环境管制方面的注意力转向了废水排放中这种化学物质的存在，以及较为广义的水质问题。从20世纪80年代开始，绿色和平组织发起了禁止纸浆与造纸业使用氯的国际运动。

在20世纪60年代末之前，东南亚大部分纸浆与造纸业的规模都非常小，它们主要利用农业废弃物（甘蔗渣和稻秸）和再生纸（尤其是旧瓦楞纸箱，常常是从东亚甚至是北美进口的）制造印刷和书写用纸、新闻纸、卷烟纸和包装材料（Sonnenfeld，1998c）。自20世纪60年代后期起，东南亚的纸浆与造纸业出现了相当大的增长，这是该地区早期工业化发展中的重要部分。在20世纪80年代中期东南亚的纸浆制造业出现大幅度扩展之后，污染才成为人们关注的重大问题。

但是，20世纪80年代末和90年代初东南亚地区对纸浆制造业扩展与污染的抗议（Sonnenfeld，1998a，1998b）产生了重大影响，导致该地区建立了新的环境与技术管理制度，促使纸浆与造纸业采用新的、更清洁的处理技术（Sonnenfeld，

1996)。本文中我探讨的主要是先进的无元素氯制浆与漂白技术。在对上述发展进行分析时,可以从实际的技术与物质进步角度出发,以及各个国家中促使纸浆与造纸业采取这些改进的社会动态。

技术进步

1987年到1996年间,印度尼西亚、马来西亚和泰国的纸浆与造纸公司采取了许多环境改革措施与末端处理技术,尤其是那些以出口为主的大规模产业部门。这一时期东南亚地区建立了新的纸浆与造纸厂,并开始应用某些全世界最为先进的技术,而一些老的工厂也进行了改造。问题最为严重的工厂仍然是那些年代最久、规模最小的工厂,其中一些是政府所有的。

最为重大的改革措施应该是1992年到1996年期间印度尼西亚和泰国新建的6座漂白硫酸盐纸浆厂,它们采用的是无元素氯制浆与漂白技术(见表1)。这些工厂的运营效率更高,每单位产出的污染排放量甚至低于许多发达国家的工厂(Sonnenfeld,1998b)。在这个时期,印度尼西亚、泰国和马来西亚也建造了不采用无元素氯技术的未漂白硫酸盐纸浆厂。

在同一时期,东南亚地区的老纸浆制造厂通过改变原材料、提高预处理水平、改进处理技术、改进废弃物处理等措施,同样改善了它们在环境方面的表现。取得突出成就的部门有:

- 印度尼西亚年代较久的纸浆制造厂增加了预处理工序,减少了元素氯的使用,改进了废水处理设施。

发展中国家

表 1　1987—1996 年印度尼西亚、马来西亚、泰国漂白纸浆制造厂环境改善的相关因素[5]

投产时间	制造商	国家	环境改善	开始时间	预处理	废水处理	元素氯碱量	无元素氯制浆	硫酸盐	高产量	强管制	强运动	北欧关系	少数群体	出口型
1968	Siam Pulp & Paper	泰国	是	?	是	?	?	否	否	否	否	否	否	否	否
1981	Phoenix I	泰国	是	1989	是	是	是	否	是	否	是	是	是	是	是
1984	Indah Kiat-Pulp Mill ＃1	印度尼西亚	是	1987	是	是	是	否	是	否	否	否	是	是	是
1988	Sabah Forest Industries	马来西亚	是	1989	否	否	—	否	是	否	否	否	否	是	是
1988	Inti Indorayon Utama	印度尼西亚	是	1993	?	是	—	是	是	否	否	是	是	是	是
1991	Indah Kiat-Pulp Mill ＃2	印度尼西亚	是	1992	是	是	是	否	是	否	否	否	是	否	否
1993	Siam Cellulose	泰国	是	1993	是	是	?	是	是	是	是	是	是	是	是
1994	Phoenix II	泰国	—	—	—	—	—	是	是	是	是	是	是	是	是
1994	Indah Kiat - Pulp Mill ＃8	印度尼西亚	—	—	—	—	—	是	是	是	否	否	是	是	是
1994	Wira Karya Sakti	印度尼西亚	—	—	—	—	—	是	是	是	是	?	是	是	是
1995	Riau Andalan Pulp & Paper	印度尼西亚	—	—	—	—	—	是	是	是	是	是	是	是	是
1996	Advance Agro	泰国	—	—	—	—	—	是	是	是	是	是	是	是	是
1997	Kiani Kertas	印度尼西亚	—	—	—	—	—	是	是	是	是	是	是	是	是

说明：
投产时间 = 开始制浆的时间
环境改善 = 实施环境改善措施
开始时间 = 开始环境改善措施的时间
预处理 = 增加预处理环节的改善措施
废水处理 = 改进废水处理手段
无元素氯制浆 = 减少元素氯的使用
硫酸盐 = 制浆过程中未使用元素氯（或任何形态的氯）
高产量 = 漂白浆产量高于 10 万 admt*/年

* admt = 气干吨
强管制 = 有力的政府环境管制/强制措施
强运动 = 有力的社区运动、环境运动或其他社会运动
北欧关系 = 与芬兰雅雷贝利集团咨询公司、其他北欧公司或北欧援助机构的关系
北欧援助 = 接受芬兰或瑞典的外资援助，信贷、贷款等
少数群体 = 工厂的所有者是少数种族（民族），或移居外国者
出口型 = 工厂设计针对全球市场的生产和销售
资料来源：索南菲尔德 (Sonnenfeld, 1996)

- 20世纪80年代末马来西亚唯一一座漂白硫酸盐纸浆厂建立的时候采用了全世界最先进的技术,包括好氧活性污泥处理法(oxygen-activated sludge treatment)。到20世纪90年代初,该厂大幅度减少了元素氯的使用。
- 泰国的第一座大型出口纸浆制造厂增加了氧脱木素工艺,并改进了废水处理设备。该国最大的纸浆与造纸集团安装了先进的废水处理系统,并试验了使用酶和细菌的预处理技术,以减少元素氯的使用。

环境问题最为严重的则是东南亚地区规模最小、年代最久的工厂,其中一些是政府所有的。如果按照效率和污染的要求,这些工厂中有许多都应该被关闭。但是在失业率高的经济体中,就业带来的问题却更为尖锐(参见 Hanafi,1994)。但即使在这个问题重重的产业部门中,各国和国际社会的研究和援助计划也起到了改善环境表现的作用。

新的工厂是如何采用最先进技术的?促进老工厂改进生产流程和末端处理技术的激励因素又有哪些?

社会动态

东南亚地区纸浆与造纸业在技术与物质方面的改进,是多重社会动态的结果。在地方与国家的层面上,社区与环境组织让人们开始关注这些工厂采取的社会与环境实践;政府机构鼓励公司采用更为清洁的生产技术,有时甚至强制其采用;公共与私人部门的研究工程师提出了创造性的生产流程改进方法;工厂当地的环境条件状况也起到了作用。在我研究的各个国家中，上述几个方面发挥作用的方式既有共性也存在差异。另外，全球与地区的动态也有助于东南亚纸浆生产实现生态现代化。

印度尼西亚：作为印度尼西亚注重出口的工业化策略的重要组成部分，该国的纸浆与造纸业在20世纪80年代末和90年代初出现了迅速的增长。印度尼西亚在较为"边远"的苏门答腊岛和加里曼丹岛建立了新的绿地[6]工厂，厂址所在地都是具有悠久温饱型农业历史的地区。培育纸浆木材的种植园（由工业木材用地特许权所有者建立，作为政府批准新造纸厂项目的前提）覆盖了几十万公顷的土地，对成千上万印尼人的生活造成了影响。纸浆厂利用管道把液体废弃物排放到了河流中，而这些河流正是当地人饮水、洗澡、钓鱼、清洗、灌溉用水以及其他产业用水的来源。印度尼西亚纸浆业采取环境技术，与民众对农村地区工业建设造成的影响的抗议直接相关。

多年来，北苏门答腊岛省的少数族裔居民和印尼第一家出口型纸浆厂PT Inti Indorayon Utama的所有者金鹰集团（Raja Garuda Mas group）不断发生冲突，这家纸浆厂是在印尼政府的支持下建立的。这些冲突最初是各个种族因土地和森林保有权而起的地区性冲突，后来演变为引起印尼全国和世界关注的重大问题，各环境团体和组织也纷纷参与进来，包括印度尼西亚环境论坛这一伞形机构。1993年Indorayon纸浆厂发生的锅炉爆炸事件引起了棉兰等地区的抗议示威，并导致政府发表声明，要求此后印度尼西亚建立的新纸浆厂都必须采用"无元素氯或更好的技术"。[7]

在苏哈托政府时期，[8]环境行动主义者促使金鹰集团改进

Indorayon 纸浆厂生产流程的努力取得了一定成功，同时他们对这家纸浆厂发起的抗议运动也有助于促进印度尼西亚的其他纸浆厂采用绿色技术，包括金鹰集团 20 世纪 90 年代初在苏门答腊岛中东部修建的第二座新纸浆厂 PT Riau Andalan。这家纸浆厂是由芬兰的雅哥贝利集团（Jakko Pöyry Group）设计建造的，采用了当时最先进的制浆、漂白和废水处理技术。

利用 20 世纪 90 年代初国际经济和全球纸浆业的周期性衰退时期，印度尼西亚纸浆与造纸业界的领头企业金光集团（Sinar Mas group）[9]以非常低廉的价格购买到了先进的新技术。该集团下属的 PT Indah Kiat 纸浆与造纸公司（IKPP）也设在苏门答腊岛中东部地区，并引起了当地社区就土地、森林和水资源问题提出的抗议。1992 年，PT Indah Kiat 纸浆与造纸公司、印度尼西亚法律援助协会、印度尼西亚地球之友和印度尼西亚环境影响管理局共同签署了一项具有历史意义的谅解备忘录，在备忘录中 PT Indah Kiat 公司承诺整治其生产进程，并协助周围地区的社区发展（Sonnenfeld, 1996：Appendix E）。PT Indah Kiat 纸浆与造纸公司利用公司内部的工程设计专长、工程咨询服务和国际援助，改进了公司旧厂的处理技术。与此同时，该公司还在新建的工厂中采用了新的、更为清洁的技术，这在一定程度上是为了进入绿色化的出口市场。

印度尼西亚国内年代久、规模小的纸浆与造纸厂仍然存在着严重的问题，这类工厂大都位于人口密集的爪哇岛，该岛集中了印度尼西亚 2 亿人口中的绝大多数。举例来说，东爪哇省的省政府和许多国际机构进行了合作，试图清理当地使用频繁且污染严重的水道。该省本来打算关闭一些规模小（年产 5000

吨)、年代久、相对而言效率低下而且污染严重的纸浆与造纸厂。但由于当地的失业率居高不下,而这些工厂的关闭会对经济造成严重冲击,政府关闭工厂的举措至少到目前还未能执行(Hanafi,1994)。

印度尼西亚的环境行动主义者与印尼第一任人口与环境部部长兼环境影响管理局局长埃米尔·萨利姆保持着相互协作的工作关系。20世纪90年代中期,印尼环境行动主义者与环境影响管理局的关系有所降温,因为该局的副局长萨尔沃诺·库苏马阿马查希望让管理局与工业之间的关系朝以自愿遵守为基础的方向发展。[10] 环境行动主义者与政府管理的纤维素工业研究开发所保持着积极的关系,这个部门的合作单位主要是国有纸浆造纸厂以及小型的老工厂。

国际咨询工程师和技术支持公司对于印度尼西亚纸浆与造纸业采用环境技术起到了重要的作用。雅哥贝利集团为印度尼西亚几乎所有的新纸浆厂项目提供了咨询服务。来自各国的技术供应商得到了本国政府的大力支持,并与咨询公司建立了大有裨益的密切工作关系。有些供应商和印尼的生产商共同开设了联合企业。

至少有6项双边援助计划对印度尼西亚纸浆与造纸业采取环境技术起到了帮助。来自加拿大和澳大利亚的援助机构帮助印度尼西亚制定了全国性的环境规章和管理手段。澳大利亚的"澳洲援助"等机构协助印尼开展了"清洁河流计划"(PROKASIH),东爪哇省在这一计划中制定的地方水质环境标准可能是全印尼最严格的。美国国际开发署资助了一项清洁技术援助计划,该计划的参与者之中也有印尼的纸浆与造纸业。

瑞典和日本的援助机构为印尼纤维素工业研究开发所的环境研究提供了资助。[11]

马来西亚：在本文进行研究的时期，沙巴森林工业（Sabah Forest Industries）是马来西亚唯一的一家绿地纸浆厂。这家工厂地处婆罗洲西北部，是东南亚地区受研究最多的纸浆厂之一。该厂与联合国环境规划署的"工业环境管理网络"计划协作，开展了广泛的基线与后续环境影响评价（参见穆尔泰扎和兰德纳［Murtedza and Landner, 1993］）。沙巴森林工厂引起的主要环境关注，都体现在针对纸浆厂废水对文莱湾渔业影响的研究中。但是，文莱湾因山地森林采伐造成的严重泥沙淤积问题比纸浆厂废水排放的影响还要大（同上）。不过，穆尔泰扎和兰德纳的研究并没有明确指出这些"山地森林采伐"中有多少出自沙巴森林工业或其承包商之手。

在沙巴森林工业建立之初和经营早期，马来西亚政府对其进行了严格的环境监管。政府要求该工厂进行年度环境审计，并改善其环境表现。马来西亚政府之所以密切关注沙巴森林工业，在一定程度上是由于该厂为沙巴州所有。当时，马来西亚全国只有两个州不受执政党巫统（UNMO）*的领导，沙巴州就是其中之一。[12]在很多问题上（例如批准关税保护和兴建基础设施）沙巴森林工业都处于地方与国家管理机构之间紧张关系的夹缝中。[13]

---

* United Malays National Organization，马来西亚全国巫人统一机构，或译"马来民族统一机构"，简称巫统。该组织成立于1946年，自马来西亚独立后始终是该国的执政党之一，同时也是执政联盟"国民阵线"的主要领导党派。——译者

沙巴森林工业利用工厂内部的研究机构改善了其环境表现,包括减少元素氯的使用与改进废水处理手段。技术与工程方面的供应商、大学研究者和联合国环境规划署"工业环境管理网络"对沙巴森林工业自身的努力起到了辅助作用。瑞典国际开发署为沙巴森林工业提供了资金,并在瑞典国内培训该厂的工程师和机器操作员。

在我进行研究的时期,马来西亚虽然没有同时开展制浆与造纸两项业务的工厂,不过还是有一些以再生纸作为主要原材料的中小型造纸厂。马来西亚对纸浆与造纸业的环境管理之所以比较薄弱,至少有部分原因是为了保护这个规模虽小却非常重要的经济部门。例如,大学的研究者和政府官员在最近发表的一份白皮书中称小造纸厂厂主的抱怨是"有依据的"——这些厂主说自己连现有的宽松环境标准都达不到,因为"工厂规模太小,无力承担安装高效废水处理设备的费用"(Murtedza et al., 1995:12)。

泰国:长期以来,泰国的纸浆与造纸业也处在争议的中心。泰国的小农场在非政府组织、城市学者和媒体的支持下,对建立纸浆木材种植园、工业污染和农村地区生计受损的问题提出了抗议。该国东北部地区的两个公司是最受关注的;据信,其中一家是外资公司,另一家为少数族裔所有。

就公众和政府对纸浆与造纸业的监督而言,发生在上述一家公司的一场工业事故起到了重要的促进作用。凤凰纸浆与造纸公司(Phoenix Pulp and Paper Co.)是欧洲海外开发公司[14]与印度巴拉波工业有限公司建立的联合企业,当时该公司一家纸浆厂附近的一条河流中出现大批鱼类死亡,人们认为这是纸浆厂的污染所致。当时泰国即将举行一场重要的选举,政府对民众的呼声作出了回应,采取了史无前例的行动:关闭凤凰纸浆与造纸公司的纸浆厂,直到该厂对废水处理系统作出改进。

凤凰纸浆与造纸公司的管理层从芬兰空运来了一套废水处理系统,30天之内就让系统投入运行,从而恢复了制浆生产。该公司还在芬兰免息贷款的资助下建立了第二条制浆生产线。新的纸浆厂采取了北欧技术供应商提供的最为先进的制浆与漂白技术。公司的建设工程还包括改进原有纸浆厂的预处理工序。

由于当时泰国的东北部地区长期干旱,政府机构进一步要求凤凰纸浆与造纸公司分阶段停止向邻近河流中排放废水。作为回应,该公司开发了一套技术,利用处理后的废水灌溉纸浆厂附近的纸浆木材种植园。公司对此持乐观态度,希望通过把产品推向绿色化的国际市场,从而"心甘情愿地完成不得已之事"。[15]

泰国政府关闭凤凰公司纸浆厂的举措,波及了全国的纸浆与造纸业。纸浆厂关闭几周之后,泰国工业联盟的纸浆与造纸业分会就加入了美国国际开发署的工业环境管理计划。这个分会的成员积极交流环境技术的相关信息,互相对生产设施进行环境审计,还到美国考察当地的环境技术供应商。

曾因兴建桉树种植园而遭遇问题的中泰联合企业顺和成集团(Soon Hua Seng Group)设立了一家新的附属公司亿王亚哥有限公司(Advance Agro Ltd.),以在泰国东北部地区建设新的纸浆厂。该公司聘请泰国—芬兰合资的Presko公共关系公司,以积极监测泰国民众对纸浆业的关注情况;并聘请雅哥贝利集团作为新纸浆厂的设计者与总承包商。这家新的纸浆厂于1995年投入生产,设计中运用了无元素氯制浆与漂白工艺,以及先进的废水处理设施。[16]顺和成集团希望通过建造"绿色"的纸浆厂,避免以前曾遭遇的政治问题。

暹罗纸浆与造纸集团(Siam Pulp and Paper group)是部分为泰国皇家所有的暹罗水泥工业集团的分公司,它不像其他公司那样,经常受到要求进行环境改善的公众与政治压力。不过,无论是在自身操作还是泰国纸浆与造纸业协会中,暹罗纸浆与造纸集团采取的环境改善措施都处于领先地位。该集团改进了旗下最大的纸浆与造纸生产基地的废水处理设施,并在纸浆厂中实验了利用酶和细菌的预处理技术,以减少化学品的使用量。[17]

与新建的大规模纸浆工厂相比,泰国小型旧厂造成的污染问题往往会成为强制管理手段的"漏网之鱼"。例如,污染控制局的一位官员就曾告诉我,规模较小的纸浆与造纸厂并不是他们进行强制管理的重点,因为这种工厂相对来说比较少,而他们还要处理那些远为急迫的问题。

* * *

在印度尼西亚和泰国,一家纸浆厂在开始时遇到的麻烦,就会为整个产业的环境改革定下基调。虽然这些事件导致的直接后果有所不同,但它们在全国范围引起的发展动态却是相似的。图1中的图示就是对这些动态的呈现。这些动态基本上都需要

生态现代化的矛盾

将社会运动、国家管制以及促进全国范围革新进程的商业因素综合起来。

如图 1 所示,导致工厂采取环境技术的核心动态包括:最初的"标志性"冲突;工业环境表现的新标准或新期望值的确立;鼓励公司和供应商进行创新;新的、更清洁的生产技术的实施与采用。这些进程中的重要参与者是地方社区团体、国内和国际的商业利益、管制机构、双边与多边援助机构,以及"绿色"消费者。特定的地方环境条件(例如凤凰公司工厂的厂址选择不佳)也是动态中的因素之一。

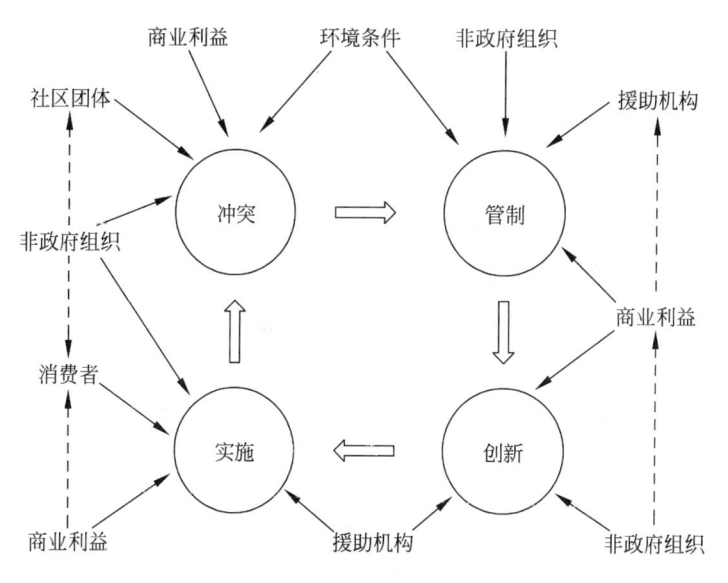

图 1 促使印度尼西亚和泰国纸浆与造纸业采取
环境技术的动态,1987—1994 年[18]

资料来源:索南菲尔德(Sonnenfeld,1996)

在本文探讨的三个国家中，通常是出口型的大规模纸浆工业与纸浆造纸业中规模小、年代久的工厂的动态都有着显著的区别。前者受到了公众和环境管理方面的极大关注，但后者却往往会成为公众关注与环境管制的"漏网之鱼"。即便中小型纸浆与造纸厂确实造成了公共水道的严重污染，它们仍然会获准继续进行生产。相反，公众与政府对大型新工厂施加的压力就要大得多。

全球与地区动态

全球与地区性体制也对东南亚地区纸浆制造业的环境改革起到了促进作用（至少是大规模的出口型产业部门）。对于东南亚地区注重出口、经济上并不独立的纸浆与造纸业部门而言，全球市场、经济与技术方面的考虑对它们采用环境技术起到了影响。国际援助机构和社会运动同样起到了重要作用。

一方面，各种全球性因素促使东南亚地区的纸浆制造商采取新的、更多的环境技术。公司造成的环境危险，被计入了它们在国际金融市场发行公司债券时必须付出的代价（指"点数"或利息）之中。对于注重出口的东南亚纸浆制造商而言，全球消费者市场也是很重要的。这些制造商关注国际社会在生态标记方面采取的行动，并希望获得尽可能多国家的生态认证。例如，泰国的凤凰纸浆与造纸公司打算借助非木材原料（竹、红麻）的"环境友好"纸浆打入日本等国的绿色市场。

另一方面，全球的技术公司非常希望以优惠的价格出售自己的新技术。当新的无元素氯技术在20世纪90年代初进入市场的时候，芬兰和瑞典正经历着半个世纪以来最严重的经济危机（以及政治危机）；欧洲和北美地区出现了严重的经济衰退；东南亚则是当时全世界保持迅速发展的少数几个地区之一。技术供应公司和北欧各国政府向东南亚的纸浆制造商提供了价格折扣、贸易信贷、免息贷款、建立联合企业等优厚条件，以鼓励它们采用新的技术。

外国的咨询工程公司在促进泰国纸浆与造纸业采用环境技术中起到了积极作用。泰国东北地区新建的两座无元素氯工厂都是由雅哥贝利集团咨询公司设计的，并采用了来自北欧的先进技术。加拿大的咨询工程公司 H. A. 西蒙斯公司，则是泰国暹罗纸浆与造纸集团改进工厂废水处理设备工程的主要承包商。

国际援助机构同样在泰国纸浆与造纸业采用环境技术的过程中发挥了重要作用。上文曾经提到，芬兰国际开发署为购买纸浆生产设备的公司提供了援助和贸易信贷，其中就有泰国的凤凰纸浆与造纸公司。美国国际开发署为印度尼西亚和泰国的环境管理与废弃物减量培训提供了资助。

瑞典的援助对于联合国规划署工业环境管理网络计划的执行是至关重要的。在七年多的时间里，工业环境管理网络计划开展了培训、资料提供、会议和研讨会等活动，目的是帮助计划参与国（中国、印度、印度尼西亚、马来西亚、菲律宾、斯里兰卡、泰国和越南）的纸浆工业建立专业知识，并交流环境问题的相关信息。[19]

国际社会运动在东南亚纸浆工业采用环境技术的过程中起了必不可少的作用。新的无元素氯技术是瑞典和芬兰两国开发的,这是由于欧洲的社会运动不断呼吁加强环境管制,而市场对绿色产品的需求也在增长。跨国社会运动有助于将环境信息传播给东南亚地区政府、学术界以及公民中的团体。绿色和平组织起到了尤为重要的作用:该组织收集了纸浆工业与环境的相关信息,并将其传播到全世界。绿色和平组织与纸浆制造厂、工业、政府和大学的研究机构、管制机构以及非政府组织进行磋商;该组织还与纸浆制造业环境技术的供应商(特别是西欧地区的供应商)建立了良好的关系。

如果用图形来表示,东南亚地区纸浆制造业环境革新的全球流动趋势就是图 2 中所示的情况。由于各国独特的文化、政治、经济与环境因素,技术、管制标准和社会运动的影响在纸浆与造纸业中的传播具有国家层面的特点;与此同时,这种传播也具有重要的全球性特点。作为工业化进行较晚的地区,东南亚既受到这些动态的影响,也能够对它们加以利用(Sonnenfeld,1998b)。

北美洲和欧洲的社会运动促使纸浆与造纸业开发出了新的无元素氯技术。新的环境管理与技术管理体系也从发达国家传播到了发展中国家,这种传播既有直接渠道——通过南北间管理机构的合作,也有间接渠道——通过确立全球性的环境规范与目标(包括在公司消费者和个人消费者中确立规范与目标)。图 2 将澳大利亚纳入全球流动趋势之中,是由于该国在地理上接近东南亚,而澳大利亚的环境管理机构、社会运动和工业咨询部门也直接参与了东南亚的活动。这一特点尤其适用于东南亚最新建立的纸浆与造纸厂。

北美	美国绿色和平组织；加拿大绿色和平组织	美国与加拿大的纸浆与造纸业；美国国家环境保护局	二噁英研究；越来越严格的纸浆厂管制
欧洲	国际绿色和平组织	欧洲的纸浆与造纸业	斯堪的纳维亚诸国的公司开发新的制浆与漂白技术
澳大利亚	澳大利亚绿色和平组织	澳大利亚的纸浆与造纸业；各州与联邦的环境保护局	韦斯利韦尔纸浆厂建设项目的流产；全国纸浆厂研究计划；当地工厂的革新
东南亚	社区团体与非政府组织	印度尼西亚和泰国的纸浆与造纸业；环境部门	利用无元素氯技术建立新的纸浆厂；旧的工厂该如何处置？

图 2 制浆与漂白环境技术创新的全球流动趋势，1985—1994 年[20]

资料来源：索南菲尔德(Sonnenfeld, 1996)

探 讨

根据上文中对研究结果的综述，东南亚纸浆与造纸业的"生态现代化"究竟发展到了何种程度？让我们回到探讨生态现代化的目标、机制与体制层面上来——本文的开头把这些因素作为探讨这一问题的框架。

生态现代化的第一个目标是废弃物的减量与清除。东南亚地区的纸浆公司在废弃物减量方面取得了巨大的进步，至少就每吨产品产生的废弃物数量而言是这样。东南亚建立并投入生产的新纸浆厂在全世界同类企业中是效率最高的。该地区也对以前的纸浆厂进行了改造，以减少废弃物的产量。废弃物减量取得成绩最小的,是那些规模小、年代久的纸浆厂,其中一部分为国有企业。这些工厂虽然效率低下、污染严重,但仍然在继续进行生产。就生态现代化在废弃物减量与清除方面的标准而言,东南亚的纸浆工业早已走上了生态现代化的道路,尽管中小型企业仍存在问题。

生态现代化的第二个目标是资源的回收与再利用。就纸浆工业而言,有几种资源是可以回收利用的:水、化学品和纤维原料。东南亚的新纸浆厂在减少吨纸浆水使用量方面取得了突出的成就。这些纸浆厂的化学品回收技术也非常先进。很久以来,东南亚的纸浆工业就对纤维原料进行了充分的再利用,它们以农业废弃物和废纸作为生产的原材料。但是随着生产规模的扩大,纸浆业也不再注重再生材料的使用,而是更多地依赖取自天然林和种植园的自然原料(Sonnenfeld,1998c)。总而言之,东南亚的纸浆制造商在水和化学品的回收方面取得了长足的进步;纤维原料回收与再利用的情况就有所不同了,下文中将进一步探讨。

东南亚纸浆厂在生态现代化方面最致命的弱点,也许就在于非物质化的标准。在生态现代化进程中,实现非物质化需要通过以高技术替代原材料投入,或是以再生(回收)的废弃物替代自然原材料。随着东南亚纸浆工业的扩展和现代化,纸浆厂生产时使用的水和化学品越来越少,每吨产品产生的废弃物也越来越少。与此同时,生产商不加区别地采用了发达国家技术供应商和资助者所推介的工业模式,这种模式的基础是大幅度增加自然原材料的绝对与相对使用量。

最值得关注的迫切问题是绿色纸浆厂的扩散现象,尤其是在印度尼西亚。这种纸浆厂必须"吃掉"大量的自然纤维,才能保持全产能生产。产于天然林的"混合热带硬木"木屑通常会被作为工厂的第一批原材料,而工厂未来的原材料需求则要通过大量兴建速生树木种植园来解决。政府往往会以极少的代价(甚至是无偿)将大面积森林的特许权授予关系过硬的公司与个人,这种政策只能使绿色纸浆厂的扩散趋势愈演愈烈。

因此,作为生态现代化的长期目标之一,节约资源对于东南亚纸浆工业来说仍然是遥不可及的。就废弃物减量和资源回收的短期目标而言,东南亚纸浆工业在第二个长期目标——清洁的生产——方面的表现却要好得多。生态现代化长期目标与短期目标之间的矛盾,在东南亚纸浆工业中表现得最为明显:纸浆工业很可能在未来实现清洁的生产方式,但在自然纤维材料使用方面做到资源节约仍然是遥遥无期。

纸浆与造纸业的上述成就是通过何种机制实现的呢?一些市场因素对于东南亚纸浆工业采用环境技术是至关重要的。东南亚的纸浆生产者在商讨价格时很好地利用了全球经济的衰退期和欧洲贸易在苏联解体之后的结构调整期,从而以极低的价格购买到了新技术。国际环境标准与环境政策起的作用虽小,但也是影响因素之一。目前或未来的市场要求国际标准组织的认证、确立向环境标准倾斜的购买政策,或实施生态标记措施,东南亚的纸浆生产者在面临大笔固定资产投入的情况下,不希望被这样的市场拒之门外。

科学与技术通过直接与间接两种途径发挥了关键作用。在东南亚,以公司为基地的研究开发实验室、国家工业研究中心以及地区性网络规划(例如联合国规划署的工业环境管理网络)也对纸浆与造纸业环境技术的开发、传播与改进作出了贡献。东南亚的纸浆生产者也可以利用芬兰、瑞典等国技术创新的优势，这些国家在纸浆的生产技术方面做了大量的研究开发工作。

东南亚国家在促进纸浆工业采用环境技术的过程中发挥了令人关注的重要作用。虽然人们通常认为泰国和印度尼西亚的环境管制措施比较薄弱，但这两个国家的环境机构都迫于公众的压力采取了干预手段，停止了那些造成环境破坏的纸浆厂的生产。国家环境机构与工业和非政府组织协作，鼓励纸浆生产商采取预防性环境措施，从而以注意社区需求、减少自然环境损害的方式继续进行生产。在马来西亚，国家环境部门的官员对当时全国唯一一座纸浆厂生产者施加的压力超过了国内的其他所有行业。

虽然东南亚国家的环境管制标准历来比较宽松，各国政府机构（尤其是印度尼西亚的机构）都明确告知纸浆工业，它们将逐步制定越来越严格的排放标准——这愈发促使纸浆工业从一开始就投资开发更为清洁的生产技术。泰国的政府机构设置了厂址认证和环境影响评价检测的程序，从而强化了较为笼统和宽松的排放标准，并创造了便于公众发挥影响和进行监督的环境。印度尼西亚和马来西亚两国的政府机构也利用厂址限定认证、审计、环境评估的手段对宽泛的环境标准作了补充。这样一来，纸浆与造纸业生态"足迹"与引人瞩目的特性就会让它们更容易受到具体管制措施的监督。

环境组织与其他非政府组织的作用，对于东南亚纸浆工业采取新的环境技术是至关重要的。当地的社区团体（往往是种族或宗教上的少数群体）组成了抗议纸浆工业的"最前线"。关于环境、人权与非传统发展的全国性非政府组织也继承了地方行动主义者的事业。支持社会运动的记者引起了全国乃至国际社会对环境冲突的广泛关注。地方和全国性的非政府组织通力协作,促使管理者采取行动、与工业进行谈判,并创造出了迫使生产者采取新技术与环境技术的总体气氛。

国际绿色和平组织在传播相关信息(纸浆与造纸生产中氯的使用会产生环境危险)、推动新技术的开发、增进对纸浆工业的管制监督方面都发挥了关键的作用。在东南亚,绿色和平组织与环境管制官员、非政府组织乃至希望避免政治纷扰的纸浆公司进行了磋商。绿色和平组织并没有置身于纸浆制造业的工业与环境规划之外,而是积极参与了技术开发(欧洲)和社会对纸浆业的监督(包括东南亚)。

上述种种动态,都发生在与全球化相互依存的背景下。技术、消费、管制、社会运动不仅发生在各个地区,也具有全球性的特点。如果没有北欧国家开发与提供的新技术,没有绿色化的纸浆与纸市场,没有趋于一致的全球环境管制标准,没有政府间的援助计划,没有社会运动在全球范围的相互作用,这一切是不可能发生的。

最后,我们没有理由得出东南亚的纸浆工业出现了反工业化趋势的论证。全球的纸浆与造纸业中确实有缩小规模、采用适当技术的号召,例如建立更多的小型纸浆厂以利用农业废弃物而非木材原料(Marchak,1995;Smith,1997;Sonnenfeld,1998c)。然而,即便是20世纪90年代末爆发的"亚洲流感"(波及全球的金融危机)也没有逆转东南亚利用更清洁的生产技术建设更多的大规模纸浆生产设施的趋势。

对照从理论著述中得出的标准,我们可以说东南亚的纸浆工业已经取得了一定程度的生态现代化,但纸浆与造纸业的生产过程并没有实现非物质化,中小型纸浆与造纸公司也仍然存在诸多问题。那么,这些研究发现对于生态现代化理论及其在新兴工业国家中的适用性又有什么意义呢?

结　　论

显然,生态现代化已被列入新兴工业国家的议事日程。这些国家采用了更为清洁的生产技术,取得了比旧有技术更好的效果。新兴工业国家中的政府环境机构与发达工业国家中的对应部门一样,正朝着与生产者建立协作关系的方向发展。非政府组织在东南亚环境管制与管理过程的"内部"和"外部"都发挥了至关重要的作用,这与世界其他地区的情况也是一样的。

生态现代化进程在不同类型的经济体和工业部门中具有不同的特征。在发达经济体中,调整工业结构需要对陈旧的制造业基础进行现代化改造。发达经济体具有成熟的消费者市场,工资和原材料的成本高,这些经济体的生态现代化将改善环境表现与提高生产力和生产效率结合在了一起。而新兴工业国家则具有优势,它们在发展大规模现代生产的最初阶段就可以采用先进的、更为清洁的生产技术——利用别国的成就取得跨越式进步,同时还能从低廉的原材料价格和低工资水平中得益。像纸浆与造纸业这样注重资源萃取的出口型工业,尤其适于利用上述优势。因此,新兴工业国家采用更清洁技术所付出的边际成本比较低,而国际"绿色"市场和"绿色"标准对出口型工业部门也有着更强的拉动作用。

将生态现代化理论应用到新兴工业国家所面临的最大问题（或者推而广之，生态现代化理论所面临的最大问题）也许就在于非物质化领域。本文中探讨的实例表明，虽然发达国家在趋向非物质化，发展中国家的生产却在走向超物质化。这种现象很令人担忧，尤其是大片热带雨林因纸浆与造纸业需要纤维原料、建立纸浆木材种植园而被采伐一空。由此产生了一个至关重要的问题：发达工业社会中的生态现代化，是否必须依赖提高其他地区的物质化程度？（说得更具体一点，如果全球的纸浆和造纸消费继续增长，那么所需的原材料不来自发展中国家的天然林和木材种植园，又能来自何方？）[21]

另一个令人担忧的问题，是生态现代化理论是否适用于中小型企业（其中一些企业为政府所有）。在新兴工业国家中，这种企业起着提供就业岗位与满足国内市场需求的重要作用。在东南亚的纸浆与造纸业中，许多中小型企业建立的年代久，采用的技术落后，造成的污染则更严重。[22]分阶段关闭这些企业中的大部分或一部分确实有利于改善环境，但这种做法将付出高昂的社会代价。相反，政府与国际机构需要建立各种激励机制，以鼓励技术公司开发更多符合生态要求的小规模生产技术。

随着生态现代化理论的进一步发展，它必须将整个世界纳入其考虑范畴——不仅要将其视为新生态观念和技术的市场，也要将其视为转变与促进物质生产的所在地。另外，生态现代化理论的范畴也必须有所扩展，不仅要包括超工业化的技术和企业，也要包括中小型技术和企业。

注　释

1. 相关数据是 1992 年到 1996 年间收集的,来源于我对这三个国家,新加坡、澳大利亚和美国的实地考察,以及已发表和未发表的间接资料来源。
2. 耶尼克等人探讨的"资源投入减量"(Jänicke et al., 1989)。
3. 生产过程中不产生(未经再循环的)废弃物。
4. 以高技术投入替代物质投入。
5. 无元素氯纸浆厂以灰色背景显示。
6. 即"建立在未开发地区(尤其是尚未受到污染的时候)"(Merriam-Webster, 1999)。
7. 1995 年金鹰集团把 Indorayon 和 Riau Andalan 纸浆厂的所有权转给了集团设于新加坡的附属公司亚太地区资源投资控股有限公司,这在一定程度上是为了便于通过国际公司债券市场筹措资金。
8. 苏哈托总统辞职之后,北苏门答腊省因 Indorayon 纸浆厂而起的冲突仍在继续,新政府采取了比前政府更有力的干预措施。见路透社新闻报道(Reuters, 1998)。
9. 金光集团现在通过亚洲纸浆与造纸公司来经营纸浆与造纸业务。这家公司与其竞争对手亚太地区资源投资控股有限公司一样,也是以新加坡为基地的控股公司。
10. 在印尼的后苏哈托时代,环境行动主义者与政府官员之间的关系等其他许多问题都进行了重新磋商。
11. 如欲进一步了解关于印度尼西亚的情况,可见索南菲尔德的文章(Sonnefeld, 1998a)。
12. 沙巴州政府由反对派领导的深层原因,是当地居民与西马来西亚人之间的文化、宗教与种族差异(Vatikiotis, 1992; The Australian, 1994)。
13. 1995 年,巫统重新获得了沙巴州政府的统治权。
14. 该公司的大股东是出生在美国的泰国移民乔治·戴维森。
15. 凤凰纸浆与造纸公司后来仍不断遭遇麻烦。最近(1998 年 7 月),该公司的制浆厂又一次因对南蓬地区造成污染而被关闭。

16. 1998年,顺和成集团旗下的亿王亚哥有限公司建立了一个三方战略联盟,以芬兰的恩索集团公司和日本的王子制纸株式会社为主要合作伙伴和董事会成员(Suwannakij,1998)。
17. 如欲进一步了解关于泰国的情况,可见索南菲尔德的文章(Sonnefeld,1998b)。
18. 较为强烈的影响以实线箭头表示;较弱的影响以虚线箭头表示。
19. 1994年8月6日对联合国环境规划署驻曼谷亚太地区办事处"工业环境管理网络计划"的协调员马克·拉德卡先生的采访。这项计划对于中小型企业(其中一些企业为政府所有)起到了特别大的帮助。与新建的大规模出口型纸浆公司相比,中小型企业所能获得的经济与技术资源都比较有限。
20. 四个竖栏分别代表地理区域、社会运动组织、政府与工业行动者,以及纸浆与造纸技术"绿色化"的相关历史发展。箭头代表工业中环境变化的传播方向:既有从社会运动到政府与工业的横向传播,也有从发达国家到发展中国家的纵向传播。
21. 阿瑟·莫尔提出了这个问题的一种解决方法:把纸浆与造纸业中的非物质化看作一种应变量,它取决于自然原料在最终产品中的所占的数量(或比例)。这样一来,即使纸张的产量持续增长,增进纸张的再循环以及(或是)利用农业废弃物等其他原料也可能导致非物质化。
22. 各种工业的结构是不同的;例如在电气工业中,小型供应公司与客户之间的合同关系将迫使它们遵循国际的环境管理标准与惯例。

参考文献

Asian Pulp and Paper (APP) (1998), 'Summary of APP's 1998/1999 Expansion Plans' [Online.] Available: ⟨http://www.asiapulppapaer.com/expansion1.htm⟩. Singapore [corporate information].

Australian, The [Sydney] (1994), 'Opposition Lonely Business in Malaysia', Jan., p. 6.

Frijns, Jos, Paul Kirai, Joyce Malombe, and Bas van Vliet (1997), 'Pollution Control of Small Scale Metal Industries in Nairobi',

Department of Environmental Sociology, Wageningen Agricultural University, Wageningen, The Netherlands.

Hanafi Pratomo (1994), 'Impact of new government regulations on future existence of pulp mill', in *Proceedings, 48th Appita Annual General Conference, Melbourne, Australia, 1-6 May 1994*, Carlton, Australia: Australia-New Zealand Pulp and Paper Industry Technical Association.

Hajer, Maarten A. (1995), *The Politics of Environmental Discourse: Ecological Modernisation and the Policy Process*, Oxford: Clarendon Press.

Hengel, Petra van der (1998), 'Textile Industry in Vietnam', M. Sc. thesis, Wageningen University, Environmental Sociology, The Netherlands, April.

Huber, Joseph (1985), *Die Regenbogengesellschaft. Ökologie und Sozialpolitik* [*The Rainbow Society: Ecology and Social Policy*], Frankfurt: Fisher.

Jänicke, Martin, Monch, Harald, Ranneberg, Thomas and Udo E. Simonis (1989), 'Structural Change and Environmental Impact', *Environmental Monitoring and Assessment*, Vol. 12, No. 2, pp. 99-114.

Marchak, Patricia (1995), *Logging the Globe*, Montreal: McGill-Queens University Press.

Merriam-Webster. Inc. (1999), *WWWebster Dictionary* [Online], Available: http//www. m-w. com/cgi-bin/dictionary, Accessed 14 Jan.

Mol, Arthur P. J. (1995), *The Refinement of Production. Ecological Modernisation Theory and the Chemical Industry*, Utrecht: van Arkel.

Mol, Arthur P. J. and Jos Frijns (1999), 'Environmental Reforms in Industrial Vietnam', *Asia-Pacific Development Journal* (forthcoming).

Murtedza Mohamed and Lars Landner (1993), 'Sabah Forest Industries Sdn Bhd Pulp and Paper Mill: EIA Before Construction of Mill and Comparison with Actual Performance', in *Phase II Training*

Package 2, *Volume II*, *Network for Industrial Environmental Management* (*NIEM*), United Nations Environment Programme, Regional Office for Asia and the Pacific, Bangkok, March.

Murtedza Mohamed et al. (1995), 'Country Paper—Malaysia', paper presented at NIEM seminar on 'Regulatory Options for Fostering Improved Environmental Management in the Pulp and Paper Industry', Bangkok, 15-18 Nov.

Nation, *The* (1998), 'Phoenix Paper Mill To Be Closed' [Online], Available: ⟨http://203.146.51.4/nationnews/1998/199807/19980721/29181.html⟩, 21 July.

Paulus, Stephan (1986), 'Economic Concepts for Industry-Related Environmental Policies', in *Proceedings—Forum on Industry and Environment*, New Delhi: Friedrich Ebert Foundation.

Reuters News Service (1998), 'APRIL Says Indonesia Comments Surprise' [Online], Available: ⟨http://biz.yahoo.com/rf/98 1007/x.html⟩, 7 Oct.

Simonis, Udo E. (1989), 'Ecological Modernisation of Industrial Society: Three Strategic Elements', *International Social Science Journal*, Vol. 41, No. 3 (Aug.), pp. 347-361.

Smith, Maureen (1997), *The U. S. Paper Industry and Sustainable Production: An Argument for Restructuring*, Cambridge, MA: MIT Press.

Sonnenfeld, David A. (1996), 'Greening the Tiger? Social Movements' Influence on Adoption of Environmental Technologies in the Pulp and Paper Industries of Australia, Indonesia and Thailand', Ph. D. Thesis, University of California, Santa Cruz.

Sonnenfeld, David A. (1998a), 'Social Movements, Environment, and Technology in Indonesia's Pulp and Paper Industry', *Asia Pacific Viewpoint*, Vol. 39, No. 1 (April), pp. 95-110.

Sonnenfeld, David A. (1998b), 'From Brown to Green? Late Industrialization, Social Conflict, and Adoption of Environmental Technologies in Thailand's Pulp and Paper Industry', *Organization and Environment*,

Vol. 11, No. 1 (March), pp. 59-87.

Sonnenfeld, David A. (1998c), 'Logging versus Recycling: Problems of the Industrial Ecology of Pulp Manufacturing in South-East Asia', *Greener Management International*, No. 22 (Summer), pp. 108-122.

Spaargaren, Gert and Arthur P. J. Mol (1992), 'Sociology, Environment and Modernity: Ecological Modernisation as a Theory of Social Change', *Society and Natural Resources*, Vol. 5, No. 4 (Oct. — Dec.), pp. 323-344.

Suwannakij, Supunnabul (1998), 'Two foreign firms take 25.4% of AA', *The Nation* (Bangkok) [Online], Available: ⟨http://203.146.51.4/nationnews/1998/199809/19980929/32398.html⟩, 29 Sept.

Vatikiotis, Michael (1992), 'Federal Excess: Sabahans Feel Exploited by Central Government', *Far Eastern Economic Review*, 18 June.

生态现代化理论与工业化过程中的经济体——越南研究

若斯·弗里金斯,冯瑞芳,阿瑟·P.J.莫尔

由于生态现代化理论是在欧洲工业社会的背景下提出的,这一理论对于发展中国家或正在进行工业化的经济体的价值和适用性常常会受到质疑。本文通过越南的案例研究,对这一争议性问题进行了探讨。我们在分析越南当代经济发展中的环境结构调整时,以三个主要问题作为关注重点:政府与市场的关系、技术发展,以及环境意识。越南关于这三个问题的情况,都与生态现代化理论设想的环境改革轨迹有着很大的差异。本文因此得出了这样的结论:对于分析越南当代的环境改革进程与努力而言,生态现代化理论的价值是有限的。但是,越南近期出现的发展情况——例如经济自由化、私有化、国际化与缓慢起步的管理民主进程——却为该国提供了按照生态现代化方式将环境考虑与经济发展相结合的机会。不过,如果要利用生态现代化理论为处在工业化过程中的国家构筑环境改革的可行途径,就必须对该理论进行完善,以适应这些国家特定的当地条件与体制发展情况。

本文作者在此感谢两位匿名评阅人以及1998年美国社会学协会生态现代化圆桌会议的与会者对本文提出的宝贵建议,还要特别向戴维·索南菲尔德为改进本文付出的努力致以谢意。

一、引　言

有许多学者认为(见 Mol and Sonnenfeld,本书;Spaargaren, 1997)生态现代化理论是在西欧工业社会的背景与环境下提出的。到目前为止,这一理论的实证基础主要都是由西欧地区的社会、政治、经济与文化方面的条件构成的。例如,我们曾在其他文章中指出西欧实现生态结构调整所具备的基本体制特征,它们包括:

- 民主与公开的政治体系;
- 合法的、常采取干预措施的政府,具备先进而有所区分的社会与环境基础设施;
- 普遍的环境意识,以及组织完善、有能力推动激进生态改革的环境非政府组织;
- 调解机构或商业组织,可以代表生产者进行部门或地区层次的谈判;
- 具有政策制定谈判与管理磋商的传统和经验;
- 周密的环境监控体系,且能提供充分、可信而公开的环境数据;
- 国家调控的市场经济,它支配着生产与消费的过程,涉及社会的方方面面,并与全球市场紧密结合;
- 社会工业化程度高,技术高度发达。

生态现代化理论所谓的欧洲中心主义基础,是该理论近年来受到重大批评的核心问题。例如,巴特尔(Butte,2000)强调指出各个国家的政治文化、政府机构与社会体制并不是完全一致的,而且在许多国家中,政府机构并没有起到任何促使人们采取环境做法的管制作用。其他学者对生态现代化理论提出的类似批评,则重点强调该理论并不适用于发展中国家(例如 Blowers,1997;Blühdorn,2000)。本文首先回应了这些批评,探讨了生态现代化理论在作为该理论地域和实证基础的少数国家之外开创了哪些途径。具体而言,本文通过对当代越南的案例研究,分析了利用生态现代化概念对新兴工业经济体控制污染的努力进行评估与规划的可能性。我们在其他论文中详细阐述过生态现代化理论的核心特征(参见 Mol and Spaargaren,1993;Mol,1995;Spaargaren,1997)(亦可见 Mol and Spaargaren;Mol and Sonnenfeld,本书),本文将以这方面的阐述作为出发点。

此前我们在提出关于"地理范围"的争论时指出,我们并不能明确判定生态现代化理论对于发展中国家与地区的价值(Mol,1995)。与发展中国家(例如非洲撒哈拉沙漠以南地区的国家)相比,工业国家的体制条件在几个重要方面都是不同的。将生态现代化的观念转移到发展中国家可能是有风险的,正如将发达国家的技术原样照搬到发展中国家,而不根据当地的社会、体制、生态与文化背景进行调整一样。生态现代化理论也许更适用于中欧与东欧地区的某些过渡型国家,以及东南亚等地的新兴工业国家或经济发展迅速的国家。林克维奇斯(Rinkevicius,2000,以及本书)在对立陶宛环境改革的研究中指出,如果根据他所说的"双重危险社会"(即同时面临环境危险和经济危险的过渡型社会)的具体状况对生态现代化理论进行调整或完善,那么该理论在这种社会中是能取得成果的。

其他重要因素也可能会使生态现代化理论适用于欧洲以外

的国家。在全球化的世界中，居于支配地位的（经济）发展模式仍然是由现代工业国家提供的，而那些初看起来不适于经合组织以外国家的生态改革模式，可能还是会通过各种不同的机制被强加于这些国家。我们可以想到的这类政治机制有：各民族国家和国际行动者（例如世界银行和国际货币基金组织）提出的国际（可持续）发展计划，或是联合国环境与发展大会宣言、蒙特利尔议定书和《气候变化框架公约》的阐述中所强调的问题——要将工业国家的环境技术转移到发展中国家。发展中国家已经出现了所谓的环境改革"西方化"过程。这个过程赖以实现的途径不仅是国际环境谈判、援助以及科学技术观念和经验的交流，还有在世界市场中运营的全球性公司（它们吸取了博帕尔的教训*），以及国际环境非政府组织（例如国际地球之友），这些组织鼓励其成员把"环境（利用）空间"的概念融入各自所在国家的非传统环境改革模式之中。

本文以越南的案例研究为基础，提出了适用于新兴工业国家的生态现代化模式。针对越南开展案例研究，这并不是一个偶然或随机的选择。尽管1998年到1999年东南亚的金融市场出现了危机，但人们普遍认为东南亚会在21世纪成为世界经济的领先地区（参见 Castells,1997），而这一地区确实也在不断展现惊人的经济增长和工业化趋势（至少在出口部门是这样）。在东南亚经济增长比例高、工业化发展迅速的几个国家中，越南可

---

* 指1984年12月3日印度博帕尔发生的特大毒气外泄事故，泄漏源是美国联合碳化物公司印度分公司设在该市贫民区的一家农药厂。相关事件亦可见收入本书的另一篇论文（边码第113页）。——译者

以被视作一个处于边界状态的例子。越南是东南亚的新兴工业化周边国家之一,它试图追随经济飞速发展的中国台湾地区、韩国、新加坡和马来西亚,而同时它与北欧、东欧国家相比又存在着体制格局上的极大差异。

在下一节中,我们将概括介绍当代越南的工业发展和环境污染情况。接下来在第三节中,我们将考察越南的污染控制策略实现现代化的可能性,并探讨对于环境体制结构调整至关重要的三个问题:国家与市场的关系、技术发展,以及环境策略。在第四节的结论部分,我们将就基于生态现代化模式的环境改革策略对越南的价值与适用性作出判断。

二、越南的工业污染与污染控制

本节探讨的是越南飞速发展的工业化进程、随之产生的环境问题,以及应对这些问题的环境政策。对越南目前状况的描述,将为第三节从生态现代化角度分析潜在与实际的环境改革提供基础。

工业发展与污染

为了分析越南工业化过程中的环境改革(目前与未来的改革),我们不仅需要注意越南当代经济发展与环境发展的典型特征,也要认识到越南并不是一个"普通的发展中国家"(假如有这种分类的话)。按照"概念化"的描述,越南可以说正处于两个进程的交叉路口:一是从指令性经济向市场主导的增长模式的转变(在这方面越南与其他过渡型经济体是相似的),二是较为传统的发展方式——从欠发达国家向新兴工业国家转变(在这方面越南与日益增多的东南亚国家有着共同的特点)。只有中国似乎也处于和越南一样的交叉路口。

越南:在"发展中国家"和"过渡型经济"之间:和其他东南亚新兴工业国家一样,越南表现出了迅速发展的工业化态势。在这方面越南可谓是东南亚"小虎"经济体的典型,虽然该国的经济发展与中国台湾、韩国、马来西亚和新加坡等国相比起步较晚,而且显然处于落后位置。东南亚地区的国家尽管有许多差异,但似乎具有一个共同的特点。卡斯特利斯在他的巨著《千年的终结》(End of Millennium)中对太平洋时代的来临作了分析(Castells,1997:206-309)。虽然他认为并不存在一个体制、文化、政治甚至经济意义上的太平洋地区,但东南亚发展中国家在经济发展方面确实具有某些共同点。在卡斯特利斯看来,最重要的共同点就是国家在经济发展过程中所起的作用。这些东南亚国家的政府具有政治能力和相对的自主权,可以成功推动它们的强国计划——具有高经济增长水平、低工资、有限的国内民主,并且要确立国家的身份。强硬的"发展中国家"政治体制是东南亚各"小虎"经济体取得经济成功的一个关键因素,越南也不例外。

我们可以将越南视为一个"新兴工业化周边国家",它的发展与东南亚其他国家有一些共同点。越南的特别之处在于迅速的工业化进程与同时发生转变的经济体系之间的关系:从完全的指令性经济转变为以市场为导向的增长模式。西科尔和奥罗克(Sikor and O'Rourke,1996)对越南自1986年开始的改革(Doi Moi)之后,决定目前经济活动形态的体制转变进行了总结：越南政府放宽了对经济生产和交换的限制；出于提高灵活性和效率的需要，资源配置方式朝市场机制的方向转变；国有企业改革、1993年制定的《土地法》以及税制改革使资产转为私有化，并强化了私有经济领域的作用；1987年的《外国投资法》和近年来的对外贸易改革给国际贸易和国际投资提供了更为宽松的环境。

越南的这些体制转变确实与其他过渡型经济体有着相似之处，环境改革的进程就是其中之一。在中欧和东欧地区的几个国家中，当指令性经济朝着更市场化的增长模式转变的时候，现有的传统环境政策体系也在向更适应变化形势的新政策体系转变。原来的这些指令性经济体大都建立了与经济规划体系密切相关的周详的环境体制、法律与标准体系。虽然这些环境体制在理论上似乎很有用，但由于实施不力、价格信号使用不当、对环境重视不够、环境机构缺乏人力与资源等原因，人们普遍认为这些环境体制并未产生良好的环境效用（参见 Ziegleer,1988）。[1]越南的情况与这些中欧和东欧地区的经济体恰恰相反：在1986年之前，越南几乎不存在完善的环境政策制定体系，这一体系必须随着经济改革的发展而创立出来。在某种程度上，这使得越南避免了一个艰难的过程——越南无须对现有的（不能胜任新形势的旧式）环境体制和法律体系进行改革。由于越南不需要应对这种额外的复杂局面，该国至少具有一种理论上的优势：可以从零开始设计环境体制，以防止并消除市场型工业化进程所造成的破坏性环境后果。在对越南目前为止的相关努力进行分析之前，我们将先介绍越南工业化的经济与环境前景。

越南的工业发展：自从20世纪90年代中期实施经济改革

计划之后,越南的经济首先经历了一个通货膨胀严重、经济增长有限的困难时期。但是自 1990 年起,越南始终保持着 8% 到 9% 的平均经济增长率,通货膨胀率也在 1996 年降到了 3% 以下。即便按照东南亚的标准,这也是很了不起的成就。农业与林业历来是越南国民收入的主要来源,这两个产业占国内生产总值的 40%,并且提供了大量的就业机会。在越南就业的总劳动力中,只有大约 13% 是在工业部门(1993)。不过,工业和服务业在经济领域中相对于农业的重要性出现了增长。越南的工业迅速扩展;1996 年,工业产值占国民生产总值的 25%,根据越南计划与投资部的预计,2010 年这个比例将上升到 35%。在越南进行改革之前,工业发展的重点历来都放在重工业上。如今,随着市场经济体系的重要性日益提高,纺织、食品加工这类提供消费产品的轻工业逐渐占据了支配性地位。胡志明市、河内地区与同奈省新建的工业区成为了工业发展的重要地区。

自 1993 年起,越南的工业产值一直保持着将近 13% 的年均增长率。该国的工业部门包括国家级和省级的国有企业,以及由合资企业与私营企业构成的非国有部分。正式工业部门中私营企业的数量有所增长,但它们大部分都是个人经营的小型公司。和人们的普遍想法相反,越南的国有企业自 20 世纪 90 年代初以来一直很有活力,它们在精简员工的同时也实现了产值的迅速增长(Irvin,1996)。但这并不是说国有企业中不存在效率低下与企业寻租的现象。越南对私有化途径采取了极为谨慎的态度,并通过从国有外资联合企业中获取新技术,成功地对国有企业进行了现代化改造。或者如贾森(Jansen,1997)所说,越南的市场确实出现了转变,但向私有化经济模式的转变是很有限的。显然,与私营公司相比,外国投资者更愿意和国有企业建立合作关系,因为国有企业在土地和信贷方面具有得天独厚的优势(Irvin,1996)。自从 1987 年越南颁布《对外投资法》以来,外国直接投资一直在稳步增长,1995 年达到了近 194 亿美元,这其中超过半数的资金进入了石油与天然气产业,10％进入了工业领域(联合国开发计划署［UNDP,1995］)。[2] 越南的石油和天然气产业受外国资本支配,食品加工业和轻工制造业也是如此。

越南与工业增长有关的环境问题：越南的改革使市场力量得到了解放。在市场力量的作用下,越来越多的投资流向了越南具有较强相对优势的产业部门。这些部门包括劳动密集型产业(如纺织、服装与鞋类)和资源密集型产业(如矿物燃料、种植、农业加工和建筑材料)。不幸的是,有些产业部门的性质就决定了它们会对环境造成危害。例如,炼油与石化产业就与某些严重的污染问题有关。农业加工与食品加工业是造成有机污染(水与废弃物)的主要来源,而纺织印染、电镀、制革以及纸浆与造纸生产也会产生大量的有机废弃物和危险废弃物。

据估计,1993 年越南有 3000 多家大型工业企业在排放废水时没有采取任何处理措施。举例来说,在越南北部的越池工业区,纸浆与造纸厂、纺织厂、食品和化学品厂每年排放的废水达 3500 万立方米,其中含有 100 吨硫酸、4000 吨氯酸、1300 吨氢氧化钠、300 吨苯以及 25 吨杀虫剂(Nguyen Cong Thanh,1993)。越南南部的边河工业区也有同样的问题：该地区每天不加任何处理就直接排入同奈河的废水达到 30420 立方米,其中含有的生化需氧量为每天 12486 公斤。由于这些污染排放,越南主要工业中心的地表水中的溶氧量始终接近于零,生化需氧量和化学需氧量高,金属等其他毒性物质的浓度通常也很高。

城市的空气质量也出现了恶化,主要原因是与城市化和工业化程度提高联系在一起的机动化交通发展。在越南的许多地区,空气中一氧化碳、氮氧化物、硫氧化物、铅、颗粒物等污染物的浓度都超过了排放标准。根据记录,五十多种毒性与危险性气体在河内、胡志明市、越池等工业中心的排放量都很高。工厂中的工人直接受到了空气污染与相关健康危险的威胁。越南的许多工厂甚至都没有采取简单的通风设备、完善的后勤管理之类的技术措施。

固体废弃物的主要来源是家庭,来自工业的部分大约只占18%。越南的城市难以为家庭废弃物的收集与处理提供适当的服务。在河内,家庭废弃物中被收集的部分还不到一半,其余的废弃物都被倒进了池塘、湖泊、排水渠和非法的倾倒场所。胡志明市的水渠中每天大约会被倒进 400 吨废弃物(Frijns and Truong Thi Kim Khanh,1997)。但在工业固体废弃物方面,我们几乎找不到任何相关的数据。越南没有建立相关的监控体系,无法就不同产业固体废弃物的数量、内容物、来源以及去向提供详细而可靠的数据。越南也没有任何危险废弃物管理的措施或体系。阮福国(Quoc, Nguyen Phuc,1999)称胡志明市和同奈省现在已启动了建立工业固体废弃物管理体系的措施,但到目前为止,这些关于废弃物收集、分类站和处理设施的措施仍然停留在案头研究阶段,最多也不过是试行计划而已。一部分工业废弃物和家庭废弃物一起被送到城市地区的处理地点进行处理,但这些地点的设计与运行都不符合卫生填埋地的标准,只不过是简单的垃圾倾倒场。城市地区的废弃物处理地点往往存在选址不佳的问题,它们未采取密封措施,也没有对沥出物进行收集或处理。

简而言之,越南迅速的工业化进程使得废水排放、空气污染、能源消耗与工业固体废弃物都大量增加,并导致了严重的环境与健康问题,特别是在城市地区。地处城市周边地区的无数小规模企业造成的污染问题尤为棘手。显然,越南迫切需要建立一个有效的环境政策框架。

环境政策

不到十年前,在第二次国际环境关注浪潮的高峰期,越南刚刚开始为环境管理与政策建立一个协调的体制框架。越南当时采取的环境措施是不成体系的,而且常常会让步于国民经济发展的重点需求。直到1991年,越南部长委员会才通过第一个1991年至2000年全国环境与可持续发展规划,该规划的目标是制定更协调一致、更具综合性的环境政策(SCS,1991)。这个规划得到了框架性的《环境保护法》(1994年1月)和几个新机构的支持,它们至今仍是环境保护体制框架的核心。下面,我们将介绍越南环境政策的体制结构,进而集中探讨该国环境政策以指令计划为主的方法所带来的问题。

组织结构:科技与环境部是越南政府中的核心环境机构。科技与环境部下设的国家环境署于1993年成立,这个部门的具体任务与职责仍有待明确。[3] 科技与环境部在越南的大部分省份都设立了分局(科技与环境局),各省分局中负责环境工作的职员通常为三到十人,具体人数取决于该省对环境问题的重视程度。科技与环境局在技术上隶属于科技与环境部,在政治和管理上隶属于各省的人民委员会。[4] 在这些省级环境机构建立之前,胡志明市、河内和海防的人民委员会曾设立环境办事处,这些办事处直接向本市的人民委员会负责。在胡志明市,市级的环境管理工作在1998年之前一直由本市的环境委员会负责。1998年,胡志明市的科技与环境局接管了环境方面的工作。胡志明市各区的环境分局则在区一级进行环境管理,并负责实施科技与环境部、科技与环境局的方针。[5]

越南的环境机构、环境法律与环境管理实践都起步不久,它们也同样面临着新机构与政策制定实践在初期常会遇到的困难。各环境机构缺乏专业人员,而且受到了经济方面的限制。[6] 但更为重要的是,这些机构缺乏将环境关注提上经济增长政策议事日程的政治力量。

立法:1994年颁布的《环境保护法》为科技与环境部、国家环境署和科技与环境局这些组织提供了法律框架。总的说来,《环境保护法》是一项规定义务与责任的广泛法令。[7] 这一框架性法律必须由众多的细则和标准来充实,它们的适用范围包括:空气、水和噪声污染的预防和控制;有毒物质的生产、运输和使用;核电站的选址与设计;废弃物的运输与储存,等等。上述的某些领域已经采取了相应的措施,但关于环境标准的大部分立法工作仍未进行(参见联合国开发计划署[UNDP,1995])。1995年,越南科技与环境部颁布了名为TCVN1995的国家环境标准体系。这些标准涉及空气质量(空气与排放标准)、噪声、水(地表水、地下水和废水排放)。但是,这些标准并不能适应实际的需要与情况。《环境保护法》为采用经济手段开辟了道路,因为该法规定责任方必须为环境损害买单。不幸的是,这项法律并没有对罚款征收的裁定与执行方式作出规定。到目前为止,越南污染罚金的额度仍然太低,不能产生应有的效果。1994年之后,科技与环境部又颁布了几项子法,为政府环境机构提供了执行任务所需的法律途径。这些子法包括对《环境保护法》的违犯者进行行政处罚的规定,以及采取直接措施管理工业与城市地区固体废弃物的规定。

在这项框架性法律问世之前,越南颁布过几条针对环境问题的部门性法令,它们的适用范围相当有限。这类部门性法令使越南无须对众多部门性法令中的不同法律制度进行协调和接轨。另一方面,在缺乏《环境保护法》的情况下,多年来越南的几个省市颁布过自己的环境规定。由于法律的制定过程中缺乏协调,又不具备全国性的指导原则或参照体系,这导致了各种相互冲突的环境规定。[8]

监测与执法:制定有效环境政策的重要前提是广泛的监测与执法。对环境质量和污染物排放进行监测,对于确立标准、制定合适的策略与措施、控制生产者与污染者的行为、评估具体政策手段与计划的有效性都是至关重要的。

越南委托以下三个机构进行环境监测:城镇和工业区环境工程中心(河内土木工程大学)负责越南北部、环境保护中心负责越南中部与南部的部分地区,环境技术中心(胡志明市理工大学)负责湄公河三角洲地区。但越南政府的拨款数量有限,因此这些监测站的设备并不完善。只有几个地点得到了监控,而每个地点采集的样本数量也很有限。国家不可能强迫工业等生产部门对自己的生产活动进行监督,并将足够充分的数据送往政府机构。科技与环境部有责任定期提交环境质量报告,但这些报告中的信息并不充分,报告的时间间隔也不合理。

虽然《环境保护法》明确规定了环境监督的任务和责任,并设立了各种刑事与行政强制措施,法律的实际执行情况却不尽如人意,这是出于多种原因。造成实际执法受限的原因与法律争议(例如关于责任和民事执行的争议)有关,但更重要的原因在于缺乏人手、环境机构内部不够重视、政府部门对行政执行的了解和经验不足、环境管理缺乏强制执行与控制的传统。

越南对工业污染的控制和监督偶尔也出现过高峰期。举例来说,在1997年夏,越南全国有5000多家大型制造厂接受了监督。这其中46%的工厂被处以共计82000美元的罚款,30%的工厂因严重违反环境法而被勒令停止生产,或迁至别处(Bich Ngoc,1997)。[9] 不过,这种高密度的监督能否持续下去,这还是个问题。

指令控制性方法带来的问题:必须承认,在不到十年这个相对较短的时期内,越南为遏制环境恶化现象主动采取了许多重要的措施。越南具有中央计划性经济的传统,而政府又处于发展中状态,环境问题主要是由政府通过设立污染控制体制与规定来应对的。和东南亚的大多数第二代工业国家一样,越南的这个过程开始得也比较晚,进展则非常缓慢——原因是拖沓的官僚主义程序、更重视工业增长而非环境改革、缺乏强大的外部压力(例如来自非政府组织的压力)。越南的总体情况是环境管理与政策制定体系仍比较薄弱,而且缺乏适当的监测与执行手段。据科技与环境部副部长周俊讶说(Chu Tuan Nha,1997),越南环境政策的结构不完备,拨款远远不能满足需求,政府环境

机构的能力也极为有限。

越南的环境政策遵循的是传统的指令与控制模式,其特点是以关于排放和产品的法律、标准与规定为主要工具,并采取自上而下的执法方式。和20世纪70年代西方的政策模式一样,越南的这种政策方式确实是一个合理的出发点,但它的效率低下、程序拖沓,而且未能导致技术革新的产生。严格的指令与控制方式在大多数发展中国家中的效果都不好,越南也同样如此,其原因如下:第一,在指令与控制方法的管理下,不妥协或违反环境规定的行为将导致罚款或监禁。但大多数发展中国家(尤其是亚洲的发展中国家)的文化背景却决定了诉诸法庭往往是最后的解决办法,也就是说法律途径很少被采用。第二,在拨款、人力与管理手段有限的情况下,高水平的环境管制是无法实现的。第三,中央政府向地方政府权力下放的程度比较低,这削弱了环境监测与执行的能力。事实上,科技与环境部或各省的科技与环境局都无法有效地惩罚违规者。对大型国有企业造成的污染进行控制尤为困难。当地的执法机构可能并不太愿意对这些企业行使权力。第四,过低的罚金标准难以起到遏制违规者的作用。多年来,对违规者征收的罚金始终是象征性的小数目,在通货膨胀的作用下更是失去了意义。导致指令与控制方式不起作用的最后一个原因(也是影响最为恶劣的原因),是执法官员的权力寻租行为。

因此,虽然越南在理论上改进了体制格局,并制定了环境法律与政策措施,但这些体制与法规的具体实施却无法达到要求。这种情况并不出人意料,因为它在大多数迅速建立起环境管理体制框架的国家中都是普遍现象,而不是特例。对于有效的工业环境管理体系而言,体制框架与法律规定是必不可少的奠基石,因此在初期阶段对它们予以一定程度的重视是合情合理的。为了巩固并完善这种体制结构,成功的具体实施则至关重要。这意味着在初期阶段以后的时期,应更加重视实施和执法的过程。[10]

对指令与控制方法加以强化和进一步完善的确非常重要,但与此同时为了解决这种方法所必然带来的问题,也需要采取辅助性的环境管理途径。西欧国家中凭借生态现代化的理论支持,制定并实施了替代性的污染控制策略。这类替代性策略的核心特征有:更加去中心化、更注重参与的管治模式;充分利用市场手段与动态;与自我规范性污染控制联系在一起的工业技术革新;环境非政府组织更多地参与环境政策的制定过程。在下面的几节中,我们将探讨越南污染控制策略按照类似特性实现现代化的现状与可能性。

三、越南污染控制策略实现现代化的可能性

从前一节中得出这样的结论应该是没有争议的:为了将工业发展进程导向更有益环境的方向,越南目前所采取的策略和努力并不能令人满意。由此产生的问题是能否引入新的创造性方法,以及能否将生态现代化理论应用于越南。为了评估生态现代化理论对于分析目前污染控制形势的转变、探寻环境改革实现现代化的未来策略的价值,我们将集中探讨三个方面的特征:(正在转变的)国家与市场的关系、技术发展,以及环境意识。

国家的干预与污染控制

到目前为止,越南的环境政策都主要依赖注重等级的指令与控制模式,这样的政策无法跟上当代工业发展的步伐。生态现代化理论中有一条常被称为"政治现代化"的指导原则,可以用来分析增强国家干预的可能性。本节将探讨政治现代化是否适用于越南的国家体制。

国家干预发生转变的证据不足:正如上文所指出的,生态现代化理论并没有否定国家在激进环境改革中所起的作用,而是从两个方面强调了国家在环境管理与政策中所起作用的转变。第一,环境管理中的某些任务与职责已从国家转移到了市场。换言之,市场动态与市场行动者在环境改革中起着越来越重要的作用。第二,国家对环境政策进行干预的"风格"发生了以下转变:从补救和反应式干预转为更注重预防;从封闭的政策制定过程转为更注重参与;从注重中心转为去中心化;从强调等级,转为更注重共识的、以谈判和磋商为基础的方法。基于市场(经济手段)、注重沟通(自愿协议、调解、协商立法、生态标记)的策略出现,体现了国家与国家政策作用的这种改变。

如果我们对越南国家环境保护干预的发展变化加以分析,就会发现该国并没有出现上述各种转变的明显迹象。更注重共识的政策风格、协商立法、经济能动者(例如供应商、顾客、信贷机构、保险公司、行业协会)或经济机制在环境改革行动中发挥更大的作用,这些转变在越南并不显著。越南环境政策出现的主要发展变化,反而是确立或进一步完善了注重等级与中央集权的指令—控制模式。环境法律法规与环境影响评价构成了这种模式的核心。到目前为止，越南环境政策制定过程中的变化主要都是将上述法律核心细化为详细的环境标准与环境许可，而不是转而采用经济手段或沟通性策略(参见 Mol and Frijns，1998)。从这种局面来看，生态现代化理论对于分析越南环境改革现状的价值是有限的。按照生态现代化理论目前的理论架构，我们无法充分认识越南环境政策制定现在的发展情况与新动向。

这样一来，我们就需要求助于生态现代化理论的规范性范畴：能否利用汇集在这一理论体系之下的各种概念与机制，为越南未来的环境改革制定出有用的策略？我们能否对这些创新策略的可能性或可行性作出估计，尤其是考虑到越南目前的经济与政治体制？有几位学者指出，东南亚地区某几个新兴工业国家的政府改革策略已经出现了缓慢而稳定的变化。这几个国家的政府多年来都依赖于注重等级的、封闭的环境政策方式，但它们现在已开始尝试各种利用经济与沟通手段的替代性策略，以此来辅助应对环境问题的努力(参见 O'Connor，1994；Rock，1996)。毋庸置疑，这些替代性策略与欧洲国家采取的策略有着明显的差异。在结合本国具体条件作出必要调整的前提下，越南能否借鉴西方国家和东亚新兴工业国家的经验？显然，由于篇幅所限，本文无法在这一部分对越南环境政策制定的革新措施的优势、劣势与可能性进行全面分析。不过，我们通过对越南环境政策制定过程中更广泛地采用经济与沟通策略的可能性进行"实事求是"的分析，并且针对作为实际措施实验基地的工业区展开案例研究，应该也可以了解生态现代化理论对于越南环境政策的应用价值。

以市场为基础的方法：越南在进行污染控制时偶尔也采用过一些经济手段，例如对进口和清洁技术的采用给予减税待遇。但是，越南仍欠缺运用其他经济手段的经验，例如污染费、[11]产品费、使用费、[12]补贴、押金退还制度、[13]可交易的排放许可（Tran Thi Thanh Phuong，1996）。另外，保险公司、信贷机构、行业与地区性工业利益组织、生产者、供应者、顾客等私人经济行动者几乎完全没有参与越南的环境政策制定与改革过程。有许多障碍阻止了越南在环境政策中广泛采用经济策略与手段，它们可以被划分为两类：较为实际的限制，以及基础性、体制性的限制。

　　实际限制之一是越南并不了解经济手段的设计与实施方式，以及它们对增长与收入分配造成的影响。另外，使用经济手段与策略将明显提高私营经济部门与广大公众需要付出的代价，而指令与控制性管理体系为此付出的代价却基本不为公众所见。经济行动者往往不愿意参与环境改革，这是出于两个原因。第一，它们完全专注于经济活动，并且认为自己在不久的将来发生的环境改革中没有任何作用。第二，它们几乎不参与工业协会与地区性组织。这就牵涉到了环境政策革新所受到的体制性、基础性限制。国家在经济发展与决策过程中的参与程度仍然很高，这对将经济动态与经济行动者纳入环境改革进程构成了障碍（但经济动态与经济行动者不会自行脱离环境改革进程）。

　　尽管存在上述障碍，有一些因素还是可以促进环境改革利用基于市场的方法。在理论上，经济手段所具备的一些普遍特点（例如成本效益比高、对人力资源的需求少、便于执行、不易出现寻租行为、能带来收入）对于越南当前形势下的环境政策是有益的。由于《环境保护法》的目的是施行污染者买单的原则,各种经济手段因此也被越南政府视为适宜的政策途径。我们赞同陈清芳(Tran Thi Thanh Phuong,1996)和张磊(Zhang Lei,1997)这两位学者的观点,即认为在越南以及中国目前的形势下,成功运用经济手段的可能性在很大程度上取决于市场经济的未来(体制)发展、政府的决心,以及关于经济手段设计与实施方式的必要知识。

注重沟通的方法:促进并实施注重沟通的环境改革方法,将会遇到两个方面的障碍。第一,越南公司对相关信息的了解不够,而且几乎不知道该如何提出并实施自己的环境目标、策略与改进方法。总的说来,这些公司还没有做好采取自我规范途径的准备,这也就减少了实施自愿协议等措施的可能性。另外,工业生产的体制结构也限制了协商与实施沟通性策略的机会。由于越南没有任何工业生产者组织,因此也难以实施针对具体产业的部门性策略,而这种策略是限制不公平竞争与免费搭车*现象的必要手段。自愿措施与策略要取决于绿色消费者的需求或积极施加的公众压力,例如生态标记或年度环境报告。但是,越南消费者对生态产品的需要并不高,国内也不存在能够有效动员公众力量的环境非政府组织(见下)。只有推行环境管理体系或国际标准组织标准[14]这类较为"个别"的手段,才不会受到工业与经济主流体制结构的阻碍。

第二,与政府和国家有关的障碍,使得环境改革难以迅速而

---

* free riders,或译"搭便车者",指不承担任何成本而消费或使用公共财产的行为。——译者

简便地采取注重沟通的创新策略。这些障碍与越南占据主流地位的政策风格与文化有关。在越南,政治风格和文化历来有掌握大局的"需求"以及专制性权力的意味。实际上,越南政府仍然希望以强势中央集权的方式来指挥包括环境政策在内的各种事务。越南近几十年来采取的是中央计划与指令性的经济模式,历史上有传统君主制的遗存(这对等级森严的社会行为方式有着强烈的影响),而且缺乏协商与联合政策制定方面的经验,这些因素都不利于该国实现让公众与个人更多参与政策制定的转变。根据埃文斯(Evans,1996)等学者的定义,发展中国家的特点是:公共组织与经济行动者有一定程度的实际参与,而强势的国家部门仍试图控制大局。

作为生态现代化实验基地的工业区:在越南,各个工业区似乎是尝试环境改革的替代性管制模式与国家干预策略的好地方。将各种工业集中在一个地区,由一家投资公司(半国营的工业区管理委员会)管理,这种做法有利于替代性政策手段的应用,也有利于环境治理的任务由公共范畴,向市场型的私营或半国营组织转变。除了具有多种工业类型,工业区的另一个特点是所有权类型多样:从国有、私营、联合企业到外资企业。这些工业区中集中了许多外国公司——它们具备(或可以接触到)更多的环境知识,有采取非传统治理模式的经验,而且与世界市场有直接的联系,这一点增加了成功尝试生态现代化规范性理论分支的可能性。我们将给出越南环境政策制定在这些工业区取得成功革新的一些范例。

在工业区中,大量污染物集中于小范围地区的累积效应可能造成严重的后果。这种地区并不适于执行不考虑整体效果的个别排放标准,而可交易的排放许可也许是一种更为有效的解决办法。一旦这些工业区中建立了发挥规模经济效益的共用处理设施,就可以成功地征收使用费。另外,也可以从其他新兴工业国家采取的"税收与补贴"方法中吸取经验,这种方法将奖励与惩罚结合在了一起(O'Connor,1994)。由于每个工业区的管理委员会本来就负责向各家公司征收土地租金,可以把管理委员会的职责扩大到收取污染费、分配环境基金,以及协调排放许可交易的范畴。收费系统(污染费、产品费和使用费)所需的行政开支很低,因为它们可以被纳入工业区现有的收费体系。在这些工业区实行污染控制的经济创新手段尤其有望取得成功,因为正如陈清芳所说(Tran Thi Thanh Phuong,1996),"向市场型经济的转变,以及私营经济部门的扩展,为越南在环境管理中运用经济手段提供了良好的条件"。

初看起来,沟通策略以及更为具体的自愿协议与越南环境政策的改善似乎并没有太大的关联。不过,以外资公司或合资公司作为尝试这些手段与策略的起点是最合适的,因为这些公司在本国有过采取沟通性策略与手段的经验,并且具备(或可以动用)充分的环境知识,这一点对于某些种类的"自我规范"而言至关重要。在西欧国家,工业协会在政府与个别公司之间的谈判、磋商、达成共识与信息交流过程中发挥着桥梁的作用,但越南几乎不存在这样的协会。不过,越南的各个工业区管理委员会似乎是适于填补这种空缺的替代性机构。与政府机构相比,这些半国营组织与各家公司的接触更为便利,对它们更了解,也更受它们信任。工业区管理委员会在某种程度上可以在国家面前代表工业区企业的经济利益,而与此同时它们又与企业保持着一定的距离,因此不会只考虑短期的、狭隘的经济利益。另外,工业区也是传播与新管制策略有关的信息与经验的良好平台;在外国投资公司中获得的初步经验,可以借助这个平台复制到该工业区的其他类似公司中。接下来,每个工业区中应该建立一个环境信息中心,这样各家公司、工业区管理委员会和国家环境机构就可以在工业区内部与各工业区之间相互交流改善环境表现的经验。

在这些工业区中,管理委员会甚至可以接管某些目前由省级或地方政府机构负责的环境职责。[15]毫无疑问,省级的科技与环境局(有些情况下是国家的科技与环境部)应该继续掌管具有决定性的职责,例如确定标准、颁发许可证,以及对环境影响评价报告进行最后审核。不过,监测、环境建议、信息交流、某些执法任务、费用和罚款的征收、固体废弃物的收集与处理等职责都可以交由这些工业区管理委员会(某些情况下也可以交由私人组织)来承担。这可以大大减轻人手不足的省级科技与环境局的负担,从而使它们得以集中精力应对被列入"黑名单"的生产者,并处理重要的政府职责。对职责进行这样的重新调整不可能一蹴而就,因为实现这一目的需要在经济生产与环境管制两个领域进行体制转变,并调整国家与市场之间的关系。

越南的技术发展与污染控制

生态现代化强调技术在生产与消费的生态转变中所起的作用。环境技术往往被视为确保经济发展不逾越生态极限的手段。环境技术的最初目的是对废弃物进行处理,但现在人们越来越需要能防止废弃物产生的过程集成性技术。生态现代化的概念很强调由所谓的第一代技术(即末端处理与清理技术)向第二代技术(即更清洁的生产、产品革新与有益环境的社会—技术体系)的转变。本节将分析越南工业环境技术在这种代际转换方面的发展与推行,并探讨生态现代化技术的可能性。

虽然本节探讨的是技术引发的转变,但我们应该牢记,这些转变如果想取得成功,就必须依靠社会—经济与政治—体制上的转变。越南在试图管理环境问题时有可能会犯这样的错误:只强调技术的作用,却没有注意到"新"技术赖以实施的体制背景也需要同时进行现代化。我们在中国可以看到这种技术发展造成的后果。中国从发达国家进口了大量只能改善部分工业过程的环境技术,却没有进行这些推行环境技术所必需的体制改革(Wang Ji and Ke Jin-Lian,1992)。先进的环境控制技术要想取得成功,不仅需要依靠技术发展与技术传播本身,还需要依靠技术赖以推行、传播与体制化的社会环境。

第一代与第二代技术:越南环境技术的发展与实施仍处于萌芽期,因为该国连第一代的环境技术都非常少。除了几处勉强维持运营的废水处理设施,越南几乎没有采取任何控制工业污染的措施。大部分新兴工业都没有安装废水处理设备,旧有的工业就更不用说了。工业企业中常常连简易通风设备这类控制室内空气污染的技术措施都没有采用。越南没有对危险废弃物的管理作出任何规定。第一代环境技术之所以在越南难觅踪影,是由于工业发展完全忽视了对环境的关注,而政府与社会对工业施加的压力也是直到最近才出现(但这种压力仍然很微弱)。越南缺乏第一代的末端处理技术,似乎并不是由于对废弃物处理设备的研制与建造不够了解。在胡志明市的工业中,关于处理技术的科学知识就非常发达,而且得到了应用,比如纺织业的废水处理与花生加工业的气体清洁技术。

毫不奇怪,越南的第二代环境技术更加欠缺,研制与推广这类技术的知识基础也非常匮乏。整体而言,越南工业采用的都是旧的、往往已被淘汰的制造技术。这些技术无法让工业有效地利用资源,产生的污染排放也比较高。但是,为了在竞争越来越激烈的市场中生存下去,工业必须采用效率更高的技术。就经济效率与环境效率的对应程度而言,更为清洁的生产技术对越南来说是一种很有希望的发展途径,正如这种技术在亚洲迅速实现工业化的国家中越来越受重视一样(参见 Sakurai,1995)。更有效地利用能源、更节约资源、对废弃物资进行再利用的生产过程不仅能减少环境影响,也能够降低生产成本。即便不能降低生产成本,预防污染的方法对于工业来说也比利用末端技术处理废弃物更具吸引力,因为后者只能增加成本。预防污染是朝更有益环境的生产过程转变的第一个重大步骤,工业只需要进行微小的调整就可以轻松实现这个目的。那么,越南为什么很少采取防止污染的措施呢?首先,这种措施没有得到越南政府规定的提倡与支持。越南政府规定的重点仍然放在减轻污染上,因此提倡的也是末端处理技术,虽然说这种技术的推行并不太成功。与规定末端技术标准的指令与控制性管制方式不同,清洁的生产技术需要设立目标与环境表现的标准,而且应该得到政府技术援助与经济激励的支持。其次,虽然更清洁的生产技术和从总体上提高环境效率在长远看来是具有经济优势的(也是必需的),但实现这些目标仍然需要许多企业(尤其是国有企业)所无力承担的初期经济投入。许多小规模工业在推行更为清洁的生产技术时就面临着类似的经济、技术与观念限制,我们在胡志明市纺织工业中看到的情况就是例证(Frinjns and Truong Thi Kim Khanh,1997;Van Hengel,1998)。第三,政府官员和企业家并不了解清洁生产的概念,而且没有这种意识,因为清洁生产对于越南而言还是一种新鲜事物。[16]这种情况将很快得到改变,因为最近河内建立了一个以信息传播为主要目的的全国清洁生产中心。[17]但我们不应忘记,即便越南广泛推行了更为清洁的生产技术,污染总量仍然很有可能随着工业生产的增长而提高。

技术跨越:越南现在仍欠缺第一代的环境技术,这并不意味着第二代技术必须等到第一代技术形成之后才能得到发展。越南环境技术的发展与推行可能会以不同的方式进行。

越南是工业化进程开始较晚的一个典型国家。这使得越南有机会借鉴其他国家的早期经验,并直接跨越到成本更低、更有效的工业环境技术。索南菲尔德在对泰国纸浆工业的研究中(Sonnenfeld,1998)指出,这个国家较晚的工业化进程从采用先进的环境技术中得到了益处。越南同样也可以推行较新的、污染更轻的生产工艺,原因之一就是越南工业的高增长率与较短的周转期。因此,越南有可能在对工业部门进行现代化改造的同时推行更清洁的生产工艺,并控制污染。私有化和向市场经济的转变,催生了公司内部组织与观念的变化,这也有利于它们采用更清洁的生产技术。

但是,为了跨越到更先进的环境技术,就需要向外国资本和外国技术开放市场。在改革时期,越南经济向外国直接投资开放了。越来越多的外国直接投资进入了越南的工业领域,对工业体系的现代化起到了帮助,这是因为进入越南的大多是新的现代生产技术。如果这些投资在环境意义上也符合现代化的要求,那么生产体系中就会继而产生某些环境改革。虽然外国的工业投资对当地环境造成了影响,但这些投资在总体上的环境表现要优于越南的国内工业(Wallace,1996:68)。因此,开设在越南这种国家的国际工业不会成为环境意义上的落后者。我们对胡志明市政策制定者和实业家的采访证实了这个判断。不过受访者指出,来自经济合作与发展组织国家的工业投资确实没有在环境方面落后,而来自东南亚地区其他新兴工业国家的投资则不能完全做到这一点。

外国直接投资会表现出环境方面的效果。跨国公司在越南建立生产设施的时候,也把本国的先进环境做法带了进来。这些公司甚至会促使当地的自然资源与半成品供应商提高自己产品的生态标准。越南的开放,也产生了要求采取国际工业标准(包括更清洁的生产方式与[自觉执行的]环境管理标准)的经济与社会"压力"。上述所有因素都有助于越南在不远的将来采用第二代环境技术。但是,我们没有理由对经济全球化引起的第二代环境技术发展感到过于乐观。[18] 研究表明,即便越南新建立的工厂(包括合资企业)也在进口未采取适当污染控制技术的旧设备(Ministry of Construction *et al*., 1995)。正如前文所述,最重要的是转变技术革新赖以运行的体制框架。

支持技术现代化:作为一个典型的发展中地区,工业化发展迅速的台湾地区也急于跨越到更具成本效益比的环境解决方案。台湾地区政府在减少工业污染方面发挥了积极主动的作用。将环境考虑与工业政策相结合的做法,在三个主要方面极大地推动了环境技术的发展(Rock,1996);通过替代进口的策略,创造出本土的环境产品与服务业;对工业购买污染控制与减量设备给予高额补贴;资助污染预防的相关研究,并以附带补贴的方式为工业提供废弃物减量方面的技术援助。

如果现在从政府支持工业应用环境技术的角度比较一下台湾地区和越南,我们只能说越南采取的措施实在太少。更准确地说,越南政府根本没有将对环境技术的支持纳入其工业政策之中。越南的环境产品与服务业(尤其是废弃物处理设施)由于得不到政府的支持,发展得非常缓慢。政府没有采取任何促进环境技术发展的经济手段。直到最近,越南政府才对清洁的生产技术的进口与应用提供了减税政策。[19]经济手段虽然能有效促进更为清洁的生产技术的研究、开发与实施,法国、德国与荷兰的经验却表明收费与补贴这两种手段促进的主要都是末端处理技术,而非预防性技术(Cramer et al.,1999)。这种情况会不会在其他国家出现虽然还值得怀疑,但我们可以据此作出假设:支持第二代环境技术在经济激励之外还需要采取其他措施。例如,在20世纪90年代初期的韩国,政府采取了多种政策手段来支持采用清洁技术的项目(Chung,1996)。这些政策手段包括对清洁技术的发展提供奖励、建立生态标记规定、提供信息与技术支持,简化污染预防技术申请专利的程序。

虽然越南政府对于支持第二代现代环境技术的发展与实施有着重要的作用,[20]我们应该认识到更为清洁的生产方式与避免指令与控制性的措施有着本质上的联系。政府并不具备专业知识,无法事先规定生产过程中能产生污染预防效果的具体革新手段。政府应该为工业控制(预防)污染提供便利与激励手段,同时也不应忽视对最终目标的监控与执行。投资发展新的、清洁的生产技术的主动行为只能来自工业本身,这一方面是出于工业自身利益的考虑,一方面也是由于国家和社会施加的"压力"。[21]

为了推动工业的发展,我们建议越南政府与私营产业部门建立一种新的关系。正如上文所强调的,这种关系的确立相当困难。向更清洁的生产技术转变,需要非政府组织的支持和"压力",这些组织包括行业协会、银行、工会、环境组织、消费者,当然还有负责技术开发与培训的研究机构。实际上,技术发展应得到越南经济与政治环境中的转变的支持。不幸的是,目前为止除了研究机构以外,非政府组织和工业在通过生产技术的现代化让经济更符合生态标准方面并没有采取多少行动。同样,政府似乎也不愿意让这些行动者参与经济与环境政策的制定过程。

作为环境改革形成因素的社会抗议与社会意识

在西方工业社会中,环境运动与关注环境问题的公民从20世纪60年代末开始对改革破坏性的生产与消费模式起到了帮助作用。多年来,这些行动者提出了各种各样的策略与思想。生态现代化思想的一个重要特点,是强调环境非政府组织与关注环境问题的公民的作用、策略与意识形态在环境改革的过程中发生了转变,尤其是在20世纪80年代中期之后(见上文)。

由于越南在某些方面是一个典型的发展中国家,该国多年来表现出了与西方国家不同的环境意识与环境抗议发展模式,这一点并不奇怪。在发展中国家中(包括越南在内),非政府组织发动环境抗议的时间比较晚,范围也比较有限。发展中国家的非政府组织往往得不到(环境)权威部门的支持,而它们在金钱、人力、知识与信息方面的资源与西方同类组织相比也非常少。大部分国民中的环境意识通常并不普遍,而且人们更重视狭义上的短期经济目标。与发达国家不同,发展中国家中关注环境问题的行动者从一开始就意识到环境保护与经济发展其实是同一事物的两个方面。

从其他方面来看,同时具有亚洲"发展中"国家与过渡性经济体这两种身份的越南也并不典型。到目前为止,越南的过渡性"状态"主要对经济体系向市场型增长模式的转变造成了影响,但对政治改革的影响却很小。与此同时,身为亚洲发展中国家的特点让越南这个国家与社会组织紧密联系在了一起。在越南,社会组织的发展非常依赖国家。国家会限制人们建立规模大、分布广、能自由获取信息和媒体关注的独立非政府组织。如果要分析在环境改革中发挥形成作用的非政府组织因素和行动者,我们就必须考虑当代越南的典型状况与非典型状况。

当地抗议:奥罗克等学者(O'Rourke, 1997; Sikor and O'rourke, 1996; Nghiem Ngoc Anh *et al*., 1995)在几项令人关注的研究中指出,被他们称为"社群推动的规制"在越南占据着支配地位。环境部门通常不会对工业污染者采取控制、管制与强制性措施,除非当地社群向这些部门提出了频繁而强烈的申诉,称他们的生活状况遭到了严重破坏。在某些事例中,当地社群的成员(有时是有组织的,但通常都未经组织)成功地让环境部门注意到了破坏性的生产方式。由于现在人们普遍认为环境改革并不一定会与经济发展背道而驰,当地社群抗议的目标也并不是关闭工厂,而是要求它们在经济上可行的范围内作出改进。特别成功的当地抗议针对的往往是跨国公司,并且得到了跨国公司本国环境非政府组织的有力支持。[22]

在我们自己的案例研究中,我们发现胡志明市地区也存在类似的"社群推动的管制"模式(参见 Le Van Khoa and Boot,1998)。但是,生活在这些生产单位(尤其是中小型工业)附近的居民往往也在经济或社会意义上依赖于它们,这对居民向环境部门投诉构成了妨碍(参见 Van Hengel,1998)。初看起来,这种机制与西方工业国家在第一次环境关注浪潮期间出现的情况很相似。在 20 世纪 60 年代末和 70 年代初的西方工业国家,大部分情况下迫使当局采取环境行动的同样也是关注环境问题的当地(有组织的)公民。但我们必须考虑到几个不同点。今天越南的环境部门——无论它们的条件有多差、权力多么有限——往往都充分意识到了环境危险与环境威胁。这些部门所在的国家具有环境立法体系,而过去几十年来世界各国在环境政策制定过程中积累起来的经验与知识在这个体系中得到了部分体现。最后,西方工业国家中的当地环境关注自 20 世纪 60 年代末起不断向前发展,并从起初的当地组织迅速形成了全国性的环境组织,但这种现象在越南尚未出现。

缺少国内环境非政府组织:直到最近,环境组织才在越南打下了基础。但是,越南还没有建立在当地抗议与国际环境组织之间起连接作用的全国性环境非政府组织。正如埃克尔斯顿和波特(Eccleston and Potter,1996)所说,越南本国的环境非政府组织还非常少。几乎所有在越南全国范围活动的环境非政府组织(或者说有明确而具体的环境目标的非政府组织)都是国际组

织在该国设立的分支机构。1997年至1998年的越南非政府组织名录(Ruijs,1997)表明越南有许多国际非政府组织,其中一些组织对环境问题很关注。环境与发展组织、国际自然保护联盟和世界自然基金会是最为著名的几个组织。这些国际环境非政府组织在越南设立的分支机构具有明确的特点:它们活动的重点几乎都是自然保护,或是提高学校等机构中的环境意识,却很少关注发起运动、针对工业进行抗议,或是试图影响政府政策的对抗性活动。[23]如果说哪些行为最符合生态现代化的原则,那就是大部分国际非政府组织的越南分支会与越南政府机构、联合国多边组织(有时还会与私营工业)进行合作,以促进环境改善。在几个环境计划和环境项目中,环境与发展组织、国际自然保护联盟和世界自然基金会与越南的国家环境署和几个省级环境部门进行了密切的协作。这几个组织既没有与政府对抗(20世纪70年代与80年代初发达国家中的情况就是这样),也没有像我们常在非洲国家和某些亚洲国家(如孟加拉国)中看到的那样,把政府抛在一边——这些国家中的非政府组织接管了通常由政府承担的职责,例如为民众提供健康、教育与环境保障等集体性商品。越南作为发展中国家与过渡型社会的背景,解释了国际环境非政府组织在该国采取的立场。[24]

与此同时,越南大部分传统的、与国家联系密切的全国性社会组织(例如青年、女性或工人组织)却很少关注居民区的环境保护或生产场所的职业健康风险问题。它们确实组织了规模有限的环境运动,但它们参与更多的往往是环境意识与相关培训、信息传播,以及由当地政府组织与协调的实际环境清理活动(例如青年团参与的"绿色星期天"、"绿色周",或是胡志明市妇联参与的"女性与家庭卫生"、"洁家靓街"活动)。这些活动的规模很小,并没有触及到这些社会组织的核心。因此,越南传统的群众性组织似乎也没能填补国内因缺乏专门性环境非政府组织而留下的空缺。埃克尔斯顿和波特(Eccleston and Potter,1996)提出了这样的假设:由于越南存在着共产主义统治下的大型群众性组织,国内专门性非政府组织的空间就所剩无几了。正如前文所述,关注环境问题的公民充分发动起来参与了政策制定的过程,因此越南也没有出现大型的(群众性)国内环境运动;但这并不能解释越南未出现小规模全国性专业组织的原因。埃克尔斯顿和波特得出的结论是:随着经济的转型,群众性组织代表社会利益的专有权,以及它们与国家和主要政党之间的联系都会减弱,从而为比较独立的专门性环境组织的出现留出了空间。虽然越南的经济转型早已开始,有几个民众性社会团体也在逐渐扩大了相对于国家的自主权(参见 Tran Thi lanh,1994;Sidel,1995),到目前为止越南仍没有出现多少国内环境非政府组织的迹象。与此同时,在越南周边具有相似特点的其他东南亚发展中国家中,环境非政府组织多年前就已经建立了。索南菲尔德(Sonnenfeld,1996)对印度尼西亚与泰国非政府组织在促进纸浆与造纸业技术革新中所起的作用的分析表明,这些环境非政府组织对于工业结构调整和环境改革是至关重要的。

因为越南缺乏有力的环境非政府组织,提高人们环境意识的工作主要由政府、媒体和科学家来进行。科技与环境部与文化、信息和艺术领域的各种组织合作,不断在全国范围开展有大批公众参与的环境知识竞赛。大众传媒业也对环境事务进行了积极的报道。越南电视台和广播电台开设了以环境科学与教育为主的专门节目,并向公众播放关于环境问题的公报。在中小学校和大学中,环境问题被列入了教学大纲。科学家以及他们的研究成果强调了环境问题对于国家的重要性和紧迫性。目前,科学家是越南建立环境问题议事日程的领军人物。[25]

引发环境改革？考虑到作为越南环境改革和工业结构调整形成因素的环境抗议与环境意识的作用(发生变化的作用),我们只能得出这样的结论:为运用于发达工业国家而提出的生态现代化分析理念,对于越南的价值是有限的。越南内部与国内环境改革发展的最大动力在于当地社群提出的抗议,虽然这种抗议往往是未经组织的临时性活动。越南当地社群提出的抗议无论在策略还是思想上始终都没有太强的对立性；申诉与抗议通过"受控的"群众性组织与政党被成功地纳入了政策制定体系之中,而与此同时它们又能促进当地采取某些环境改革。在全国范围,国际环境组织的越南分支对于改变工业发展的方向做出了贡献。如果说作为分析理念的生态现代化理论对于越南而言具有任何价值,那么这种价值就体现在全球相互作用的模式中:在西方成为主流的策略与意识形态,被这些国际非政府组织移植到了越南。与此同时,国际非政府组织的合作策略也在越南社会中找到了适于发展的沃土：这是一个发展中国家,国家与社会行动者之间有着密切的合作关系。至于生态现代化思想的规范性价值,也就是说,在越南建立符合(西方)生态现代化模式的环境改革策略的可能性与可取性则是一个不同的问题,我们将在本文的最后一节中对此进行探讨。

四、越南：走向生态现代化

我们在分析中得出的总体结论是，生态现代化思想并不能充分解释越南当代环境改革的动态，下文中将对这一结论作出解释。但我们的研究并没有到此为止。我们能否根据生态现代化理论来设计未来的环境改革？换言之，越南的体制发展中是否存在某些转变，可以让这个国家在不远的将来能"更接受"生态现代化的思想？

生态现代化理论对于越南的价值

在本文的第一节中，我们回顾了生态现代化理论在西方工业国家环境下的发展情况，并列出了这一理论所描述的环境改革进程的几个特点。在评价生态现代化理论对于当今越南的价值的时候，我们集中探讨了国家、技术革新与环境非政府组织的作用。对越南当代环境改革进程的分析表明，生态现代化的分析理念对于上述三方面的价值都很有限。我们的结论是，越南的环境政策体系由于缺乏经济与人力资源，无法进行周密的环境监测，也未能开发并实施环境技术。越南的独立环境非政府组织非常少，经济能动者开展的环境活动也几乎没有。公众环境意识的高度与普遍程度并不足以引起能对政府和工业组织形成压力、促使其采取激进生态改革的社会运动。国家与社会组织的关系非常紧密，这阻碍了能自由获取信息与媒体关注的独立非政府组织的出现。国家在经济与环境领域中起着非常具体[26]而重要的作用，这也是大多数东南亚经济体的特征。尽管有一些环境职责已被正式纳入越南的国家体制之中,但环境政策制定仍处于萌芽阶段,而且采取的主要是注重等级的政策风格。以社群参与、协商立法、政府与工业的密切合作以及经济(市场)机制为基础的更具创新性的环境政策制定策略,尚未在越南建立。

尽管如此,越南的某些发展情况还是表明该国的环境转变已出现了现代化的趋势。第一,《环境保护法》所认可的污染者买单原则为推行以市场为基础的措施提供了法律框架,今后越南的环境政策手段应该会变得更多样化。第二,向市场型经济的转变与较为缓慢的私有化道路,会使得工业采取的环境措施出现更符合生态现代化原则的变化。第三,向外国直接投资开放的新政策,有助于越南的某些国民工业采取先进的技术,并达到国际工业标准。第四,由于国际市场上的激烈竞争,国际环境标准将给越南的出口型国民工业带来更有力的挑战。第五,国际非政府组织在越南开设的分支机构越来越多,这有助于改变工业发展的方向,并为越南建立全国性环境非政府组织铺平道路。第六,越南科学家对环境信息的传播作出了重要贡献,这在一定程度上导致了政府采取的行动。第七,大众传媒近年来越来越关注环境问题,这有助于提高公众的环境意识,并对当地的污染者造成压力。最后,社群针对工业污染的抗议有可能影响并引导工业的环境表现,尤其是在主流政治体制给这些活动留下较多"活动余地"的情况下。本文的最后一节将结合越南当代的总体变化,探讨这些发展的可能性。

为生态现代化提供机会的当前发展

提出生态现代化理论的最初目的,是为了描述与分析环境考虑成为社会与经济发展重要组成部分的过程。虽然生态现代化理论很适于用来分析发达国家的环境改革进程,但我们发现对于越南这样的新兴工业国家而言,这一理论的描述与分析价值却很有限。在我们看来,这显然与越南这个国家的性质有关。越南是一个发展中经济体,与西欧国家有着显著的区别,而生态现代化理论毕竟是在西欧国家中诞生的。由于越南正处在工业化和经济转变的过程中,而且在缓慢朝较为民主的政治体制转变,生态现代化理论(尤其是作为一种规范性的政策视角)对越南的适用性可能会越来越大。前文中我们已经充分探讨了越南正在进行的工业化进程,现在我们将集中探讨另外两种发展:通过自由化、私有化和国际化实现的经济转型,以及向更为民主的统治方式的转变。

越南是一个朝着市场经济方向发展的过渡型国家。国家开放了,政府放宽了对市场的控制,工业部门则开始了私有化。正如前文中的分析与描述,经济的国际化为越南带来了借助外国直接投资使环境技术实现现代化的机会,而国际环境协议在某种程度上促使越南采取了改善环境的措施。[27]我们也分析了工业部门在私有化或商业化的过程中采取更为清洁的技术的可能性。根据赫蒂吉等人的观点(Hettige et al.,1996),南亚与东南亚当前的私有化浪潮使得污染严重的国有企业变得不那么令人关注了。[28]另外,私有化会使生产与国家行政机构分离,这样政府就不会身兼污染者与污染控制者的双重身份。另一方面,国有企业的私有化会导致国家放松对企业的整体控制,从而放松对污染的控制。与其他过渡型经济体相比,越南在这方面具有优势,因为越南的大部分国有企业并没有进行私有化,只是比以前更加注重市场。因此,这些企业会追求更节约资源、减少浪费的生产方式。

如果说全球化对越南的经济转型产生了影响,那么这种影响还没有让该国的政治体制发生转变。越南政府机构的民主化进程开展得非常慢。正如龙迪内利和黎玉雄(Rondinelli and Le Ngoc Hung,1997)所说,越南当前的政府机构仍然没有与经济转变相协调,而且地方一级行政机构掌握的管理权与拨款权也很有限,难以对当地建设(环境)基础设施的要求作出回应。在越南,除了占据政治支配地位的人民会议[29]之外并没有其他的正规渠道,地方的愿望难以通过各种渠道在中央政府的政策制定过程中得到反映,这更加剧了上述问题。对运行良好的市场经济体制(以及充分的环境改革)而言,国家的行政体系应该进行一定程度的去中心化,而这种情况也应该会在越南出现。越南的环境政策已经向去中心化迈出了一步:地方一级的环境部门在一定程度上可以制定适合当地具体情况的环境管理规定,只要这些规定不与国家规定发生冲突即可。前文中我们已经阐述过,政府与工业为控制污染而共同制定的更注重合作的环境策略是具有优势的,而经济与沟通性政策手段在去中心化的条件下也可以更好地发挥作用。去中心化也能为环境政策的经济资助提供更多的机会。地方级的环境管理部门拥有执行污染控制措施的权威,并且能把污染费的收入用于自身的管理与监测活动,这些地方级环境管理部门应该能比中央集权式的环境政策实施体系收到更好的效果。许多地方级管理部门都缺乏环境方面的技能与知识,因此必须提高它们的能力。最后,国家在越南的经济与社会发展中仍然居于强势地位,这也是其他所谓的发展中国家的普遍现象（Evans,1996；Castells,1997）。在发展中国家,政府官员与公民和私人组织联系在一起,这种相互交织的关系对于东亚地区经济体的成功转型起着至关重要的作用。未来的政治民主化与民众组织的独立化如果能注意到这种"国家与社会相互嵌入"的关系,环境管理和政策制定过程也同样能得益。

简而言之,如果越南的经济转型与政治民主化能继续进行下去,生态现代化理论对于规划环境改革机制的适用性也会提高。不过,越南与其他发展中国家始终会反映出本国的具体状况与体制格局。因此,我们在将生态现代化理论移植到该理论最初适用范围以外的其他社会时应小心谨慎。当然,越南开始改革后出现的发展趋势能否在各种困难（例如近年来的金融危机）的影响下持续下去,这也是一个问题。我们可以得出这样的结论：越南将（必须）制订出适合本国时代地域状况的、属于自己的环境改革计划。在这个过程中,越南也许会发现生态现代化理论确实具有价值；它可以从环境改革的先行者那里吸取经验,而全球化趋势也会保证环境恶化与环境改革的问题将越来越依赖全球的合作。

但是,适用于越南的生态现代化理论在许多重要方面将与欧洲目前相关著述中描述的生态现代化理论有着差别。越南也可能出现与西欧国家相似的符合生态现代化理论的体制转型,但这些转型的具体形式将由该国自身的特征决定：（一）越南学术界将起到更大的作用,不仅是在开发经济上可行的环境技术与策略（能带来短期收益,并以广泛普及的再循环活动为基础）方面,也在于将环境问题提上政治议事日程的方面；（二）经济动态在环境改革中将起到更大的作用,这并不是通过私有化,而是通过国家控制向市场经济的转型;(三)中央政府在污染控制方面将与私营部门和去中心化的公共部门进行更多的磋商,但这种磋商要按照发展中国家典型的等级制度式政策风格进行;(四)公民社会在环境政策制定过程中将起到更大的作用,这并不一定要通过新出现的环境非政府组织,而是可以通过符合目前公众与国家相互作用原则的社群压力与当地积极行动。这些转型可能是越南未来进行生态现代化的途径,它们与西方国家的环境改革相似,但却具有自身的特点。社会科学家和环境政策制定者需要共同面对的挑战,是根据地理差异设计出不同的生态现代化模式。

注　释

1. 不过,这些欧洲的中央计划性经济体在某些环境方面的表现要优于柏林墙另一边的国家(例如,公营而非私营的交通,家庭废弃物的再利用与再循环)。
2. 对1998年投资情况的近期考察表明,胡志明市得到的投资在越南全国是最高的,总共有591个项目,投资总额达90亿8400万美元;首都河内位居第二,有289个项目,投资总额为72亿6100万美元;同奈省位居第三,共有196个项目,投资总额为40亿9300万美元。工业在投资总项目中占61.9%,在投资总额中占46.2%。在胡志明市和同奈省,分别有40%和96%的投资由外国投资者提供(Viet Nam Investment Review, 17 May,1998)。
3. 科技与环境部的环境职责主要是:制定法律法规、国际合作、协调各部门之间的合作与标准化、环境监测、协调环境研究与技术发展。国家环境署下设五个分支机构:环境影响评价审核与环境技术处、环境监测处、环境污染控制与督察处、环境信息与培训处、研究与技术处。1995

年,科技与环境部共有约1000名工作人员,其中约100人是国家环境署的成员。其他部门(例如计划与投资部、教育与训练部)也成立了关于环境保护的分支机构。

4. 越南某些省份(如同奈省、后江省和富庆省)的人民委员会设立了本省的环境规定,内容包括空气与水质标准、排放质量、环境影响评价的要求、相关各方在环境保护中的责任,以及污染控制程序与技术的纲要(Nguyen Cong Thanh,1993)。

5. 胡志明市环境委员会和科技与环境局的职责包括环境督查与监测、(小型)投资项目的环境影响评价、有关尽量减少工业污染的计划、环境教育、处理与污染有关的公众投诉。环境委员会和科技与环境局为各区的环境分局提供技术指导,并监督其活动。各区环境分局设有自己的法人实体,并从罚款等来源中获取资金。环境分局负责处理环境投诉,并参与公共宣传项目。

6. 据计划与投资部预计,环境支出在国内生产总值中所占的比例将从1995年的约0.3%,增长到2000年的0.5%,最终的目标将达到1%(GOV,1995)。

7. 《环境保护法》也对环境影响评价的程序作出了规定。所有的大型投资项目(无论国外还是国内、私营还是国营)都必须按照严格界定的标准与原则进行环境影响评价,并将评价结果送交有关部门,后者将把评价结果作为批准项目或准予实施的依据之一。另外,《环境保护法》还规定越南的环境政策需要与本国签署的国际规范接轨。

8. 例如,在未进行认真协调的情况下,因水污染问题而未能在胡志明市获得建厂许可的工业部门,却在同奈省获得了在同奈河上游建厂的许可,从而对胡志明市造成了污染(ADB,1996)。

9. 1995年,胡志明市的环境委员会将总共43家工业企业定为最严重的污染单位。这些企业被列入"黑名单",并被要求在6个月内提交使生产符合相关环境标准的详细计划。如果企业未能提交符合要求的报告,就有可能面临停产或其他形式的处罚。限期结束时,环境委员会收到并批准了18家企业的环境报告;到1995年底,4家工厂启动了自己的污染控制计划。"黑名单"的范围后来扩大到了87家主要工业污染源(ADB,1996)。

10. 同样有必要提高规划机构的环境意识,因为目前为止越南的宏观计划

(例如城市中心区的空间发展方案)(参见 Frijns and Truong Thi Kim Khanh,1997)与轻重工业发展计划(参见 Ho Chi Minh City Construction Department,1996)对环境因素的考虑都不够。

11. 1997年,胡志明市环境委员会提议对未采取污染处理措施的工业设施征收费用。河内在水费中增加了10%的附加费,以满足污水处理与污染控制开支的需要。这项附加费带来的实际收入并不多,但至少确立了征收此类费用的原则(ADB,1996)。近年来,胡志明市越南国立大学环境经济学院的经济系开展了几项关于污染费规定的研究,其中包括对食品加工业征收工业排放费的可行性研究,以及目前仍在进行的纺织工业排放费研究(Do Thi Huyen et al.,1997)。

12. 越南将在不久的将来开始征收使用费,征收来源是公共废水处理系统与固体废弃物处理设备。

13. 事实上,越南的押金退还制度曾实施过很长一段时间。但这一制度的应用范围只是饮料容器。

14. 越南最早在1995年开始推行 ISO 9000 标准,当时河内市的质量评估与标准化总局首次举行了关于越南产品质量的研讨会。从那时起,有10家企业获得了 ISO 9000 的认证,另有约100家企业有望在近期获得该项认证(Nguyen Thi Sinh,1998)。

15. 边河隆城工业区的管理委员会已经接管了环境管理的职责。

16. 世界银行经济发展研究所目前正在开展一项工业污染预防计划,其中包括为越南政府官员提供的培训、讲座和参观。

17. *Vietnam Development News*, Vol. 9, No. 3, p. 17, 1997。联合国工业发展组织(通过清洁生产计划以及未来的全国清洁生产中心)协助"黑名单"上的企业采取了更为清洁的生产措施,因为人们认识到强迫这些企业采取末端处理技术并不能解决问题。联合国开发计划署也把关注重点从末端处理转向了清洁的生产技术。

18. 开设在发展中国家的跨国公司是否有益于环境,关于这个问题有许多相互冲突的看法。与索南菲尔德的研究结果恰恰相反(Sonnenfeld),赫蒂吉等人(Hettige et al.,1996)对四个亚洲国家的纸浆与造纸业进行的调查表明,与跨国公司在本国国内的私营企业相比,这些公司设在发展中国家的分支企业在清洁生产方面的表现更差。

19. 但是,根据亚洲开发银行的观点(ADB,1996),不应向工业提供技术更新方面（尤其是以提高生产力为主要目的的技术更新）的特别经济援助，因为这种援助不符合目前市场改革的原则。另一方面，目前越南政府只向能带来大量短期回报的投资提供贷款，这样一来企业就很难为购买污染控制设备或用于污染预防技术的长期投资筹集资金(Sikor and O'Rourke,1996)。

20. 例如提供技术援助、经济激励、开展培训与环境意识计划，以及建立环境审计制度。

21. 泰国政府发起了关于更清洁技术的计划，内容包括培训研讨班、演示项目、审计以及建立信息中心。但是，范围更广的清洁技术活动并没有在企业内部自行推进起来。汶耶吉迪和格里森(Bunyagidj and Greason,1996)就这一现象提出的建议是：让清洁的生产技术成为ISO 14001 认证的环境管理体系之中的固有部分。为了保持在出口市场中的竞争力，泰国工业希望在自愿的基础上采取 ISO 14001 标准。这个标准体系要求定期进行审计和评估，因此可以保证工业一贯执行更为清洁的生产原则。

22. 奥罗克(O'Rourke,1997)称，针对耐克公司在越南的生产基地的社群投诉之所以取得成功，是由于投诉活动得到了国际社会与美国本土的抗议（针对耐克发展中国家工厂的恶劣工作环境）的有力支持。

23. 环境与发展组织似乎最接近真正意义上的群众性组织。该组织主要在当地社区中就环境问题和其他社区发展问题与地方政府和群众组织（如青年与女性团体）进行协作。

24. 有时人们会提出一个更为正式的原因：自 1997 年起，越南通过一项规范国际非政府组织活动的法令正式认可了这些组织，但国内的非政府组织却仍未得到政府承认。这是目前越南不存在全国性非政府组织的重要原因。但是，早在上述法令颁布之前，国际非政府组织就已经登上了越南的舞台。

25. 一些环境科学家自行组织起来，成立了越南自然与环境保护协会。他们为国家环境机构提供咨询服务、协助进行关于环境技术转让的国际合作，并开展培训与宣传工作（协会出版了三种杂志）。另外，越南还建立了水与环境协会和城市环境协会。

26. 事实上，我们能看到国家将环境关注纳入体制的现象。越南不仅有全国性的环境管理组织，也有国有企业和与国家密切相关的群众组织

(如青年团),这些组织与企业共同构成了越南环境"组织结构"的一部分。
27. 联合国开发计划署(UNDP,1995)列出了越南签署的国际环境协议,其中包括关于氟利昂减量和分阶段停用的协议。
28. 这些地区的国有纸浆与造纸公司采取的污染控制措施远远少于私营公司。
29. 人民会议(People's Councils)的成员通过选举产生,再由他们提名其行政机构——人民委员会的成员。民众的投诉会提交到人民会议,但关于环境问题的投诉往往都会被转给科技与环境局。

参考文献

ADB (1996), *Ho Chi Minh City Environmental Improvement Planning*, Final Report prepared by Parsons and JT-Envi, HCMC: ENCO.

Bich Ngoc (1997), 'Authorities Turn Up Heat on Dirty Factories', *Vietnam Investment Review*, 8-14 Sept., pp. 12-13.

Blowers, A. (1997), 'Environmental Policy: Ecological Modernisation and the Risk Society?' *Urban Studies*, Vol. 34, No. 5-6, pp. 845-871.

Blühdorn, I. (1997), 'Ecological Modernisation and Post-Ecologist Politics', in Spaargaren, Mol and Buttel [2000].

Bunyagidj, C. and D. Greason (1996), 'Promoting Cleaner Production in Thailand: Integrating Cleaner Production into ISO 14001 Environmental Management Systems', *UNEP Industry and Environment*, Vol. 19, No. 3, pp. 44-47.

Buttel, F. (2000), 'Classical Theory and Contemporary Environmental Sociology: Some Reflections on the Antecedents and Prospects for Reflexive Modernisation Theories in the Study of Environment and Society', in Spaargaren, Mol and Buttel [2000].

Castells, M. (1997), *End of Millennium*, Vol. III of 'The Information Age: Economy, Society and Culture', Malden/Oxford: Blackwell.

Chu Tuan Nha (1997), 'Fight to Save VN Environment Hampered by Lack of Resources', *Vietnam News*, 2 Aug., p. 15.

Chung, J. S. (1996), 'General Environmental Policies and Clean Technology in the Republic of Korea', *UNEP Industry and Environment*, Vol. 19, No. 1, pp. 43-45.

Cramer, J., Schot, J., van den Akker, F. and G. Maas Geesteranus (1990), 'Stimulating Cleaner Technologies through Ecnomic Instruments: Possibilities and Constraints', *UNEP Industry and Environment*, Vol. 13, No. 2, pp. 46-53.

Do Thi Huyen, Le Ha hanh, Nguyen Thi Lan, Phung Thuy Phuong, Nguyen Tran Quan and Ky Quang Vinh (1997), *The Feasibility of an Industrial Effluent Charge in Viet Nam. The Case of Food Processing Industry*, report to Economy and Environment Program for South East Asia, Ho Chi Minh City: Viet Nam Research Network on Environmental Economics.

Eccleston, B. and D. Potter (1996), 'Environmental NGOs and Different Political Contexts in Southeast Asia: Malaysia, Indonesia and Viet Nam', in M. J. G. Parnwell and R. L. Bryant (eds.), *Environmental Change in Southeast Asia. People, Politics and Sustainable Development*, London: Routledge, pp. 49-66.

Evans, P. (1996), 'Government Action, Social Capital and Development: Reviewing the Evidence on Synergy', *World Development*, Vol. 24, No. 6, pp. 1119-1132.

Frijns, J. and Truong Thi Kim Khanh (1997), *Environmental Assessment of the Tau Hu Canal Rehabilitation Pilot Project*, Technical Advisory Report, VIE/95/051 Project: Strengthening the Capacity of Urban Management and Planning in Ho Chi Minh City.

GOV (Government of Viet Nam) (1995), *Socialist Republic of Viet Nam, Socio-economic Development and Investment Requirements for the Five Years 1996-2000*, Government Report to the Consultative Group Meeting, Paris.

Hettige, H., Huq, M., Pargal, S. and D. Wheeler (1996), 'Determinants of Pollution Abatement in Developing Countries: Evidence from South and Southeast Asia', *World Development*, Vol. 24, No. 12, pp. 1891-1904.

Ho Chi Minh City Construction Department (1996), *Scheme of Planning Concentrated Industrial Zones in Ho Chi Minh City*, Vol. 1-3a.

Irvin, G. (1996), 'Emerging Issues in Viet Nam: Privatisation, Equality and Sustainable Growth', *European Journal of Development Research*, Vol. 8, No. 2, pp. 178-199.

Jansen, K. (1997), *Economic Reform and Welfare in Viet Nam*, Working Paper No. 260, The Hague: ISS.

Le Van Khoa, and S. Boot (1998), 'Industrial Environmental Management. The Case of the Tapioca Processing Industry in Viet Nam', REFINE M. Sc. Thesis Series No. 2, Wageningen: Wageningen Universtiy.

Ministry of Construction, ADB, UNCHS and UNDP (1995), *Urban Sector Strategy Study Report*, Hanoi.

Mol, A. P. J. (1995), *The Refinement of Production: Ecological Modernisation Theory and the Chemical Industry*. Utrecht: Van Arkel/International Books.

Mol, A. P. J. (2000), 'Globalisation and Changing Patterns of Industrial Pollution and Control', in S. Herculano (ed.), *Environmental Risk and the Quality of Life*, Rio de Janeiro (forthcoming).

Mol, A. P. J. and J. Frijns (1998), 'Environmental Reforms in Industrial Vietnam', *Asia-Pacific Development Journal* (forthcoming).

Mol, A. P. J. and G. Spaargaren (1993), 'Environment, Modernity and the Risk Society: The Apocalyptic Horizon of Environmental Reform', *International Sociology*, Vol. 8, No. 4, pp. 431-459.

Nghiem Ngoc Anh, Hai, Vu Manh, Evans, P. B. et al. (1995), *Environmental and Industrial Renovation in Vietnam. A Report from Vinh Phu Province*, working paper No. 4 of the Institute of International Studies, Berkeley, CA: University of California.

Nguyen Cong Thanh (1993), 'Viet Nam Environment Sector Study',

prepared for Asian Development Bank, Bangkok.
Nguyen Phuc Quoc (1999), 'Industrial Solid Waste Prevention and Reduction', REFINE M. Sc. Thesis Series No. 4, Wageningen: Wageningen University.
Nguyen Thi Sinh (1998), 'Tinh Kha Thi cua Viec Ap Dung He Thong Quan Ly moi Truong Theo Tieu Chuan ISO 14000 doi voi Doanh Nghiep Viet Nam' (The Feasibility of the Application of ISO 14000 to Viet Nam's Enterprises), B. Sc. Thesis, Ho Chi Minh City: Environmental Economic Unit of the Viet Nam National University.
O'Connor, D. (1994), *Managing the Environment with Rapid Industrialisation: Lessons from the East Asian Experience*, Paris: OECD.
O'Rourke, D. (1997), 'Community-Driven Regulation. Toward an Improved Model of Environmental Regulation in Vietnam', paper prepared for the Conference on Sustainability, Degradation and Livelihood in Third World Urban Environments.
Phung Thuy Phuong (1994), 'Pollution Control Strategy for a Selected Industrial Estate in Viet Nam', M. Sc. thesis, Bangkok: AIT.
Rinkevicius, L. (2000), 'The Ideology of Ecological Modernisation in "Double-Risk" Societies: A Case Study of Lithuanian Environmental Policy', in Spaargaren, Mol and Buttel [2000].
Rock, M. T. (1996), 'Towards More Sustainable Development: The Environment and Industrial Policy in Taiwan', *Development Policy Review*, Vol. 14, pp. 255-272.
Rondinelli, D. A. and Le Ngoc Hung (1997), 'Administrative Restructuring for Economic Transformation in Vietnam', *International Review of Administrative Sciences*, Vol. 63, pp. 509-528.
Rujis, O. (ed.) (1997), *Vietnam NGO Directory 1997/1998*, Hanoi: NGO Resource Centre.
Sakurai, K. (ed.) (1995), *Cleaner Production for Green Productivity: Asian Perspectives*, Tokyo: Asian Production Organisation.
SCS (State Committee of Sciences) (1991), *National Action Plan for*

Environment and Sustainable Development 1991-2000: *Framework for Action*, Hanoi: SCS.

Sidel, M. (1995), 'The Emergence of a Non-profit Sector and Philanthropy in the Socialist Republic Vietnam', in T. Yamamoto (ed.), *Emerging Civil Society in the Asia Pacific Community*: *Nongovermental Underpinning of the Emerging Asia Pacific Regional Community*, Singapore: Institute of South East Asian Studies/Tokyo: Japan Centre for International Exchange.

Sikor, T. O. and D. O'Rourke (1996), 'Economic and Environmental Dynamics of Reform in Vietnam', *Asian Survey*, Vol. 36, No. 6, pp. 601-617.

Sonnenfeld, David A. (1996), 'Greening the Tiger? Social Movements' Influence on Adaptation of Environmental Technologies in the Pulp Industries of Australia, Indonesia and Thailand', Ph. D. Thesis, Santa Cruz: University of California.

Sonnenfeld, David A. (1998), 'From Brown to Green? Late Industrialization, Social Conflict, and Adoption of Environmental Technologies in Thailand's Pulp and Paper Industry', *Organization and Environment*, Vol. 11, No. 1, pp. 59-87.

Spaargaren, G. (1997), 'The Ecological Modernisation of Production and Consumption. Essays in Environmental Sociology', Wageningen: Department of Environmental Sociology WAU (dissertation).

Spaargaren, G., and Mol, A. P. J. and F. H. Buttel (eds.) (2000), *Environment and Global Modernity*, London: Sage.

Tran Thi Lanh (1994), 'The Role of Vietnamese NGOs in the Current Period', paper presented at the Vietnam Update 1994 Conference *Doi Moi*, the State and Civil Society. Australian National University, Canberra, 10-11 Nov.

Tran Thi Thanh Phuong (1996), 'Environmental Management and the Policy-Making Process in Viet Nam', paper presented in Seminar on Environment and Development in Viet Nam, Australian National University.

UNDP (1995), *Incorporating Environmental Considerations into Investment Decision-making in Vietnam*, Ha Noi: UNDP.

Van Hengel, P. (1998), 'Why Producing Waste if it is Thrown Away Anyway? Prevention of Waste and Emissions of Small and Medium Scale Textile Dying Enterprises in Ho Chi Minh City', REFINE M. Sc. Thesis Series No. 3, Wageningen: Wageningen University.

Wallace, D. (1996), *Sustainable Industrialisation*, London: Royal Institute of International Affairs/Earthscan.

Wang Ji and Ke Jin-Lian (1992), 'Towards Cleaner Production in China', *Nature and Resources*, Vol. 28, No. 4, pp. 11-16.

World Bank (1995), *Vietnam: Environmental Program and Policy Priorities for a Socialist Economy in Transition*, Report No. 13200-VN, Vol. 1 of 2, Washington, DC: World Bank.

Zhang Lei (1997), 'Challenges and Opportunities: A Study of Environmental Management of Township and Village Enterprises in China', M. Sc. thesis, Wageningen: Wageningen University, Department of Environmental Sociology.

Ziegler, C. E. (1988), *Environmental Policy in the USSR*, London: Frances Pinter.

作 者 介 绍[*]

莫里·J.科恩

美国纽约州立大学宾厄姆顿分校环境研究课程访问学者,助理教授;英国牛津大学曼斯菲尔德学院牛津环境、伦理与社会研究中心副理事。

若斯·J.弗里金斯

荷兰荷隆美咨询公司环境管理部,环境管理专家。

茹饶·吉勒

执教于美国伊利诺伊大学厄巴纳—尚佩恩分校,社会学助理教授。

佩卡·约基宁

执教于芬兰坦佩雷大学,区域研究与环境政策高级讲师。

阿瑟·P.J.莫尔

执教于荷兰瓦赫宁恩大学社会科学系,环境社会学高级讲师兼环境政策研究团体主席。

戴维·N.佩洛

执教于美国科罗拉多大学博尔德分校社会学系。

---

[*] 均为 2000 年本书出版时的情况。——译者

冯瑞芳

执教于越南胡志明市国立大学,环境政策讲师;在荷兰瓦赫宁恩大学攻读博士学位,研究课题为越南的工业化转变。

莱奥纳达斯·林克维奇斯

执教于立陶宛考纳斯技术大学社会科学分院的政策与公共管理学院,副教授兼社会学系主任。

艾伦·施耐伯格

执教于美国伊利诺伊州西北大学芝加哥分校社会学系。

戴维·A. 索南菲尔德

华盛顿州大学社会学副教授;美国加利福尼亚大学伯克利分校国际研究学院"奇里亚奇—温特洛普"访问学者。

格特·斯帕加伦

环境社会学者,在荷兰瓦赫宁恩大学工作。亦执教于荷兰蒂尔堡大学,讲授环境教育政策方向的课程。

巴斯·范弗利特

执教于荷兰瓦赫宁恩大学,环境社会学副研究员,攻读博士学位。

亚当·S. 温伯格

执教于美国纽约州哈密尔顿的科尔盖特大学,社会学与人类学系。

索 引

（页码为原书页码，即本书边码）

advanced industrial countries 发达工业国家 24, 27, 50-76, 77-108, 109-37, 138-70, 236, 253-4
aid, international development 国际发展援助 240, 242-8, 253
agriculture (and agricultural) 农业
　农业中化学品的使用 147
　荷兰农业 141-2
　农业与环境政策 9, 138-63
　农业与环境问题 144-5, 147-63
　农业的环境化 150
　芬兰农业 9, 138-70
　农业政策团体 142-3, 149-50
　农业废弃物（及再利用）250, 253
animal liberation groups 动物解放团体 39
anti-capitalism 反资本主义 8
anti-modernist 反现代主义 178
AOSIS (Alliance of Small Island States) 小岛屿国家联盟 43
apocalyptic orientations 末日论取向 5
anthropology 人类学 88ff

Arcadianism 回归田园主义 77, 85-7, 98, 181, 185, 197
Australia 澳大利亚 131, 242, 248-9
Austria 奥地利 163n

Bahamas 巴哈马 114
Bahro, Rudolf 鲁道夫·巴罗 19
Baltic sea 波罗的海 145, 156, 163n, 180, 181, 196
Beck, Ulrich 乌尔里希·贝克 7, 21, 30, 41-2, 45n, 46n, 50, 87, 139, 181, 193
Belarus 白俄罗斯 178
Belgium 比利时
　比利时的生态意识 97
　比利时的知识许诺 95-7
Belize 伯利兹 114
Bhopal 博帕尔 113
biodiversity 生物多样性 43-4, 145, 156
biohazards 有害生物物质 128
Bookchin, Murray 默里·布克钦 32
Bourdieu, Pierre 皮埃尔·布尔迪

厄 8, 57-9
Britain 英国 见 United Kingdom
Brundtland report 布伦特兰报告 3, 21
Bunker, Stephen 斯蒂芬·邦克 27
Buttel, Fredrick H. 弗雷德里克·H. 巴特尔 vii, 21-2, 41, 45n, 150

Canada 加拿大 4, 5, 242, 247
capitalism 资本主义 19, 22, 125, 135n, 214
 可持续的资本主义 22-5
 向资本主义过渡 215-19
capitalist production 资本主义生产 111
Carson, Rachel 雷切尔·卡森 84
Castells, Manuel 曼努埃尔·卡斯特利斯 260
CEE (Central and East European countries) 中欧与东欧国家 5, 8, 42-43, 171-231, 261-262
change 变化
 激进的变化与改良式的变化 31-8
 社会与环境的变化 34-6
 "存在状态"与"行为规范" 36-8
 技术变化 224
character, national 国民性格 见 National character studies
chemical 化学

化工业 113, 220
化学品的使用（及回收）210-11, 250-51
Chernobyl 切尔诺贝利 113, 180
Chicago 芝加哥 9
 芝加哥市的再循环计划 117-37
 芝加哥市的"蓝袋子"计划 120-24
Chicago School 芝加哥学派 26
China 中国 248, 260, 271, 274-5
citizen-consumers 公民消费者 50-76
 公民消费者的参与 10, 42, 101, 226
civil society 公民社会 171-202, 226
clean(er) production 清洁（更为清洁的）生产 160, 237, 239, 242, 245-6, 251, 275-9
Cohen, Maurie 莫里·科恩 4-5, 8, 21-2, 30, 77-108
collaborative environmental regulation 协作性环境规制 204, 214, 253
Common Agricultural Policy (CAP) 共同农业政策 139, 154, 157, 162-3
Commoner, Barry 巴里·康芒纳 19
community-driven environmental regulation 社群推动的环境规制 239, 241, 244, 246-7, 252,

280

consensual politics 共识政治 92, 142,155,163

constructivism 建构论 5,8,12,25

建构论与生态现代化 29-31,45

consumer behaviour 消费者行为 见 consumption

consumption 消费 5,7-8,11,19,5-76,147,161,162,217

消费意识形态 60

全球消费 247,254

绿色消费 8,160,245-6,251

消费的社会学 51-61,74

消费的社会心理模型 52

消费的经济模型 52

corporate environmentalism 企业环保主义 134,225

(neo-)corporatism（新）组合主义 42,52,142-3,147,163

counterproductivity 反生产力 见 deindustrialization theory

Cowan, Ruth Schwartz 露丝·施瓦茨·考恩 8,61-3,66,73

cultural politics 文化政治 171-202

decentralization 去中心化 6,182, 286

deep ecology 深层生态学 8,25, 26,32 参见 Radical ecologism

deindustiralisation 反工业化 117

反工业化与环境运动 19,78

反工业化与纸浆和造纸业 253

反工业化理论 5,8,19-22,28, 44,110,236-7

dematerialisation 非物质化 12n, 235,237,250-51,253,255n

demodernisation perspectives 反现代化观点 5,7,19-22,28, 44,78

反现代化观点与环境运动 19,78

Denmark 丹麦 4,6,82,163n

丹麦的生态意识 97

丹麦的知识许诺 95-7

deregulation 取消管制 24,141

developing countries 发展中国家 42-3, 113-14, 127, 235-56, 257-92

development 发展 见 Economic development

development assistance 发展援助 见 Aid, international development

developmental state 发展中国家 见 State, developmental

Dickens, Peter 彼得·狄肯斯 26

discourse(s) 话语 9

话语分析 171-200,212-14

生态现代化的话语 12,214ff, 219

discursive practices 话语实践 7

distinction 区分 58-9

Dobson, Andrew 安德鲁·多布森 31-2,37

Douglas, Mary 玛丽·道格拉斯 65-6

Dryzek, John 约翰·德雷泽克 7, 20, 22, 35, 42, 79, 99, 214

Dunlap, Riley 赖利·邓拉普 vii, 26ff, 30-31, 45n, 82, 97, 103

Earth First! "地球优先!"组织 39, 78

EBRD (European Bank of Reconstruction and Development) 欧洲复兴开发银行 192

Eckersley, Robin 罗宾·埃克斯利 35

ecocentrism 生态中心论 28, 31-8, 176, 181

eco-certification 生态认证 247, 251

ecocidal mysticism 生态灭绝神秘主义 77, 85-6

eco-design 生态设计 204

eco-labeling 生态标记 161, 247, 251

ecological 生态
    生态意识 81-3
    生态标准 27-8, 36, 57, 110, 125-7, 129-31
    生态决策 9
    生态现代化（见下）
    生态理性 27-8, 36, 57, 110, 140, 176
    生态结构调整 6, 8
    生态圈 109-10, 125, 133

ecological modernisation 生态现代化
    生态现代化与农业环境政策 138-63
    生态现代化与资本主义 22-5, 125-7
    生态现代化与消费 50-76
    生态现代化的矛盾 10
    生态现代化的核心主题 of 5-7, 109-10, 139-40, 235-7, 253-4, 258, 283-4 296
    生态现代化及其批评 17-49, 109-37
    生态现代化与文化 5, 8, 11, 67-8, 171-202
    生态现代化与发展中国家 10, 42, 101, 253-6, 257-92
    生态现代化的经济动态 6, 141, 223, 284
    生态现代化与就业 10, 117-18, 126-32, 239, 242, 254
    生态现代化与环境社会学 17, 18, 25, 50
    生态现代化与环境改革 139-43, 160-63, 214ff.
    生态现代化与环境利用空间 55-7
    生态现代化与公平 38-44, 111, 129-31
    生态现代化与欧洲中心主义 11, 42-3
    生态现代化的演变发展观点

4,5
生态现代化产生的历史 4-5,18-25,45
生态现代化的体制特征 258
生态现代化与生活风格 见 Consumption
生态现代化与新兴工业国家 10-11,42-3,235-56,257-92
生态现代化与组织文化 134
反思型生态现代化 226
生态现代化的研究议程 131-4
生态现代化与社会运动 7,112-25,141,192,199-200,235-54,279-83
技术专家治国型生态现代化 225
生态现代化与技术 5,6,19-22,53-4,59-60,63-5,126-7,141,160-61,174,223,238-40,250-54
生态现代化与理论争鸣 8,10,17-49
弱势与强势的生态现代化 100-101,140
ecologism 生态主义 见 ecocentrism
eco-Marxism 生态马克思主义 8
economic 经济
　　经济发展 43
　　经济增长 6,78,224-5,237
　　经济投资 221
　　经济工具主义 78
　　经济手段 69,101n,213,237,247,270-71,273,278
　　经济网络 110
　　经济政策 141,160
　　经济理性主义 214-15
eco-tax(es) 生态税 69
eco-warriors 生态斗士 78
electronics industry 电子工业 255n
elites 精英 9
emotive tradition 诉诸情感的传统 78,84,222
employees 雇员 见 Labour
energy 能源 162
　　能源与家庭 50-76
　　能源网络 61,62
Enlightenment 启蒙运动 28,32
environment(al) 环境(的)
　　环境会计 28,101n,133,204
　　环境激进主义 见 environmental movement(s)
　　环境机构 253
　　环境态度 83,163n,184,188
　　环境审计 243-4,252
　　环境能力 79
　　环境条件 91,98,245-6
　　环境冲突 134,241,244,246
　　环境犯罪 155-6
　　环境危机 35,134
　　环境决策 79,133
　　环境危险 111,127-8,204
　　环境意识形态 3,7
　　环境控制 5 6
　　环境公正 40,42,46,113-14

索　引

环境知识(取向)8,77-106
环境运动(见下)
环境表现 236
环境哲学 39
环境政策 140-43,146-60,252,264-8
环境政策制定 91,101n
环境政策话语 147,149,204
环境问题 6
环境生产率 28
环境保护 237
环境改革(及改革进程)5-7,10,245
环境规制(及其实施)6,140-41,237,243-6,252
环境风险 80
环境科学(与技术)77-106,220,238-41,251-52
环境社会科学 8,17,44,109,134
环境社会学 见 Sociology, environmental
环境标准 242,245
环境技术管理制度 238,248
环境利用空间 55-7
environmental movement(s) 环境运动 3,7,12-13,17,31-41,78,155
　反对有毒物质的环境运动 113
　全球环境运动 248-50
　芬兰的环境运动 146,150,155-7,161,163n

　印度尼西亚的环境运动 241,242
　立陶宛的环境运动 171-202
　东南亚的环境运动 235-54,279-83
　美国的环境运动 40,102n,113,321
　越南的环境运动 279-83
environmentalism 环境保护主义 见 Environmental movement(s)
epistemological commitment 知识许诺 83-5
　法国的知识许诺 95-7
　德国的知识许诺 95-7
　荷兰的知识许诺 94-7
equity, social 社会公平 111,129 参见 inequity
Erlich, Paul 保罗·埃尔利赫 84
Estonia 爱沙尼亚 179
种族因素 113,117-18,123,130,240-41,244,252
Eurobarometer "欧洲晴雨表" 95ff,103n
Europe, Western 西欧 42,50-76,77-108,138-70,247,248
　西欧贸易 251
EU(European Union) 欧盟 4,9,93,109,138-63,221
　欧盟与入盟问题 151ff,214,219-22
　欧盟与农业 138-70
　欧盟与环境政策 52,221

欧盟的硝酸盐指令 151-3
expert(s) 专家
 专业知识 6,99,101
 专家与非专业行动者 80-81,94-7,222
export 出口
 出口市场 242
 出口型 235,238,245,247,254

family farming 家庭农场经营 143
FDI (foreign direct investment) 外国直接投资 43,221
Finland 芬兰 4,8-9,82,138-70,240-41,244-5,247-51,255n
fish(eries) 鱼类(渔业)243-4
forest(s) 森林 10,241,250-51,254
 森林减退 241,251
 林业 78,99
 森林砍伐 243,254
 林木种植 10,241,244,250-51,254
France 法国 78,227
 法国的生态意识 97
 法国的知识许诺 95-7
Frankfurt School 法兰克福学派 51
Friends of the Earth International 国际地球之友 32,37,259
functionalism 功能主义 20,45

Germany 德国 4,6,78,163n,227
 德国绿党 13n,32
 德国的生态意识 97,98

德国的知识许诺 95-7
德国的转基因食品 78
德国纳粹主义 National Socialism 102n
德国的科学林业 scientific forestry 78
Giddens, Anthony 安东尼·吉登斯 8,22,27,30,34,36,38,50-55,63-5,73
Glasnost 开放(苏联) 182,184
global 全球
 全球公民 90
 全球消费 254
 全球经济状况 241,247,251,253
 全球环境规范 248,251,255n
 全球环境问题 42-3
 全球金融 247
 全球不平等 42-4,226
 全球机构 247
 全球市场 10,242,244,247,254
 全球进程 5,11,254
 全球生产 254
 全球性规制合作 248,251,253
 全球技术 247
globalisation 全球化 9,42-4,50,90,237,253
 全球化与环境运动 248-50,281
 全球化与国民性格 90
 全球化与纸浆和造纸业 247-50,253
Gorz, André 安德烈·高兹 35

green 绿色
　　绿色消费 见 Consumers,green
　　绿色国民生产总值 28
　　绿色市场 见 Markets,green
　　绿色营销 126,134,135n
　　绿色政治理论 139-140
　　绿色产品 248
　　绿色技术 见 technology,green
greens 绿色组织 见 Germany,Die Grünen 与 Hungary,greens
Greenpeace International 国际绿色和平组织 32,37,227n,238,248-9,252
growth 增长 见 economic growth

Hajer,Maarten 马尔滕·哈耶尔 4-5,7,20,30,78,99,140-41,172,204,214,225-6,236-7
Hannigan,John 约翰·汉尼根 20,30
HEP-NEP "人类例外范式"与"新生态范式" 26,31
households 家庭 8,91
　　家庭的再循环实践 117-24
　　家庭的时间—空间实践 65-6
Huber,Joseph 约瑟夫·胡贝尔 4-5,12n,20-22,68-9,235-6
human ecology 人类生态学 25-8
Hungary 匈牙利 4,8-10,203-34
　　布达佩斯化工厂 210-11,224
　　匈牙利绿党 218
　　后社会主义时期的匈牙利 214-22
　　匈牙利环境部门的结构调整 218-19
　　匈牙利的废弃物收集运动 207-10

ideology 意识形态 7
India 印度 113,244,248
indigenous people 本地人 80,84,113
Indonesia 印度尼西亚 8,239-54
　　印度尼西亚的污染 241
　　印度尼西亚地球之友 241-2
industrial 工业
　　工业事故 241,244
　　工业变化 110
　　工业发展（见下）
　　工业生态 9-10,78,101,176,203-4,213,215ff,221,223-6
　　工业结构调整 110,128,176,253
　　工业社会 34,101n
industrial development 工业发展
　　立陶宛的工业发展 177-9
　　越南的工业发展 260-64
　　工业化 5,100
　　家庭的工业化 61-3,69
　　后工业化 248,253
industrialism 工业主义 19
inequality 不平等 8,11,25,38-44,111,129-31
　　南北不平等 236
Inglehart,Ronald 罗纳德·英格尔

哈特 83,97
institutional analysis 体制分析
  生态现代化的体制分析 5-6,
  12,54,70,109
institutional transformation 体制转
  变 6
integrity of nature 自然的完整性
  56-7
intergenerational solidarity 代际团
  结 7
Ireland 爱尔兰 163n
ISO（International Standards Org-
  anisation）国际标准组织
  218,251,272,289

Jamison, Andrew 安德鲁·贾米
  森 101n
Jönicke, Martin 马丁·耶尼克 3-
  7,12,21,78-9,237
Japan 日本 6,74,204,243,247,
  255n

Kuznets curve 库兹涅茨曲线 12-
  13,43

Labour 劳动者 9,111
  劳动者的环境风险 111,123,
  127-31,218
Latvia 拉脱维亚 178,179,196-7
Leopold, Aldo 奥尔多·利奥波
  德 83
less developed countries 欠发达国
家 43
lifestyles 生活风格 32,33,50-76,
  83,184-5
  生活风格与结构化理论 55
limits to growth 增长的极限 33
Lithuania 立陶宛 4,8-9,171-202
  立陶宛的经济发展 176-8
  立陶宛的自然保护 175-6
Local Agenda 21 各国当地的《21
  世纪议程》172,194

Malaysia 马来西亚 8,239-54,260
manufacturing 制造业 235-56
  制造业的重新设计 redesign
  of 100
market(s) 市场
  市场行动者 4-5
  市场条件 conditions 10,134
  市场动态 dynamics 6,133
  市场经济因素 111,242,251
  绿色市场 242,244,247,251-4
  市场激励 见 economic instru-
  ments
  市场利益 111,133
  市场机制 220
marketisation 市场化 203
Marsh, George Perkins 乔治·珀
  金斯·马什 99
(neo)Marxist perspectives 新马克
  思主义观点 5,17-18,20,23-
  5,27,44,132 4,139
  新马克思主义观点与社会不

平等 38-44,129-31
material flows 物质流 6,218
materialism 物质主义 25-6
Merton, Robert K. 罗伯特·K.默顿 100
metallurgical industries 冶金工业 203-31
Mexico 墨西哥 114
millenarianism 千禧年主义 86
modernisation 现代化 19-21, 28,100
modernity 现代性 5,26,41-2,140
Mol, Arthur 阿瑟·莫尔 4,7-8, 12n,17-49,78,109-11,139-41,143,150,172-3,216,235-7,257-92
monitoring 监测 266-7
Muir, John 约翰·缪尔 99

nation-state(s) 民族国家 5-7,43
national character studies 对国民性格的研究 7,12,77-108
Natura 2000（EU）自然 2000（欧盟）151-3
nature conservation 自然保护 145, 150,151-3,155-7,175-6,183-4
natural resources 自然资源 6
Neo-Marxism 新马克思主义 见 Marxism
Netherlands 荷兰 4,6,82,204
荷兰农业 141-2,163n
荷兰的生态意识 97-8
荷兰的环境政策 52,56,73, 91,102
荷兰的知识许诺 95-7
荷兰的国民性格 77,90-98
New York City 纽约市 114
newly industrialising countries (NICs) 新兴工业国家 10,42,235-56, 257-92
Nitrates Directive (EU) 硝酸盐指令（欧盟）151-3
non-governmental organisations (NGOs) 非政府组织 237, 245-6,252-3
Norway 挪威 74,82
numinous-aesthetic knowledge 精神—审美的知识 84-7,94,101n

occupational hazards 职业风险 123,127
O'Connor, James 詹姆斯·奥康纳 22
OECD (Organisation for Economic Cooperation and Development) 经济合作与发展组织 5, 91,141
oil industry 石油工业 220
Otnes, Per 佩尔·奥特内斯 8, 61-8

Pacific Era 太平洋时代 260
Parsons, Talcott 塔尔科特·帕森斯 20,45n

participation 参与 见 citizen participation
Perestroika 改革(苏联) 171, 180-83, 184
Philippines 菲律宾 248
Pinchot, Gifford 吉福德·平肖 99
Polanyi, Karl 卡尔·波拉尼 100
policy 政策
 政策团体 142-3, 147, 149-50, 157, 161
 政策领域 173-4
 政策网络 109, 142, 146
 政策风格 269-70
political modernisation 政治现代化 6, 42, 45, 142, 225
pollution 污染 6, 44, 113, 238, 242, 250, 254
 农业污染 147-60
 印度尼西亚的污染 241
 污染预防 215, 236
 纸浆与造纸业造成的污染 238
 越南的污染 263-4
postmodernism 后现代主义 5, 8, 25-6, 28-30, 45-6
Pöyry Oy, Jaakko 亚科·珀于吕·奥伊 240-42, 244-5, 247
pragmatism 实用主义 78
privatization 私有化 24, 203, 214, 216-7, 227n
 私有化与再循环 112-34
 越南的私有化 285

production (producers) 生产(生产者) 5-6, 9, 109, 204
 清洁的生产 见 clean(er) production
 生产成本 237
 生产的生态标准 133
productivism 生产主义 51
profit 利润 9, 224-5
Prometheanism 普罗米修斯主义 32, 77, 85-7, 98
protest 抗议 241
psychology 心理学 88, 89
public relations 公共关系 244
pulp and paper manufacturing 纸浆与造纸业 10, 235-56, 282
 纸浆与造纸业的环境影响 238-51
 纸浆与造纸业和环境运动 240-52
 纸浆与造纸业和环境政策 243-54
 纸浆与造纸业的原材料 247, 250-51, 254
 纸浆与造纸业的技术改进 238-54
 纸浆与造纸业中非木质材料的使用 238, 247
pulpwood plantations 纸浆木材种植园 见 forest(s), plantations

radical ecology 激进生态学 见 deep ecology

索 引

rational 理性的
　理性行动 89
　理性生态主义 85-6,98
　理性思考 77,78
rationalisation 理性化 27,218
rationalism 理性主义 84,87,94,214
realism 现实主义 12,29-31,45
recycling 再循环 237
　基于社区的再循环 119,123
　再循环公司 112-13,119
　匈牙利的再循环 206-9,217
　再循环的现代化 111,125,127
　纸张的再循环 238,243,250
　再循环的政策选择 131-2
　再循环与社会运动 110-25
　再循环与国家 112
　美国的再循环 9,110-37
　再循环与再利用 111
　再循环产业的工作环境 123, 127-31
Redclift,Michael 迈克尔·雷德克利福特 20
reflexive modernisation 反思型现代化 12,21-2,29-31,50,193,226
resource(s) 资源
　资源保护 237,251
　资源使用 254
　资源回收 recovery 250-51
　再生性资源 renewable 237
risk society (theory) 风险社会（理论）21,26,41-2,45,139,181
Romanticism 浪漫主义 77,86,98, 102n,176ff
rural industrial development 农村地区的工业发展 241

scale of production 生产规模 243-4,250
Scandinavian countries 斯堪的纳维亚诸国 82
Schnaiberg,Allan 艾伦·施耐伯格 vii,8,22,24,27,40,109-37, 139-40
Schumpeterian model of change 熊彼特的变化模型 20,23
science 科学
　对科学的态度 94-7,180
　科学与民主 83
　环境科学 77-106
　作为意识形态的科学 81
　科学与政策 80
　科学与政治 80
　科学与技术 5-6,78-9,100,251
Shove,Elizabeth 伊丽莎白·肖夫 8,67-8
Simonis,Udo 乌多·西莫尼斯 78, 101,236
Singapore 新加坡 255m
slots 空隙 72-3
small and medium-sized enterprises (SMEs) 中小型企业 10,235-236,245,247,250,253-4
social 社会
　社会变化 23,34-6,78,89,

110, 236
社会建构论 见 constructivism
社会不平等 见 inequality
社会物质系统 见 systems of provision
社会运动（见下）
社会网络 110
社会科学 87-9,100
社会理论 6,11,17,44,78, 100,134
social movements 社会运动 3,6-7,12
 跨国社会运动 transnational 10,247,248,253
socialism 社会主义
 匈牙利的社会主义 10,203-13,223
 立陶宛的社会主义 171,175-89
 越南的社会主义 257-83
socialism, post 后社会主义
 匈牙利的后社会主义 214-31
 立陶宛的后社会主义 171,189-98
sociology 社会学 44,88,134
 美国社会学协会（ASA） vii, 45n
 消费社会学 50-61,74
 环境社会学 17-20,25,30,44,50
 国际社会学协会（ISA） vii
 技术社会学 62-3,67

Socolow, Robert 罗伯特·索科洛 204
South-east Asia 东南亚 4,8,10,235-92
sovereignty 主权 182,183
Spaargaren, Gert 格特·斯帕加伦 4,7-8,17-49,50-76,78,110,139-40,172
Sri Lanka 斯里兰卡 248
state(s) 国家
 国家机构 6
 官僚主义国家 4
 中央集权国家 19
 发展中国家 260-61,272,286
 国家与生态现代化 5,214,237,252
 国家的失败 24
 国家资助 143-60,212,215-17
 国家干预 140,222,269-70
 国家许可 241
 国家的调解 242
 国家所有 238-9,242-3,245,250,254
 国家作用的减少 215
 国家规制 245
 国家研究机构 242,248,251
subsidies 补贴 9,220
Stretton, Hugh 休·斯特雷顿 131-2
structuration theory 结构化理论 52-5,63-5
subpolitics 亚政治 7
substitutionism 替代主义 250

superindustrialisation 超工业化 78, 110,236-7,250
supermaterialisation 超物质化 235, 254
supranational 138-7 超国家的 超国家机构 3,7,43,215, 243,248,251,255n,259
sustainable development 可持续发展 30,36,78,101n,135n,150-51,226,237
sustenance base 生存基础 56-57
Sweden 瑞典 6,82,243,247-51
Swedish International Development Agency (SIDA) 瑞典国际开发署 194
systems of provision 供应系统 53-54,59-60,63-65
Systems theory 系统论 系统论与生态现代化 4,12
Szasz, Andrew 安德鲁·萨斯 42, 46n,113,117

Taxes 税收 见 eco-taxes
technology (technological) 技术（技术的）
　技术变化 224
　技术选择 126
　清洁的技术 237
　技术发展 274-9
　技术与生态现代化 5,6,19-22,53-4,59-60,63-5,126-7, 160-6,174,223,238-40,250-54

技术出口国 10
技术公司 10,242-5,247-8, 250,254
绿色技术 241
技术创新 5,110,160,204, 236,245-6,251
技术跨越 276-7
技术和纸浆与造纸业 238-40
技术与反思型现代化 30-31
技术社会学 62-3,67
技术专家治国论 20-21,225
技术乐观主义 20
技术转移 240,242,247-50, 274-9
Thailand 泰国 8,239-40,244-54
theology 神学 84
Thoreau, Henry David 亨利·戴维·梭罗 99
toxic wastes 有毒废弃物 13
transitional economies 过渡型经济体 9-11,42,171-234,257-92
treadmill of production "苦役踏车"式生产 9,22,132-134

Ukraine 乌克兰 113,179,180
Ulrich, Otto 奥托·乌尔里希 19
UNCED 联合国环境与发展大会 3
UNEP 联合国环境规划署 243, 248,251,255n
unequal distribution 不平等分布 24,38-44
　不平等分布与环境 39-41

不平等分布与风险 41-2；亦可见 inequity
United Kingdom 英国 4,78,81
    英国的生态意识 97
    英国的知识许诺 95-7
United Nations 联合国 141
USA 美国 5,8-9,32,40,74,78,172,175,249
    非裔美国人 123
    亚裔美国人 118
    美国与生态现代化理论 109-37
    美国的环境意识 117
    印第安人 113
    美国与国民性格 98,99
    美国与再循环 112-34
    美国国际开发署 243-4,248
    美国的荒原保护主义 78
USSR 苏联 9,175-200 251
utilitarian(ism) 实用（主义）78,92,197

Veblen, Thorstein 凡勃伦 214
Viet Nam 越南 8,10,248,257-92
    越南的改革 261,286
    越南与生态现代化理论 283-4
    越南与环境运动 279-83
    越南与环境政策 264-8
    越南与环境问题 263-4
    越南与环境技术 274-9
    越南与工业发展 262-3
    越南与工业区 272-4
    越南的污染 264
voluntary ('soft') regulation 自愿（"软性"）规制 149,158,161

WALHI 印度尼西亚地球之友 241-2
waste(s) 废弃物 109-37,203-34,237
    废弃物成本最小化 133
    关于废弃物的话语 219
    废弃物倾倒场（废弃物倾倒）40,219-20
    废弃物公司 115,135n,219-21
    废弃物产生能力 220
    危险废弃物 113,127-8,213,219-20
    匈牙利的废弃物 203-31
    废弃物焚烧 120,220-21,227n
    工业废弃物 114,203-34
    医疗废弃物 128
    城市废弃物 114,115
    废弃物政策 10,112-34,209-25
    印度尼西亚的废弃物污染 241
    越南的废弃物污染 264
    消费后废弃物 110,135n
    废弃物再循环 110,223
    废弃物减量 133,208,221,237,250
    废弃物再利用 10,206-9,219,223,237,250
    废弃物的跨国转移 113-14,221
    废弃物处理技术 220-22,239,

241,243-4

Waste Management Incorporated (WMI,WMX) 废弃物管理公司 120-31,135n

water 水

 水与家庭 50-76

 供水网络 61,62

 农业造成的水污染 147-60

 纸浆与造纸业造成的水污染 144,238

 越南的水污染 263

 水质 78

 纸浆与造纸业对水的利用 250

Weale,Albert 阿尔伯特·威尔 4-5,7,12n,24,42,78

Weber,Max 马克斯·韦伯 84-5,100

Wehling,Peter 彼得·韦林 20,30

Weidner,Helmut 赫尔穆特·魏德纳 6

worker participation 工人参与 10,207-10,213,226

World Bank 世界银行 43,215,259

World Values Survey 世界价值观调查 82-3,87,97

WWF（World Wildlife Foundation）世界自然基金会 37,172,281

图书在版编目(CIP)数据

世界范围的生态现代化:观点和关键争论/(荷)莫尔,(美)索南菲尔德编;张鲲译.—北京:商务印书馆,2011
(新现代化译丛)
ISBN 978-7-100-07626-5

Ⅰ.①世… Ⅱ.①莫…②索…③张… Ⅲ.①生态环境—环境保护—研究 Ⅳ.①X171

中国版本图书馆 CIP 数据核字(2010)第 262548 号

所有权利保留。

未经许可,不得以任何方式使用。

新现代化译丛
世界范围的生态现代化
——观点和关键争论
〔荷〕阿瑟·莫尔 〔美〕戴维·索南菲尔德 编
张 鲲 译

商 务 印 书 馆 出 版
(北京王府井大街36号 邮政编码100710)
商 务 印 书 馆 发 行
北京市白帆印务有限公司印刷
ISBN 978-7-100-07626-5

2011年5月第1版	开本850×1168 1/32
2011年5月北京第1次印刷	印张13⅝

定价:30.00元